黄河流域极限节水潜力与缺水识别

赵　勇　何　凡　李海红　秦长海　王丽珍　何国华　等著

科 学 出 版 社

北　京

内 容 简 介

黄河流域生态保护和高质量发展已经上升为重大国家战略，面对日益严峻的水资源供需情势，保障水资源安全已经成为黄河流域生态保护和高质量发展亟须解决的关键问题。本书围绕黄河流域最受瞩目的节水和缺水问题开展了系统研究，回答了社会各界广泛关注的黄河流域现状缺不缺水，极限节水潜力是多少，未来水资源供需状况如何，西部调水需要多大规模等热点问题，明确给出了黄河流域极限节水潜力、缺水规模和需调水量，并提出了未来水资源可持续发展的路径选择和对策建议。

本书可供水文水资源、环境、生态等相关专业科研规划和管理人员使用，也可供相关专业高等院校师生参考。

图书在版编目(CIP)数据

黄河流域极限节水潜力与缺水识别/赵勇等著．—北京：科学出版社，2021.4

ISBN 978-7-03-068187-4

Ⅰ.①黄… Ⅱ.①赵… Ⅲ.①黄河流域-水资源管理-研究 Ⅳ.①TV213.4

中国版本图书馆 CIP 数据核字（2021）第 036893 号

责任编辑：王 倩 / 责任校对：郑金红

责任印制：吴兆东 / 封面设计：无极书装

科学出版社 出版

北京东黄城根北街 16 号

邮政编码：100717

http://www.sciencep.com

北京建宏印刷有限公司 印刷

科学出版社发行 各地新华书店经销

*

2021 年 4 月第 一 版 开本：787×1092 1/16

2021 年 4 月第一次印刷 印张：13 1/4

字数：300 000

定价：168.00 元

（如有印装质量问题，我社负责调换）

序

黄河是中华民族的母亲河。5000 年来，炎黄子孙得益于黄河与黄土的哺育繁衍生息，又受害于黄河与黄土相伴生造成的水患灾害，治黄的成功与否甚至关系着国家兴衰。传说中大禹改“围堵障水”为“疏川导滞”，平息了水患；西汉贾让提出“治河三策”，形成系统的治黄方略；东汉王景“宽河行洪”治黄之策大规模实施，黄河安澜 800 年；明朝潘季驯提出“束水攻沙”的治河理论与实践影响至今，实现了由分流到合流、由治水到治沙的转折。

中华人民共和国成立以来，通过总结治黄成败经验和教训，结合现代科技的进步，黄河治理进入了一个新的阶段，治黄取得巨大成就，数千公里大堤加高培厚，河道萎缩态势初步遏制，水土流失综合防治成效显著，防洪减灾体系基本建成。但是老问题并未彻底解决，新问题也在不断出现，水资源过度利用并衍生出一系列生态问题，“地上悬河”的总体淤积态势依然没有消除，黄河安澜中隐伏着危机。

长期以来，治黄主要矛盾集中于“水少、沙多、水沙调控能力不足”三大方面，随着时代的进步和科技的发展，治黄的主要矛盾发生了重大变化。“水少”是由黄河流域气象水文条件及其抚育的黄河文明共同决定的，新时期黄河“水少”的矛盾不仅没有缓解，而且向着更加不利的方向演化，已经成为新时期治黄的主要矛盾。一方面黄河要承担着向海河流域、淮河流域及西北内陆河流域供水的任务，2012 ~ 2016 年平均供水达 86.3 亿 m^3，占同期黄河地表水资源总量的 15.4%；另一方面受到气候变化和人类活动的影响，黄河流域径流性水资源大幅度减少。根据黄河流域水资源评价相关成果，1919 ~ 1975 年黄河流域多年平均天然径流量为 580 亿 m^3，而 1956 ~ 2000 年则下降到 535 亿 m^3，根据《黄河流域水文设计成果修订》初步成果，1956 ~ 2010 年黄河流域多年平均天然径流量下降到 482 亿 m^3。基于可预判的水土资源条件变化和水土保持措施实施，未来黄河流域天然径流量仍会出现小幅度下降，初步模拟研究认为，预计大概率稳定在 460 亿 m^3 左右，将比 1919 ~ 1975 年减少 120 亿 m^3。“沙多”是黄河流域自然地理条件和暴雨特征共同作用的结果，是治黄复杂性的主要原因，但近几十年得到了大幅度控制。2000 ~ 2016 年潼关站多年平均实测输沙量减至 2.4 亿 t，与 1919 ~ 1959 年相比减少了 84.8%。“水沙调控能力不足”是历史治黄长期面临的问题，新时期虽然仍不完善，但黄河水沙调控能力已经得到了大幅度提升。

推进水资源节约集约利用，无疑是缓解黄河流域水资源供需矛盾的最优先途径。当前黄河流域生态保护和高质量发展上升为国家战略，一系列重要问题都迫切需要科学解析和回答。黄河流域节水潜力究竟有多大？节水潜力在什么区域和行业？节水能否改变流域缺水的基本格局？实现极限节水后黄河流域还缺多少水？需不需要从外流域调水补充？如何实现适水发展？等等。科学回答这些问题，实践指导意义重大。该书系统分析了黄河流域节水潜力，评估了实现极限节水潜力后流域未来缺水量，总结提出了黄河流域水资源安全现状和未来发展的 11 个重要认识，研究成果系统全面、观点清晰、恰逢其时。

在我看来，该书大概有以下三个特点：一是有全局性视野，将国家需求和区域发展统筹考量，尤其是在保障国家能源安全、粮食安全和生态安全研究方面，充分考虑“水-能源-粮食-生态”纽带关系与协同安全，兼具国家战略和流域发展视野；二是有创新性探索，如对黄河现状缺水的研判识别、需水发展的普遍规律以及层次性缺水测算等，且均取得了创新性认识和成果；三是有针对性建议，对国家的方针政策以及战略规划有着很好的把握，使得成果更为贴近实际，并系统提出了具体明确的观点和建议，对黄河流域生态保护和高质量发展实践有着很好的指导价值。该书可以作为近期黄河水资源问题研究成果的部分展示，也希望相关学者更加密切关注黄河水资源问题的发展动态，并在当前研究的基础上，对我国整个北方地区节水潜力和缺水问题进行系统研究。

王浩

2021 年 3 月 18 日

前　言

黄河流域是中华文明的重要发祥地和传承创新区，是我国重要的生态屏障和能源资源接续地，也是打赢脱贫攻坚战、全面建成小康社会的难点和重点区域，在我国经济社会和生态文明建设格局中有着极其重要的战略地位。黄河是一条十分重要而又极为特殊的河流，流域内水资源匮乏，同时又是世界上含沙量最高的河流。历史上黄河旱涝灾害频发，中华人民共和国成立以来，治黄取得了巨大成就，不仅保证了黄河安澜，而且以占全国2%的河川径流，养活着12%的人口，浇灌着15%的耕地，创造了14%的GDP，支撑着沿河50多座大中城市、420个县及晋陕宁蒙地区能源基地的快速发展，还实现了自1999年以来黄河干流连续20年不断流，发挥了重要的生态屏障作用。

随着西部大开发、“一带一路”、生态文明建设、脱贫攻坚战、能源安全和粮食安全等战略的实施，以及兰州—西宁、宁夏沿黄经济区、关中—天水、呼包鄂榆、关中平原城市群、太原城市群、中原经济区等城市群建设发展，黄河流域经济社会和生态环境用水需求十分强烈。另外，受气候变化和强烈人类活动影响，黄河流域水资源衰减显著，进一步加剧了水资源供需矛盾。黄河流域水资源开发利用率已经接近80%，是我国十大一级流域片区中水资源开发利用程度最高的河流，远超一般流域的40%生态警戒线，导致一系列生态环境问题。河流生态水量严重衰减，黄河干流利津站1919～1959年多年平均实测径流量为463.6亿m^3，2000～2016年仅为156.6亿m^3，减少了66.2%。地下水超采严重，20世纪80年代黄河流域年均地下水开采量约为90亿m^3，2000年增加到145亿m^3，近年来维持在120亿m^3左右，仍较20世纪80年代增加了近30亿m^3。湖泊湿地萎缩明显，根据1980～2016年的卫星遥感信息，黄河流域湖泊面积由1980年的2702km^2减少到2016年的2364km^2，降幅近13%。

充分挖掘流域节水潜力，提高水资源利用效率和效益，是缓解黄河流域供需矛盾最现实和最优先的途径，而适度外部调水补充也是重要的战略性举措，在此背景下，南水北调西线工程日益受到决策层和社会公众的高度关注。南水北调西线这一重大战略性工程，必须立足“确有必要、生态安全、可以持续”的基本原则，结合国家重大战略布局开展全面系统的论证。其中“确有必要”是首要关键，核心是要明晰两大问题：一是南水北调西线工程受水区极限节水潜力有多大；二是实现极限节水时受水区是否还面临严峻的缺水问题。

在水利部规划计划司的部署安排下，中国水利水电科学研究院开展南水北调西线工程

“极限节水”和“缺水识别”两个专题研究，按照“节水优先、空间均衡、系统治理、两手发力”新时期治水方针，坚持“先节水后调水，先治污后通水，先环保后用水”原则，遵循黄河经济社会发展和水资源开发利用基本规律，经过广泛的文献和现场调研，已有研究成果的充分吸收，经过近5个月集中攻关，于2019年8月编制形成“黄河流域极限节水潜力”“黄河流域中长期缺水识别”两份专题研究报告，通过水利部水利水电规划设计总院组织的技术审查咨询，提供给有关部门决策参考。2019年9月18日习近平总书记在黄河流域生态保护和高质量发展座谈会上发表重要讲话，通过学习习近平总书记重要讲话精神，结合黄河流域面临的新形势和新要求，专题组进一步丰富完善了相关成果。

本书的研究工作得到了国家重点研发计划项目（2016YFC0401300）、中国工程院重点项目（2019-XZ-33）、中国水利水电科学研究院基本科研专项项目和创新团队项目（WR0145B342019、WR0145B622017、WR0145B522017）、国家自然科学基金青年科学基金项目（51809282）的共同资助。本书参加撰写的人员及分工如下：摘要由赵勇撰写；第1章由何国华、王庆明、刁维杰、刘蓉撰写；第2章由李海红、王丽珍、姜珊、刘寒青、关不了撰写；第3章由赵勇、翟家齐、王丽珍、董义阳撰写；第4章由秦长海、赵勇、曲军霖撰写；第5章由何国华、赵勇、何凡、刘宽撰写；第6章由李海红、刘寒青、何凡、李想撰写；第7章由何凡、顾冰、豆晓军撰写；第8章由王丽珍、姜珊、朱永楠、安婷莉、曲军霖撰写；第9章由何凡、高学睿、秦长海、韩昕雪琦、马梦阳撰写；第10章由何凡、朱永楠、桂云鹏、顾冰撰写；第11章由赵勇、常奂宇、何凡、李恩冲撰写；第12章由赵勇、何凡、李海红、秦长海撰写。全书由赵勇、何凡统稿。

感谢各位撰稿人的创新性工作，感谢水利部规划计划司对本项工作的指导，感谢黄河勘测规划设计研究院有限公司在研究过程中给予的支持，还要感谢王浩院士、胡春宏院士、宁远教授级高级工程师、顾浩教授级高级工程师、段红东教授级高级工程师、曾肇京教授级高级工程师、王建华教授级高级工程师、彭祥教授级高级工程师等专家在项目研究过程中提出的许多建设性意见和建议。黄河水问题是一个历久弥新的研究命题，本书只是研究团队近期成果的总结，我们也会把这一研究作为新的起点，持续关注和深入开展我国北方水资源短缺地区水资源安全保障问题研究，也希望有关部门、领导及学术界同行不吝批评指正，共同将相关研究推向更深层次。

赵　勇

2021年2月18日

目　　录

第二篇　黄河流域缺水识别

摘　　要

1）从水资源自然本底条件来看，黄河流域在全国十大一级流域片区中仅优于西北诸河区，如果考虑跨流域水量调入调出关系和保障基本生态水量，南水北调东中线通水后，黄河流域已经成为我国十大一级流域片区中人均可耗用水资源量最少的流域。

黄河流域多年平均降水量为447mm，在全国十大一级流域片区中，仅高于西北诸河区，也是除西北诸河区以外，干旱指数最高的流域。现状黄河流域人均水资源只有408m^3，仅占全国平均水平的1/5，低于国际公认的人均500m^3的“极度缺水标准”。尽管水资源十分稀少，黄河流域还担负着向海河流域、淮河流域及西北内陆河流域供水的任务。2016年，黄河流域向外流域供水量达到91亿m^3，占黄河流域总供水量的19%，地表水资源开发利用率高达73%，是我国十大一级流域片区中开发利用程度最高的流域。在考虑外调水调配的情形下，2016年，黄河流域人均水资源量仅332m^3，低于海河流域，成为我国十大一级流域片区中人均水资源量最少的流域。

2）受水资源短缺压力约束倒逼，黄河流域长期持续践行“节水优先”的方针和“三先三后”的原则，水资源利用效率整体处于国内先进水平，仅次于南水北调中线已经通水的京津冀地区。

黄河流域是我国最早、最全面开展节水型社会试点建设的区域，黄河也是世界上唯一一条实施全流域水量统一调度的大江大河，通过取用水总量的严格控制，促使全流域主动贯彻落实“节水优先”的治水方针和“三先三后”的调水原则，全力推进实施最严格水资源管理。近20年来，全流域各省（自治区）各行业用水效率都得到了大幅提升，人均用水量、万元GDP用水量、万元工业增加值用水量、亩均灌溉用水量等经济社会用水指标均处于持续下降趋势，水资源利用效率提升速度明显超过全国平均水平。2016年，黄河流域万元工业增加值用水量为22.9m^3，不足当年全国平均值的1/2；黄河流域亩均灌溉用水量为368m^3，低于全国平均值，如果综合考虑降水条件和灌溉水源类型等因素，亩均水资源利用量仅高于京津冀地区。从生活用水来看，黄河流域城镇与农村人均生活用水量远低于全国平均值，2016年分别为151L/d和58L/d，仅占当年全国平均值的69%和67%，水公共服务水平偏低。

3）受干旱本底条件影响，宁蒙引黄灌区亩均灌溉水量远大于流域平均值，但引黄水量除了支撑农业生产之外，还担负着维持绿洲生态健康的作用，在保持绿洲健康稳定的前提下，模拟研究认为区域资源节水量为4.8亿m^3，占总引黄水量的5.3%。

宁蒙引黄灌区灌溉面积1470万亩，占黄河流域灌溉面积7181万亩的20%；引黄水量91亿m^3，占黄河流域地表供水278亿m^3的33%；亩均引水量620m^3，为流域平均368m^3的1.68倍，但宁蒙引黄灌区降水量只有180mm左右。引黄灌溉是维持绿洲生态系统健康的关键水源，而这部分水分功能往往被忽视，常常被认为是“浪费的”水分，是需要节约的，并且在所有的农业灌溉用水效率评价中都不予考虑。如果这部分所谓“浪费的”水分全部节约了，干旱区绿洲环境就会萎缩，甚至完全退化消失。21 世纪以来，宁蒙引黄灌区持续开展节水行动，大力挖掘节水潜力，节水效益显著，但同时也导致区域地下水埋深下降 0.5m 左右，湖泊湿地自然补水大幅减少，对自然植被的水分支撑作用减弱。通过构建面向生态健康的节水潜力评估模拟方法，调查确定适宜生态地下水位阈值，在维持现状基本生态格局情况下，通过提高渠系衬砌、田间高效灌溉、压缩水稻种植面积、推广激光平地、控制地下水开采、适当减少冬灌水量等措施，宁夏引黄灌区取用节水潜力为 5.2 亿 m^3，资源节水潜力约为 1.4 亿 m^3。同样，内蒙古河套灌区取用节水潜力为 3.8 亿 m^3，资源节水潜力为 3.4 亿 m^3。

4）极限节水潜力来自极限节水措施，通过采取可能最大的节水措施，全面提高生活、工业和农业用水输送与利用环节效率，评估认为黄河流域资源节水潜力约为 17.1 亿 m^3。

极限节水潜力指在维持生活良好、生产稳定和生态健康的前提下，基于可预知的技术水平，通过采取最大可能的工程和非工程节水措施产生的节水效果。在不考虑压缩经济社会规模的前提下，在农业方面，最大程度实施渠系衬砌和高效节水灌溉，节灌率由现状年的62% 增长到 100%，高效节灌率则由 29% 增长到 41%，农业资源节水潜力约为 14.3 亿 m^3；在工业方面，各省（自治区）工业用水重复利用率可达到的极限水平介于 92%~98%，供水管网漏损率极限值介于 8.0%~9.5%，据此评价工业资源节水潜力为 2.2 亿 m^3；在城镇生活方面，各省（自治区）供水管网漏损率极限值介于 8.5%~10.0%，城镇生活资源节水潜力为 0.6 亿 m^3。综上，资源节水潜力约为 17.1 亿 m^3。

5）通过实施严格的流域统一调度管理，“黄河断流”这样刺激性、标志性缺水现象得到根治，但却把水资源短缺矛盾由干流转移到支流、由河道转移到陆面、由地表转移到地下、由集中性破坏转移到流域均匀破坏，基于黄河流域经济社会与生态环境缺水表象，评价认为现状黄河流域刚性缺水 62.9 亿 m^3，弹性缺水 51 亿 m^3。

研究认为，缺水是一个相对的状态，是一定经济技术条件下，区域可供水资源在量和质上不能满足经济社会与生态环境等系统水资源需求时的状态，从表现上来看，可以分为转嫁性缺水、约束性缺水和破坏性缺水三种类型。黄河流域农业缺水主要表现在两个方面：一是 1183 万亩农田有效灌溉面积无水可灌；二是灌溉定额无法满足作物经济灌溉定额或设计灌溉定额，导致受旱受灾减产，据此评价现状年农业缺水总量为 51.0 亿 m^3。工业缺水也主要表现在两个方面：一是约束性缺水，正常的规划和生产由于缺乏水源而无法顺利开展；二是转嫁性缺水，现有工业生产过量利用地表水和地下水。通过调研和评价，认为现状年工业缺水总量为 8.2 亿 m^3。生活缺水主要表现在生活用水标准达不到适宜生活条件以及饮水安全不达标等方面，评价现状生活缺水总量为 3.7 亿 m^3。生态缺水主要表现在地下水过量开采、湖泊湿地缺水萎缩、河道生态水量不足等方面，评价现状生态缺水总量为51.1 亿 m^3。综上，评价认为现状黄河流域刚性缺水 62.9 亿 m^3，弹性缺水 51 亿 m^3，现状年缺水总量为 113.9 亿 m^3。

6）近年来黄河流域用水总量出现零增长甚至是负增长，黄河流域需水增长的动力还在不在？基于国内外经济社会发展和用水变化规律分析，研究认为主要是黄河流域水资源供给遇到了“天花板”，经济社会发展用水需求增长动力仍将保持一个时期。

国内外尤其是发达国家经济社会发展与水资源开发利用历程表明，人口规模对用水总量增长具有显著正向驱动作用，水资源条件对用水总量增长具有制约作用，而经济发展与用水总量表现出倒 U 形规律。从 26 个可获取较长系列数据的 OECD 国家中，有 20 个呈现下降趋势，3 个表现为稳定态势。用水达到峰值国家的产业结构也基本趋同，第一产业占比在 5% 左右，第二产业占比为 30% 左右，第三产业占比普遍达到 60% 以上。2002 年来，黄河流域人口增长 1000 万人，年均增长率 0.59%，高于同期全国平均年增长率 0.48%，预测表明黄河流域总人口未来还会有小幅增长。黄河流域工业化进程尚未完成，2016 年人均 GDP 仅为 5.0 万元，低于全国平均水平的 6.0 万元，各省（自治区）第一产业占比在 7.2%~13.7%，第三产业占比在 42%~55%。综上分析，仅从经济社会驱动角度讲，黄河流域用水需求仍很强烈，现状用水总量呈现总体平稳状态，主要是由于黄河流域水资源供给遇到了“天花板”，付出的代价表现在两个方面：一是表现为约束性缺水特征，经济社会整体仍然处于低水平发展阶段，但增长速度却被动放缓低于全国平均水平；二是出现转移性缺水特征，为了维持过去一个时期经济社会正常发展，袭夺正常的农业用水和生态用水。

7）黄河流域上中下游地区城镇化发展不均衡，总体低于全国平均水平，近年来以城市群发展为特征，新的增长极正在形成，未来随着城镇人口增加和生活水平提升，生活需水仍将持续保持增长态势。

2016 年，黄河流域整体城镇化率为 53.4%，低于全国平均水平 57.4%，而且沿黄 9 省（自治区）差异巨大，只有内蒙古城镇化率（62.7%）高于全国平均水平，甘肃城镇化率仅为 47.69%，其他省（自治区）城镇化率均介于 48%~57%。西部大开发战略实施以来，黄河流域城镇化进程保持了高速发展态势，年均城镇化率增速达到了 4%，远高于全国 2.9% 的增长速度，以关中—天水地区、呼包鄂榆地区、太原城市群、中原经济区等为代表的城市群正成为新的城镇化增长极。未来在西部大开发战略、“一带一路”倡议、黄河生态经济带等驱动下，黄河流域城镇化进程仍将快速发展。基于公共服务均等化的发展要求，预测城镇生活用水将保持较快增长速度，到 2035 年，生活需水将达到72.15 亿 m^3，比现状2016 年增加 21.4 亿 m^3。到 2050 年，生活需水最大将达到 91.33 亿 m^3，比现状增加 40.58 亿 m^3。

8）研究将工业分为能源工业和一般工业两部分来预测未来需水，基于发展规划和可预期的极限用水效率预测能源产业需水，根据国内外产业用水发展规律预测一般工业用水需求，结果表明，到 2050 年，工业需水为 90.77 亿 m^3，比现状 2016 年增加 27.81 亿 m^3。

2016 年，我国能源消费总量为 43.6 亿 tce，其中煤炭消费占比为 62.0%，中国工程院研究表明，虽然清洁能源是以后发展的重要方向，但是到 2030 年煤炭仍将占一次能源消费的 50%，2050 年占 40%。同时，我国能源对外依存度不断提高，从 2000 年的 5.7% 上升到 2016 年的 20.6%，已经对国家战略安全产生重要影响。黄河流域是我国能源富集区，能源开发是支撑我国经济快速发展的现实选择，也是保障经济持续健康发展和人民生活改善的重要基础。基于煤炭、火电、煤化工、石油化工等能源规划规模与布局，考虑最节约的用水工业、设备和产品，预计到2035年和2050年，黄河流域能源产业用水需求将分别增长到34.50亿m^3和42.06亿m^3。从黄河流域现状产业结构、工业化进程以及国内外工业用水发展趋势来看，黄河流域工业需水还将处于上升阶段，研判到2035年左右，黄河流域总体进入工业化进程后期，一般工业用水需求将达到峰值，据此预测到2035年和2050年，黄河流域一般工业需水将分别增长到48.31亿m^3和48.71亿m^3。两者合计，预测到2035年和2050年，黄河流域工业需水量将由现状2016年的62.96亿m^3增长到82.81亿m^3和90.77亿m^3。

9）灌溉规模是农业需水预测的最主要影响因素，基于国家粮食安全视角，应该稳定甚至适当发展灌溉面积；基于水资源短缺视角，应该以水定地控制灌溉面积。研究据此设定现状实灌面积和规划灌溉面积两种方案，在实施极限节水的情境下，预测农业需水量。

21世纪以来，我国粮食总产量不断增长，2016年达到6.16亿t，但粮食自给率逐年降低，已经不足85%。与此同时，我国南北方粮食生产格局发生了重大变化，全国粮食生产重心北移，形成“北粮南运”贸易格局，对北方依赖越来越强烈。长期来看，黄河流域在保障国家粮食安全中的作用逐渐凸显，未来黄河流域粮食生产应以立足本地供应为主，同时在小麦、玉米等口粮作物上需承担一定的外送任务。综合考虑国家粮食安全保障的整体需求和当地水资源短缺的严峻形势，设定强化管控灌溉面积6822万亩、设定维持现状实灌面积7181万亩和实现规划灌溉面积9199万亩三种方案，大幅度提升灌溉水分输送效率，大面积推广田间高效灌溉措施，在达到农业节水极限情境下，2035年三个情景农业需水分别为285.2亿m^3、297.6亿m^3和362.1亿m^3，2050年三个情景农业需水分别为276亿m^3、287.6亿m^3和350.0亿m^3。

10）维持黄河健康是关系中华民族永续发展的大事，而保障生态水量是最基本条件，依托前人研究，预测了黄河流域河道内和河道外生态需水量。

黄河流域是我国生态脆弱区分布面积最大、脆弱生态类型最多、生态脆弱性表现最明显的流域之一，河流内外新老生态问题交织，治理任务艰巨、保护难度大。随着城镇化、工业化进程的快速推进，流域生态环境保护修复也将面临更大的压力和挑战，对生态环境用水保障也将提出更高要求。经测算，要维持黄河生态健康，利津断面汛期输沙水量应达到150亿m^3左右，非汛期生态水量应达到50亿m^3左右；要满足未来人居景观环境改善要求，需水量约20.7亿m^3；要支撑未来生态防护林建设及维持湖泊与湿地适宜规模，需水量约9.1亿m^3。

11）在保障河湖基本生态需水、退还超采的地下水基础上，设定现状实灌面积和规划灌溉面积两种需水方案，开展黄河水资源供需分析，提出2035年和2050年刚性和弹性缺水量。

采用《黄河流域水文设计成果修订》推荐的1956～2010年利津站径流量482.4亿m^3，全面退减14亿m^3超采地下水量，充分利用各种非常规水源，结合经济社会和生态环境需水预测，在优先保障生态需水的基础上进行全流域水资源供需平衡分析。结果表明，在黄河流域水资源量衰减和未来需求扩大的双重影响下，黄河流域2035年缺水55.1亿～

150.3 亿 m^3，其中刚性缺水 9.6 亿～66.1 亿 m^3，弹性缺水 45.5 亿～84.2 亿 m^3；2050 年缺水 65.9 亿～158.2 亿 m^3，其中刚性缺水 52.2 亿～84.2 亿 m^3，弹性缺水 13.5 亿～74 亿 m^3。

基于以上研究分析，围绕黄河流域极限节水潜力和南水北调西线工程建设规划，提出四点建议：

一是面向新时期生态文明建设要求，建议系统全面开展黄河流域生态现状调查与评价，分区域分类型精准化确定流域生态现状、缺水影响与适宜生态用水需求，包括黄河干流和支流适宜生态流量，长期开采地下水的生态影响及适宜开发规模与布局，主要湖泊湿地健康状况与适宜生态需水，保障宜居人居景观环境用水需求，以及促进生态系统质量和稳定性不断提升的生态防护林建设与用水需求。

二是由于实现极限节水需要采取极限措施和高额投入，并且可能会产生伴生的生态环境负面影响，建议加强农业节水的精细化管控。尤其是对于降水量不足 400mm 的上中游地区，灌溉渗漏水量是区域生态系统的重要水分来源，需要加强自然植被、地下水位和河湖湿地健康状况的动态监控，防止节了水分，伤了生态，背离初衷。

三是考虑当前黄河流域经济社会发展已经遇到了水资源供给的“天花板”，建议在南水北调西线工程实施通水前，抓住流域发展的关键期和机遇期，基于流域水沙治理效果、优化调度成果和工程建设效益，适时打开制约上中游地区经济社会发展的“天花板”，适当调整流域分水方案，保障经济社会发展的水资源供给，以发展促保护，在保护中发展。

四是基于现状缺水识别和未来水平年水资源供需分析成果，建议近期南水北调西线工程向黄河流域调水以解决刚性缺水为主，适宜调水规模为 66 亿～84 亿 m^3，保障流域经济社会高质量发展。如果考虑长远保障国家粮食安全和高标准提升黄河流域生态环境质量，南水北调西线工程向黄河流域调水规模可提升至 150 亿～158 亿 m^3，再进一步考虑海河和淮河流域补水需求，西线调水规模可进一步增加到 200 亿 m^3 左右，支撑建设健康、美丽、和谐、富裕的黄河流域，助力实现中华民族伟大复兴的中国梦！

第一篇

黄河流域极限节水潜力

第 1 章 黄河流域水资源条件研判及面临的挑战

1.1 水资源开发利用基本情况

黄河是我国第二大河，发源于青藏高原巴颜喀拉山北麓的约古宗列盆地，自西向东，流经青海、四川①、甘肃、宁夏、内蒙古、陕西、山西、河南、山东九省（自治区），在山东省东营市垦利区注入渤海，干流河道全长 5464km，流域面积 79.5 万 km^2（包括内流区 4.2 万 km^2）。与其他江河不同，黄河流域上中游地区的面积占总面积的 97%；长达数百公里的黄河下游河床高于两岸地面，流域面积只占总面积的 3%。黄河流域多年平均降水量 447mm，仅占全国平均水平的 70%。

黄河流域多年平均（1956～2010 年）径流量为 482.4 亿 m^3，占全国多年平均径流量的 2%，不足长江多年平均径流量的 7%。黄河流域水资源还具有年际变化大、年内分配集中、空间分布不均等特点。尤其值得注意的是，黄河径流有连续枯水段时间长的特征。自有实测资料以来，黄河出现过多次连续 10 年以上的枯水段，其中 1922～1932 年连续枯水段，年均径流量仅为 396 亿 m^3，1990～2002 年连续枯水段，年均径流量仅为 444 亿 m^3。根据黄河流域水资源评价相关成果，1919～1975 年黄河流域多年平均天然径流量为 580 亿 m^3，而 1956～2000 年则下降到 535 亿 m^3。根据《黄河流域水文设计成果修订》的初步成果，进入 21 世纪后天然径流量仍持续衰减，1956～2010 年黄河流域多年平均天然径流量下降到 482.4 亿 m^3。

黄河区 2016 年总供水量为 390.4 亿 m^3。当地地表水供水量为 257.7 亿 m^3，占总供水量的 66.0%；地下水供水量为 121.3 亿 m^3，占总供水量的 31.1%，其中浅层淡水为 119.4 亿 m^3，深层承压水为 1.9 亿 m^3；微咸水、再生水、集雨工程等非常规水源供水量为 11.5 亿 m^3，占总供水量的 2.9%。从用水端来看，黄河流域农田灌溉用水量为 241.6 亿 m^3，占总用水量的 61.9%，林牧渔用水量为 31.1 亿 m^3，占总用水量的 8.0%，农业总用水量为 272.7 亿 m^3。农村生活用水量为 12.0 亿 m^3，占总用水量的 3.1%。城镇生活用水量为 34.6 亿 m^3，占总用水量的 8.8%；工业用水量为 55.6 亿 m^3，占总用水量的 14.2%；人工生态环境补水量为 15.6 亿 m^3，占总用水量的 4.0%。根据 2000～2016 年统计数据，近年来黄河上游用水总量呈现缓慢下降趋势，由 2000 年的 221.9 亿 m^3 下降到 2016 年的 189.1 亿 m^3，年均下降率为 0.99%，中游用水总量大体呈增长趋势，由 2000 年的 127.4 亿 m^3 增加到 2016 年的 162.1 亿 m^3，年均增长率为 1.52%；下游用水总量大体

---

① 黄河流经四川，但在四川的占比极小，故关于黄河的研究中都不包括四川。

呈下降趋势，由 2000 年的 39.7 亿 m^3 下降到 2016 年的 34.9 亿 m^3，年均下降率为 0.80%（表 1-1）。从供水角度来看，2000 年以来黄河流域供水总量表现出先增加后减少的趋势，2000 年流域内各类工程总供水量为 506.34 亿 m^3，2016 年总供水量则下降为 481.5 亿 m^3，降幅为 4.9%。

表 1-1　2016 年黄河流域供用水结构　（单位：亿 m^3）

区域	供水量				用水量				
	地表水	地下水	其他水源	总供水量	农业	工业	生活	生态	总用水量
上游	155	31.2	2.9	189.1	153.1	17.5	11.9	6.6	189.1
中游	85.4	69.9	6.8	162.1	91.7	33.2	30	7.2	162.1
下游	16.4	16.8	1.7	34.9	24.1	4.6	4.6	1.6	34.9
黄河流域	256.8	117.9	11.4	386.1	268.9	55.3	46.5	15.4	386.1

1.2　基于自然因素的水资源条件研判

1.2.1　降水量比较

黄河流域多年平均降水量为 447mm，仅占全国平均水平的 70%。在全国十大一级流域片区中，仅高于西北诸河区。按照气候分区划分标准，黄河流域约 15% 的土地面积位于干旱区（多年平均降水量小于 200mm），约 30% 的土地面积位于半干旱区（多年平均降水量介于 200～400mm）。作为世界第五长河，黄河流域降水量仅高于全球十大河流中的勒拿河和鄂毕-额尔齐斯河。

除降水总量严重不足以外，黄河流域降水时空分布也极不均衡，加大了水资源开发利用和调度的难度。时间上，黄河流域汛期（6～9 月）降水量约占全年降水量的 80%，主要集中在 7～8 月，甚至集中在 2～3 次大暴雨中，冬季降水量仅占全年降水量的 10%，导致季节性干旱时有发生，特别是春旱尤为突出，严重影响农业生产。此外，黄河流域降水分布还存在明显的地带性差异，流域中东部的秦岭、伏牛山及泰山一带年降水量达 800～1000mm，而大型灌区集中分布的宁蒙平原年降水量只有 180mm 左右。从全国尺度来看，黄河流域所在的 8 个主要省（自治区）多年平均降水量排名皆在全国的后半程，其中山东降水量最多（692mm），但也只占全国平均水平的 80%，而降水量最少的内蒙古多年平均降水量仅为 270mm，不足全国平均水平的 1/3（图 1-1）。

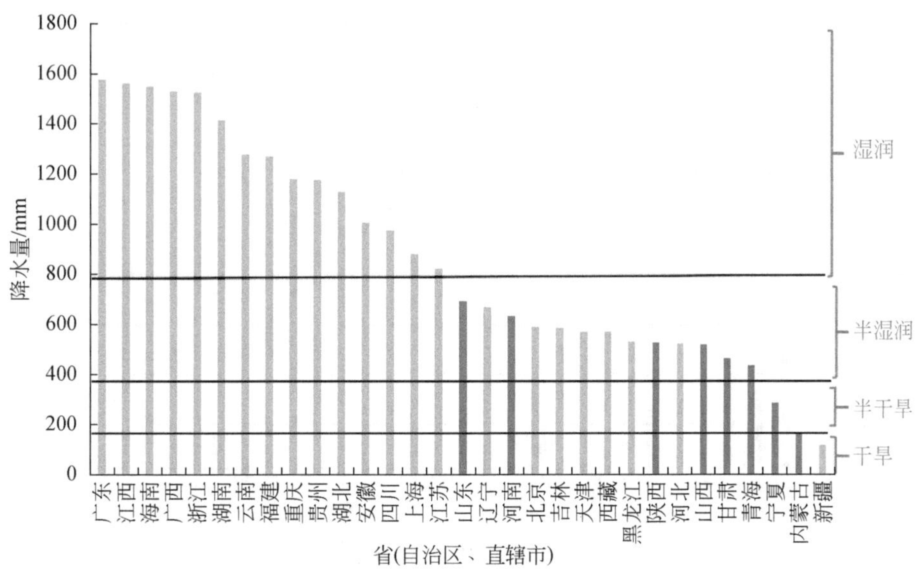

图 1-1　各省（自治区、直辖市）多年平均降水量

深色为黄河流域范围

1.2.2　干旱指数比较

降水稀少意味着黄河流域可用水量的短缺，而强烈的蒸发则又加大了黄河流域水分的消耗。根据 1956～2000 年气象资料，黄河流域多年平均蒸发量为 1689mm，除西北诸河区外，黄河流域的蒸发能力皆大于全国其他流域。国际上通常利用蒸发能力与降水量的比值表示一个区域的干旱指数，当干旱指数小于 2.0 时，则认为该地区相对湿润；当干旱指数介于 2.0～3.0 时，则认为该地区是半干旱区向干旱区的过渡地带；当干旱指数大于 3.0 时，则认为该地区为典型的干旱地区。根据测算，黄河流域所在的 8 个主要省（自治区）中，河南、山西、山东和陕西的干旱指数小于 2.0，属于相对湿润的地区；而甘肃、青海属于半干旱区向干旱区的过渡地带；宁夏、内蒙古则是黄河流域最干旱的地区，其干旱指数已经超过了 3.0。需要说明的是，虽然从干旱指数来看，河南、山西、山东和陕西属于相对湿润的地区，但这些地区的降水空间差异较大，使用干旱指数难以反映部分地区的缺水程度（如陕北）（图 1-2）。

1.2.3　产水模数比较

受气候变化和下垫面条件演变双重影响，黄河流域近年来水资源呈明显的衰减趋势，使得先天不足的水资源条件雪上加霜。根据黄河流域水资源评价相关成果，1919～1975 年黄河流域多年平均天然径流量为 580 亿 m^3，而 1956～2000 年则下降到 535 亿 m^3，降幅为 8%。进入 21 世纪，黄河径流量则再次衰减，根据 2001～2016 年水文统计数据，黄

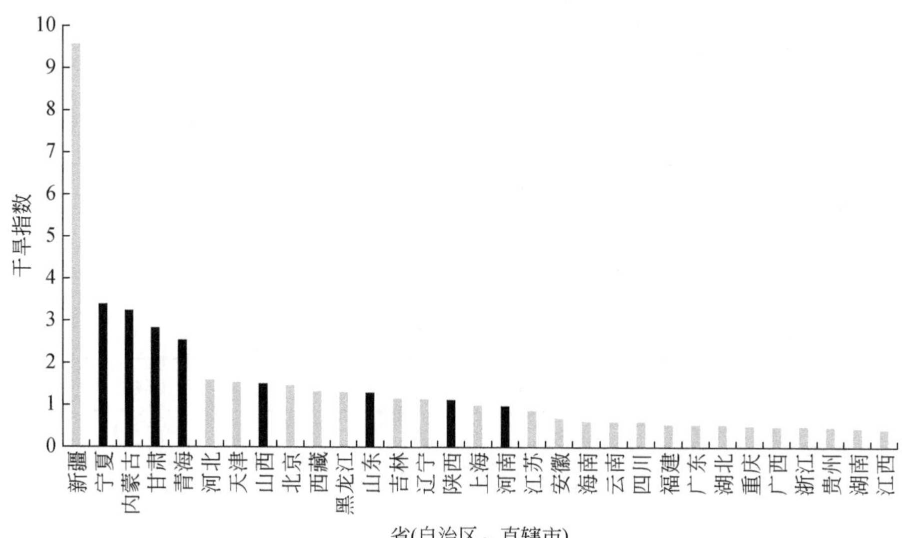

图 1-2　各省（自治区、直辖市）干旱指数

深色为黄河流域范围

河流域多年平均天然径流量仅为 459 亿 m^3，比第一次评价结果减少了 121 亿 m^3，减少幅度达到了 21%。除水资源量大幅度衰减外，与全国其他流域相比，黄河流域的产流能力也明显偏低。产水模数通常用于表征某个流域的单位面积的产水能力，产水模数越大，产水能力越强。在全国各省（自治区、直辖市）中，黄河流域所在省（自治区）的产水模数普遍低于全国平均值（图 1-3）。根据《2016 年中国水资源公报》，2016 年

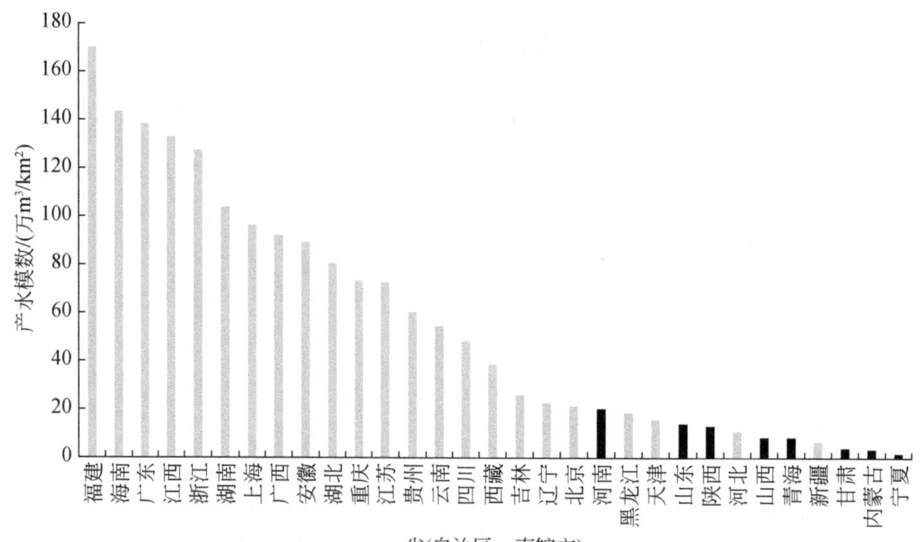

图 1-3　各省（自治区、直辖市）产水模数

深色为黄河流域范围

黄河流域平均产水模数为7.6万m^3/km^2，不足全国平均水平的1/4。宁夏是我国产水模数最低的地区，其2016年的产水模数仅为1.9万m^3/km^2，比干旱少雨的新疆还低72%，这意味着在同样的降水条件下，宁夏能产生的水资源量仅仅是新疆的32%，不足全国平均水平的10%。

1.3 基于社会因素的水资源条件研判

1.3.1 人均水资源量比较

地区缺水程度也受经济发展水平、人口规模和政策制约等因素的影响。人均水资源量常被作为一个国家或地区水资源供需紧张程度的指标。一般认为，如果一个地区的人均水资源量小于1000m^3，意味着这个地区已经达到重度缺水标准；而如果一个地区的人均水资源量小于500m^3，意味着这个地区水资源极度匮乏，其经济发展、社会稳定和人民健康将会显著受到水资源短缺的影响。从国内来看，黄河流域是我国人均水资源量最低的区域之一，仅次于京津冀地区。2016年，我国人均水资源量为2055m^3，除了青海人口较少导致人均水资源量较高外，黄河流域其他7个主要省（自治区）人均水资源量皆位于我国的后半程（图1-4）。从全球来看，2016年黄河流域人均水资源量仅为408m^3，不足全国平均水平的1/5，已经低于国际公认的人均水资源量500m^3的“极度缺水标准”。和重点追踪国家相比，黄河流域的人均水资源量仅略高于水资源十分稀缺的以色列（365m^3）和新加坡（108m^3），而对于河南、山西、山东和宁夏来说，这4省（自治区）的人均水资源量比以色列还要低。特别是宁夏，其人均水资源量不足以色列的50%，但养活的人口仅比以色列少20%（图1-5）。

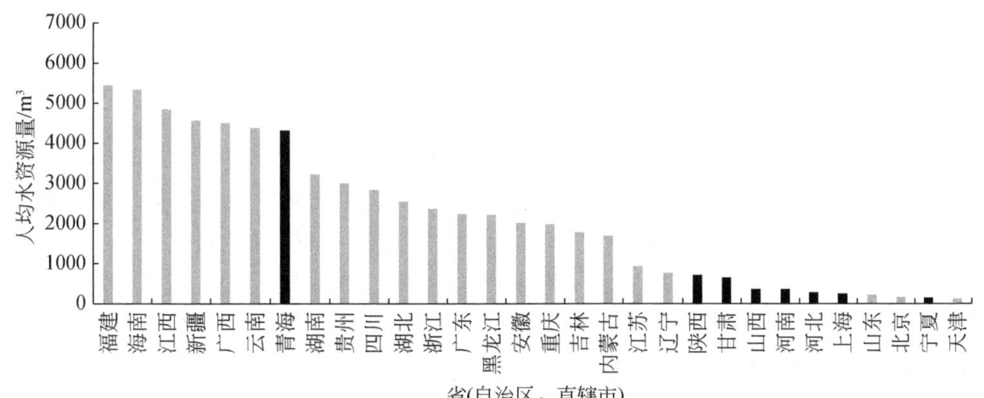

图1-4 国内人均水资源量比较

深色为黄河流域范围

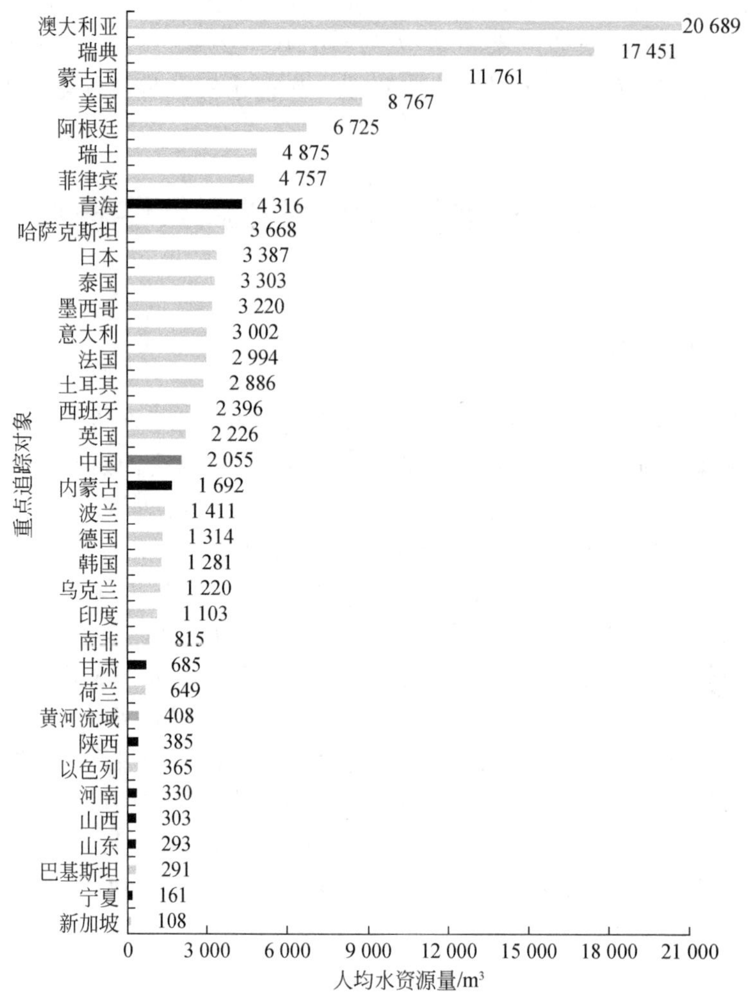

图 1-5 国际人均水资源量比较

深色为黄河流域范围

尽管水资源十分稀少，黄河流域还担负着向海河流域、淮河流域及西北内陆河流域输水的任务。根据 2016 年《中国水资源公报》，2016 年黄河流域向外流域供水量达到 91.05 亿 m^3，占黄河流域总用水量的 19%，调水规模比我国水量最丰沛的长江还多 10 亿 m^3。

从资源本底条件看，海河流域水资源量极为短缺，2016 年人均水资源量仅为 $291m^3$。但如果考虑南水北调中线对海河流域的输水，2016 年海河流域实际的人均水资源量为 $339m^3$。相反地，黄河流域如果扣除外调水量，实际的人均水资源量仅为 $332m^3$，略低于海河流域（表 1-2）。尽管 2016 年黄河流域相对偏丰，海河流域相对偏枯的水文特征客观上造成了黄河流域人均水资源量小于海河流域的现象。但以 2016 年调水规模为基准，黄河流域多年平均实际水资源量仅为 391 亿 m^3，比海河流域小 16%。

表 1-2　2016 年全国十大一级流域片区人均水资源量比较

流域片区	水资源总量/亿 m^3	调水量/亿 m^3	人均水资源量/m^3	考虑实际外调水的人均水资源量/m^3
西南诸河	5 884.3	-0.64	26 834	26 831
西北诸河	1 619.8	2.5	4 853	4 860
东南诸河	3 113.4	0	3 849	3 849
珠江	5 928.9	0.27	3 134	3 134
长江	11 947.1	-80.86	2 620	2 602
松花江	1 484.0	0	2 315	2 315
辽河	489.8	0	862	862
淮河	1 009.5	105.84	501	554
海河	387.9	64	291	339
黄河	601.8	-91.05	408	332

此外，为了保证河道安全，黄河流域利津断面必须保证 200 亿 m^3/a 的输沙水量，这无疑又加大了黄河的缺水压力，可以说黄河流域已经成为我国供需水矛盾最突出的地区之一。

1.3.2　水资源开发利用率比较

水资源短缺还会直接影响河道的生态安全。水资源开发利用率是指本地用水量与本地水资源量的比值，水资源开发利用率越大，表明当地水资源越短缺。2016 年，黄河流域的水资源开发利用率达到 78%，是我国水资源开发利用程度最高的河流（图 1-6）。按照联

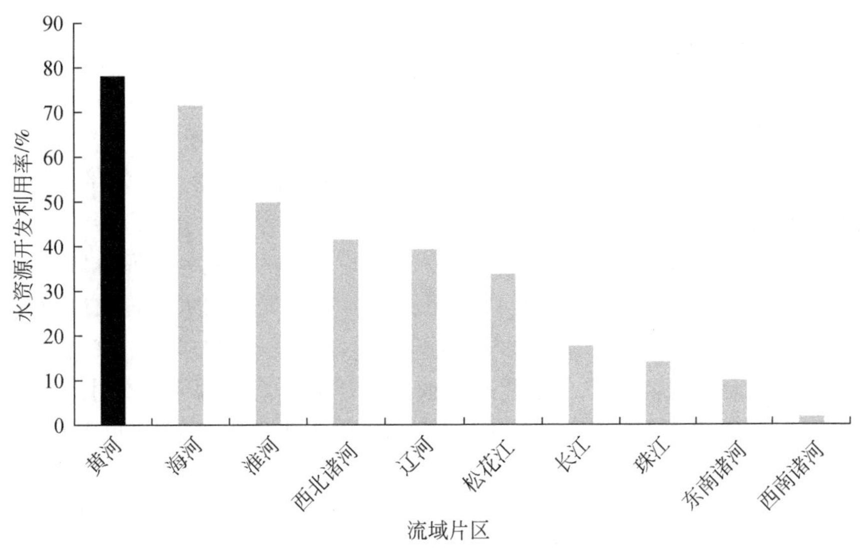

图 1-6　我国十大一级流域片区水资源开发利用率

合国教育、科学及文化组织关于水资源开发利用率的划分标准，黄河流域水资源开发已经远超过40%的合理阈值。而从地表水资源来看，黄河流域地表水资源开发利用率达到73%，是我国十大一级流域片区中开发利用程度最高的河流，其开发程度比排名第二的淮河流域高25%（图1-7）。为了满足用水需求，黄河流域还大量使用地下水，现状年超采地下水约14亿m^3。尽管黄河干流1999年以来再未出现断流，但在黄河的主要支流当中已有汾河、延河、无定河、窟野河、石川河等河流先后出现季节性断流，此外还有多条支流出现断流或水量严重衰减，黄河流域已经成为全国乃至全球水资源供需矛盾最突出、生态问题最尖锐的流域之一。

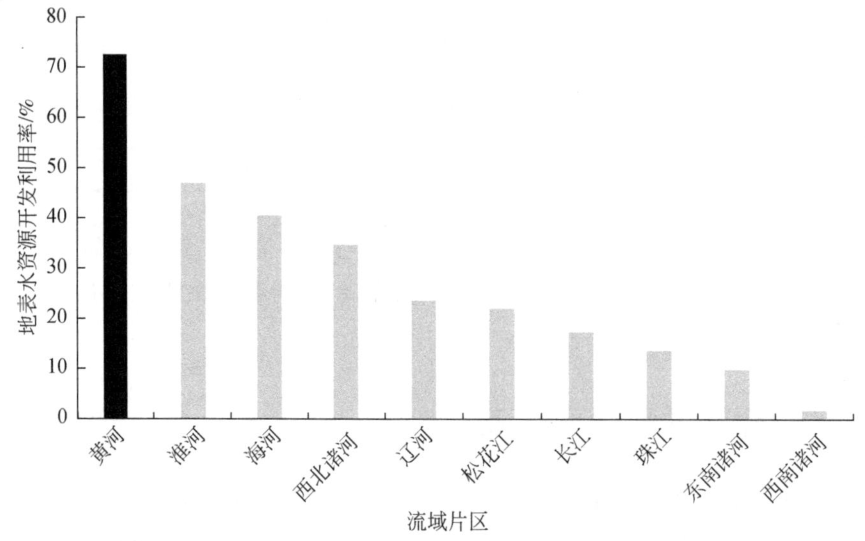

图1-7　我国十大一级流域片区地表水资源开发利用率

1.3.3　调水工程概况

为了解决水资源时空分布不均的矛盾，过去几十年我国规划、修建了大量的调水工程，这些工程中相当一部分是在给黄河流域调水，包括引汉济渭、引乾济石、引红济石、白龙江引水工程等跨流域调水工程，以及引大济湟、引硫济金、引大入秦、引洮供水、万家寨引黄、引黄济宁等流域内水资源配置工程，这些工程已经成为黄河流域饮水安全和经济发展的重要保障。然而通过表1-3可以看出，黄河流域现有调水工程大部分是从水资源相对富集地区向短缺地区调配，调水规模普遍较小。此外，鄂尔多斯、陕北、宁东等能源基地是我国能源安全的重要支撑，尽管这些地区迫切需要水资源来保障生产和提高产能，但由于受水区附近缺乏可靠的供水水源，这些能源基地难以通过调水工程来解决缺水问题。

表 1-3 黄河流域规划或已建的主要调水工程 （单位：亿 m^3）

工程性质	工程名称	供水区	受水区	规划调水量
给外流域输水	引黄济青（已建）	黄河	青岛	3.83
	引黄入冀补淀（已建）	黄河	河北中部地区，白洋淀	6.2
	景泰川电力提灌工程（已建）	黄河	石羊河（河西走廊）	4.75
从外流域调水	引汉济渭（在建）	汉江（陕南）	渭河（关中）	15
	引乾济石（已建）	乾佑河（陕南）	石砭峪水库（关中）	0.47
	引红济石（已建）	红岩河（陕南）	石头河（关中）	0.92
	白龙江引水（规划）	白龙江（陇南）	天水、平凉、庆阳	3.95
流域内调水	引大济湟（已建）	大通河（青海）	湟水河（青海）	7.5
	引硫济金（已建）	硫磺沟（青海）	金昌	0.4
	引大入秦（已建）	大通河（青海）	兰州、白银	4.43
	引洮供水（已建）	洮河（甘肃）	定西、白银	5.32
	万家寨引黄（已建）	黄河	太原、大同、朔州	12
	引黄济宁（规划）	黄河	西宁、海东	7.9

1.4 面临的挑战与研究意义

2002 年《国务院关于南水北调工程总体规划的批复》(国函〔2002〕117 号) 中，国务院批复“原则同意《南水北调工程总体规划》(以下简称《规划》)”，并且提出“要按照‘先节水后调水，先治污后通水，先环保后用水’的原则，进一步落实有关节水、治污和生态环境保护的政策和措施，实现节水、治污和生态环境保护的各项目标。”发展至今，南水北调东线、中线一期工程分别于 2013 年和 2014 年通水运行，而南水北调西线工程却始终没有推进实施，甚至在建设必要性上还存在较大争议。

黄河是一条十分重要而又极为特殊的河流，不仅流域内水资源匮乏，同时又是世界上含沙量最高的河流，输沙减淤和抑制地上悬河进一步发育的负担很重，还担负着向临近淮河、海河流域供水的任务。新中国治黄 70 余年来，不仅保证了黄河安澜，并以占全国 2% 的河川径流，养活着 12% 的人口，浇灌着 15% 的耕地，创造了 14% 的 GDP，支撑着沿河 50 多座大中城市、420 个县以及晋陕宁蒙地区能源基地的快速发展，还实现了自 1999 年以来黄河干流连续 20 年不断流，发挥了重要的生态屏障作用。

现阶段，黄河流域经济社会和生态环境用水需求日益强烈，另外，黄河流域水资源衰减显著，加剧了水资源供需失衡问题，经济社会发展与生态安全用水之间的矛盾日趋突出，并产生了复杂流域社会发展和黄河河流治理的冲突，以及水资源、水环境和水生态的复合影响问题。

在此背景下，黄河水资源保障问题以及与此相关的南水北调西线工程等战略决策始终受到决策层和社会公众的高度关注。而大规模水资源配置是一项复杂庞大的系统工程，往往会对国家或区域的经济、社会、生态等产生重大的影响，需要极为严谨的科学论证。面向南水北调西线这一重大战略性工程，必须立足“确有必要、生态安全、可以持续”的水利工程建设基本原则，结合国家重大战略布局，论证西线调水实施需求的必要性。其中，是否“确有必要”是西线调水工程首先要回答的关键问题。

在工作和技术层面，该问题可以分解为两个方面来考量：一是西线工程规划受水区落实“节水优先”方针是否到位，西线工程规划受水区极限节水潜力还有多大，这是讨论调水工程是否“确有必要”的基础；二是在落实“节水优先”方针的基础上，西线工程规划受水区未来是否还缺水，缺水影响会有多大，这是分析调水工程是否“确有必要”的核心。因此，面向南水北调西线工程论证的实践需求，本书首先分析“黄河流域极限节水潜力”，在此基础上进一步开展西线工程规划受水区现状缺水识别，深入分析新形势下黄河流域水资源中长期供需情势和缺水影响，既为西线工程必要性分析提供技术支撑，又为中长期黄河流域水资源安全保障提供重要基础成果。

第 2 章 黄河流域节水工作与成效

受水资源短缺约束，早在 20 世纪 70 年代初，黄河流域就开始实施以土质渠道衬砌为主要方式的农业节水灌溉工程建设。发展到 21 世纪初，随着国家建设节水型社会、实施最严格水资源管理等工作的推进，黄河流域各省（自治区）全面推进综合节水工作，积极贯彻落实“节水优先”新时期治水方针和“三先三后”（即先节水后调水，先治污后通水，先环保后用水）调水原则，水资源利用效率得到全面提升，支撑了经济社会健康快速发展。

2.1 节水工作进展

1）黄河流域是我国最早、最全面开始节水型社会试点建设工作的区域，完成了从单一工程技术节水向综合节水的根本转变。黄河是国家级和省级节水型社会试点分布最密集的区域，全区域共有 30 个国家级节水型社会试点，接近全国国家级节水型社会试点总数的 1/3，其中宁夏是全国唯一一个节水型社会示范省级行政区。有 92 个县（市、区）先后创建省级节水型社会试点，占全国省级试点总数的 1/2。全区基于大范围试点建设基础，所有省（自治区）均先后编制各时期区域节水型社会建设规划，在规划指导下全域推进节水型社会建设工作。

2）黄河流域是世界上唯一一条实施全流域水量统一调度的大江大河，通过取用水总量的严格控制，倒逼用水效率提升。1999 年，在黄河来水严重偏枯的情况下，全流域按照《黄河可供水量分配方案》（简称“八七”分水方案）实施水量统一调度，至今连续实现了黄河不断流。以“总量控制、断面流量控制、分级管理、分级负责”为原则的水资源统一调度管理，不仅统筹协调了沿黄地区经济社会发展与生态环境保护，减轻和消除了黄河断流造成的严重后果，更极大地促进了有限的黄河水资源的优化配置，通过总量约束促进了各地区用水效率的提升，缓解了黄河流域水资源供需矛盾，为其他流域提供了可借鉴的成功经验。2006 年国务院颁布的《黄河水量调度条例》更具里程碑意义，水量调度范围由原来的干流分河段分时段向全河全年包括主要支流扩展，用水总量控制进一步强化。

3）黄河流域各省（自治区）多措并举实施全行业节水。全域农业节水灌溉工程建设稳步推进。2016 年黄河流域高效节水灌溉工程共计 627 万亩①，占全国总面积的 16%。在工业方面，黄河流域各省（自治区）把节水与减排相结合，以高耗水行业为重点，推广工业水循环利用、重复利用技术，推动节水技术与工艺改造，提高企业节水能力，降低污染

① 1 亩≈666.67m^2。

物排放。对能源基地增量用水实行严格管控，当前黄河流域各大能源基地，企业用水效率基本达到国际先进标准。在公共机构节水载体建设方面，以校园和机关为重点积极推进合同节水与节水型机关建设。

4）黄河流域各省（自治区）推进节水顶层设计，建立了系统化的节约用水管理制度体系，是我国探索等水权分配与转让制度的先行地区。各省（自治区）结合不同地域特征和产业结构特点，先后出台了节约用水条例（办法）、水资源管理条例（办法）、计划用水管理办法、节水型社会建设发展办法（规划）、水资源消耗总量和强度双控行动实施方案、全民节水行动计划、重点用水企业水效领跑者引领行动实施细则、县域节水型社会达标建设工作实施方案等一系列地方性节水法规、规章、制度，形成了较为完善的制度体系，为加快推进依法治水、促进节约用水提供了有力保障。各省（自治区）以各地出台的涵盖农业、工业和城镇生活等主要领域的用水定额为抓手，在建设项目进行水资源论证与取水许可时，以定额为重要标尺把关，倒逼用水企业节约用水，发挥了定额的导向和约束作用。宁夏、甘肃、河南、内蒙古 4 个省（自治区）是国家水权制度建设试点，逐步探索水权制度建设经验。宁夏在全区范围内部署开展水资源使用权确权登记工作。甘肃对灌溉区农业用水户用水权逐步分解，对取用水单位重新核定许可水量，开展了灌区内农户间、农民用水户协会间、农业与工业间等不同形式的水权交易。河南依托南水北调中线工程，组织开展了平顶山市与新密市之间南水北调水量交易。内蒙古成立了水权收储转让交易中心，将节约的农业用水有偿转让给鄂尔多斯市的工业企业，初步形成了跨盟市水权转让、以工业发展反哺农业的新路子。

2.2 用水效率变化

通过国内外用水效率综合比较，认为黄河流域水资源利用效率处于国内先进水平，仅仅落后于南水北调中线已经通水的京津冀地区。黄河流域万元工业增加值用水量为 22.9m^3，不足当年全国平均值的 1/2；亩均灌溉用水量为 368m^3，低于全国平均值，如果综合考虑降水条件、灌溉水源类型等因素，亩均水资源利用量仅仅多于京津冀地区；城镇与农村人均生活用水量分别为 151L/d 和 58L/d，分别是当年全国平均值的 69% 和 67%，远低于全国平均值，水公共服务水平偏低。

2.2.1 农业用水效率对比

农业灌溉用水效率受区域降水条件、蒸发能力、灌溉水源类型等综合影响。从农田灌溉水有效利用系数来看，2016 年黄河流域农田灌溉水有效利用系数为 0.557，略高于全国平均值，在全国以地表水为主要灌溉水源的省（自治区、直辖市）中，整体处于较高水平（图 2-1）。

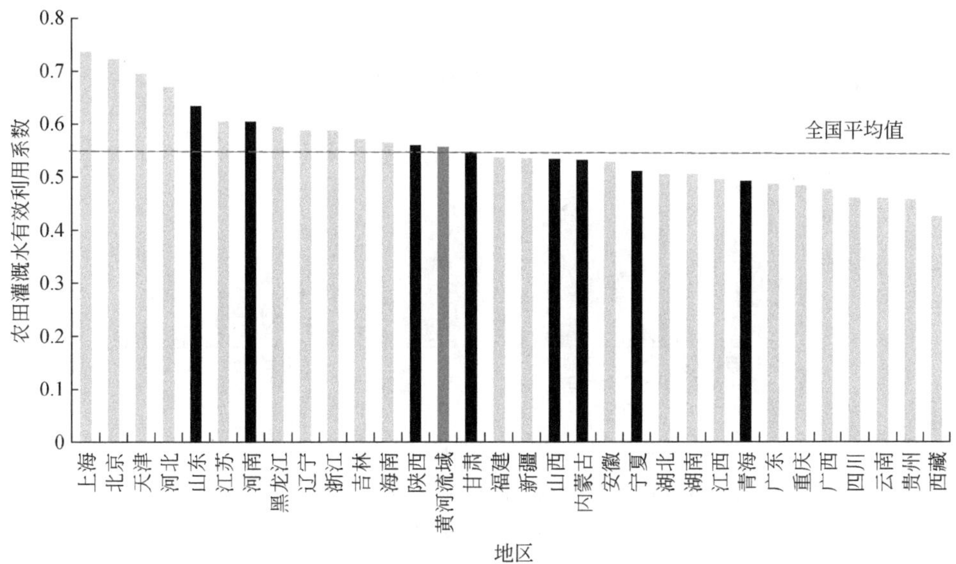

图 2-1　2016 年农田灌溉水有效利用系数国内比较

深色为黄河流域范围

从实际亩均灌溉用水量来看，2016 年黄河流域亩均灌溉用水量与全国平均值基本相当。上游地区亩均灌溉用水量偏大，中下游地区亩均灌溉用水量普遍较小（图 2-2）。为剔除区域降水对灌溉用水影响，本研究核算了各省（自治区）2016 年农田有效降水量，加之人工补充灌溉用水量，确定各地区亩均水资源利用量（图 2-3），并进行进一步对比。黄河流域整体处于较低数值区间，陕西、山西、青海、甘肃、山东五省的亩均水资源利用量仅高于京津冀地区。

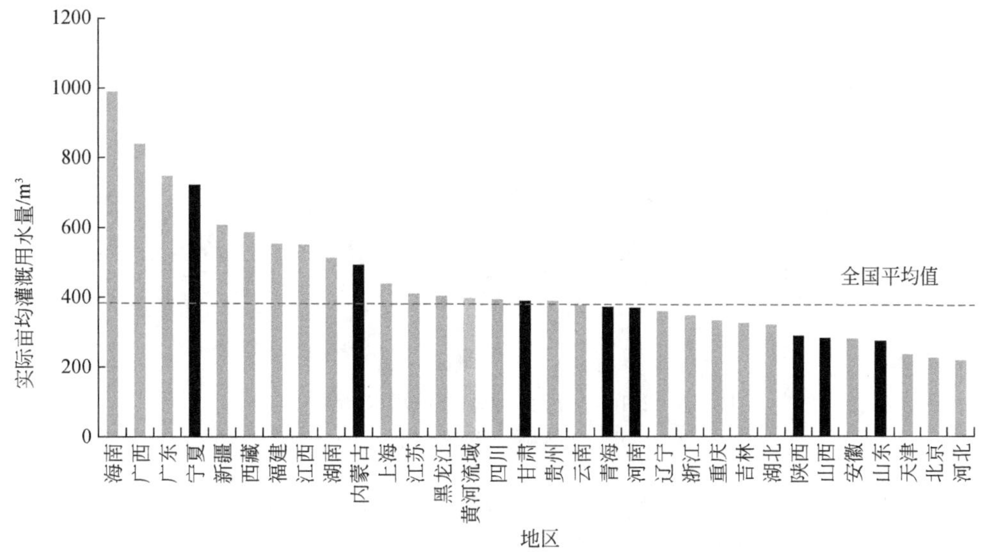

图 2-2　2016 年实际亩均灌溉用水量国内比较

深色为黄河流域范围

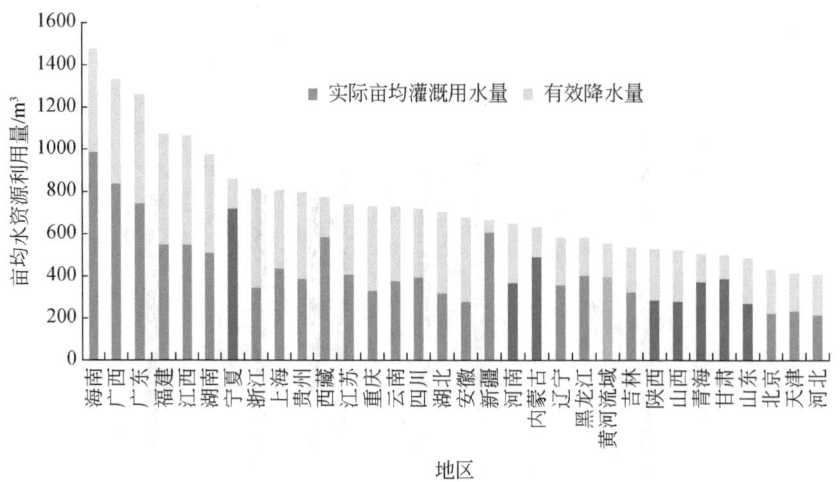

图 2-3　2016 年考虑有效降水量的亩均水资源利用量国内比较

红色为黄河流域范围

2.2.2　工业用水效率对比

从工业用水效率来看，黄河流域整体处于国内较高水平（图 2-4）。2016 年黄河流域万元工业增加值用水量为 22.9m³，不足当年全国平均值的 1/2。黄河流域 8 个省（自治区）中除了甘肃稍高于全国平均值外，其余 7 个省（自治区）万元工业增加值用水量均低于全国平均值，其中陕西、内蒙古、山东仅为全国平均值的 1/3。

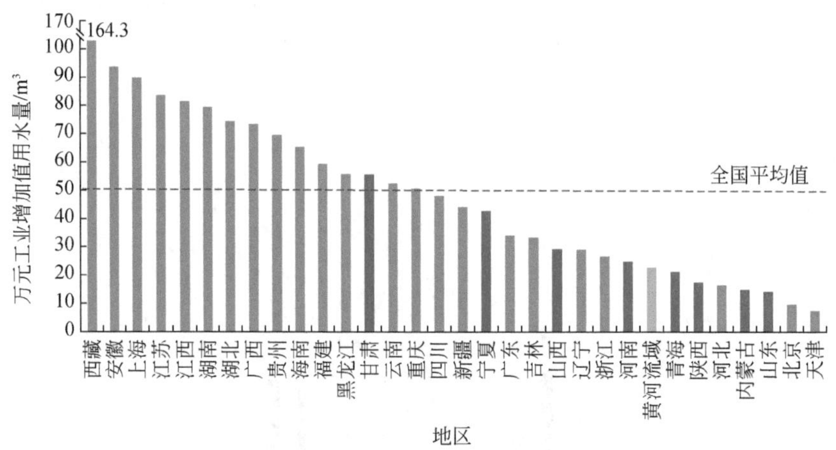

图 2-4　2016 年万元工业增加值用水量国内比较

红色为黄河流域范围

2016 年黄河流域万美元工业增加值用水量为 149m³（图 2-5），约为高收入国家的 1/3，流域整体用水水平远高于高收入国家和金砖国家，与单个国家对比，也处于较高水平。其中山东和内蒙古，只有 94m³ 和 98m³，与英国（80m³）相当（图 2-6）。

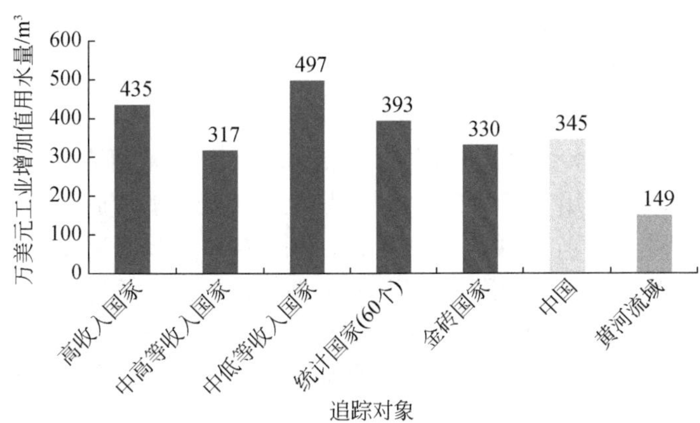

图 2-5　2016 年万美元工业增加值用水量分组统计

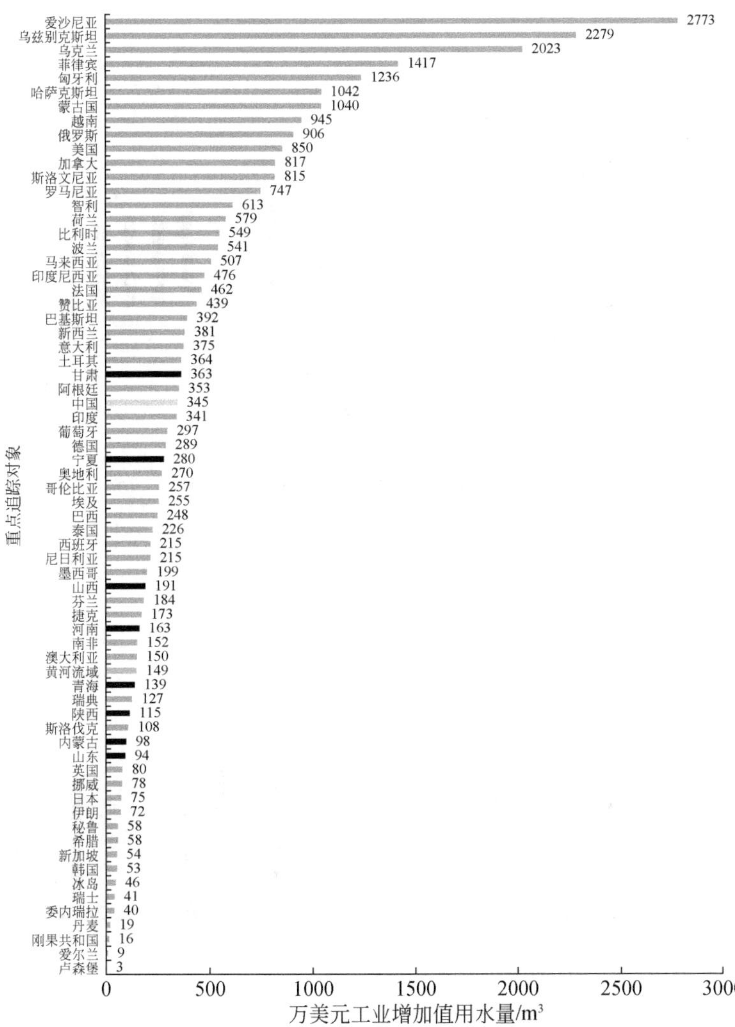

图 2-6　2016 年黄河流域与重点追踪对象万美元工业增加值用水量比较

深色为黄河流域范围

2.2.3 人均生活用水量对比

黄河流域人均生活用水量远低于全国平均值。2016 年，黄河流域城镇人均生活用水量为 151L/d，农村人均生活用水量为 58L/d，分别是当年全国平均值的 69% 和 67%，8 个省(自治区)的两指标均低于全国平均值（图 2-7 和图 2-8)。黄河流域人均生活用水量普遍偏低，原因主要有两点：一是长期在水资源紧缺的胁迫下，人们自然形成了相对节约的用水习惯；二是由于水资源严重短缺，部分农村地区水公共服务整体处于较低水平，供水保障能力不足，导致用水量低，如甘肃，全省低质量供水人口数仍有 200 万左右。

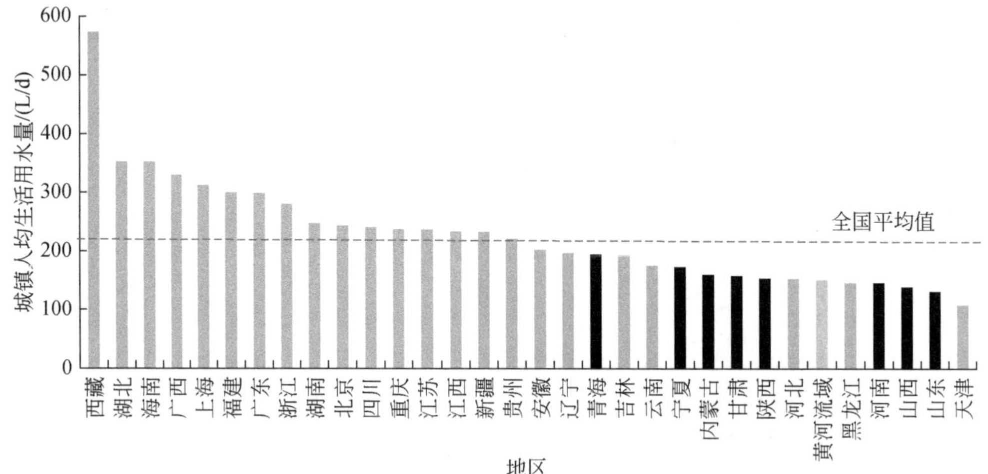

图 2-7　2016 年城镇人均生活用水量

深色为黄河流域范围

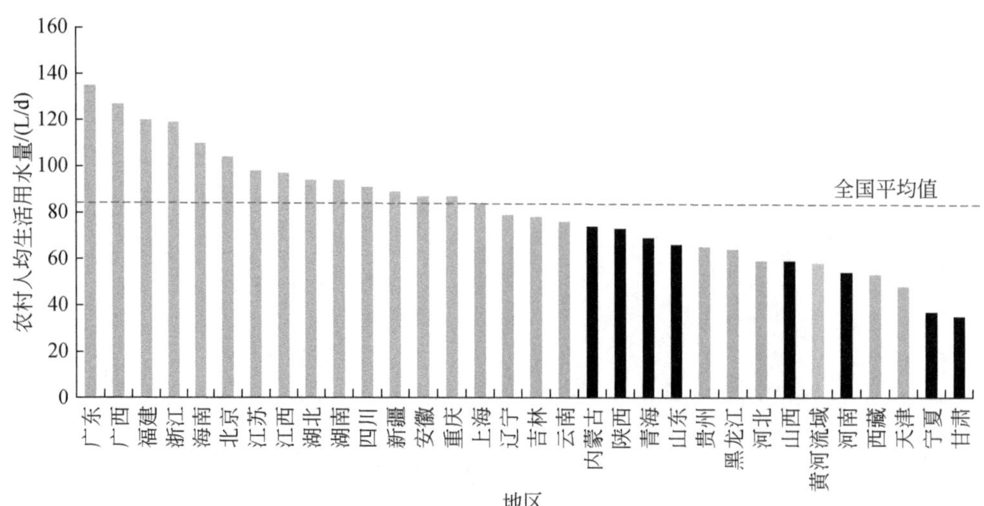

图 2-8　2016 年农村人均生活用水量

深色为黄河流域范围

与国外相比，黄河流域处于最低数值区间（图 2-9），未来随着生活水平的提高，人均生活用水量具有潜在的上升趋势。

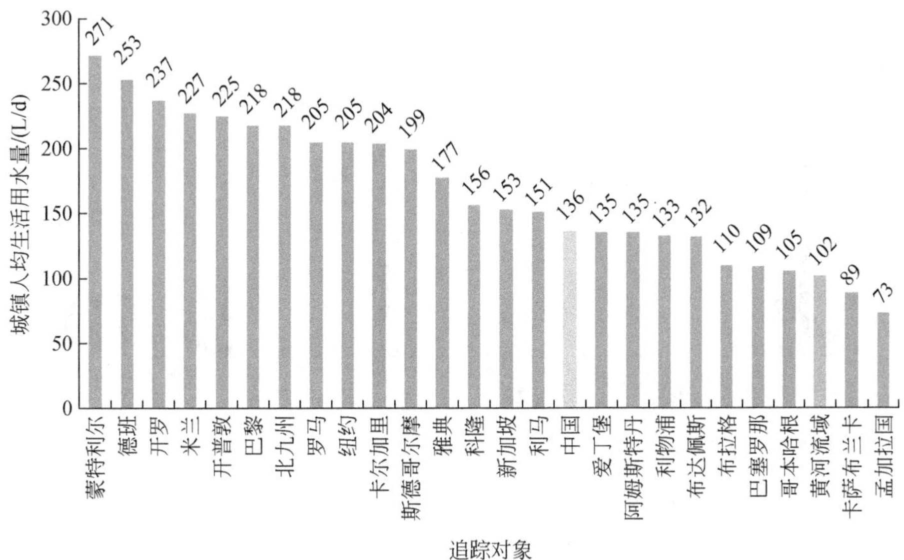

图 2-9　2016 年黄河流域与重点追踪对象城镇人均生活用水量比较

2.2.4　综合用水效率对比

黄河流域综合用水效率高于全国平均水平，但地区差异显著。2016 年黄河流域万元 GDP 用水量为 67m³（图 2-10），人均用水量为 344m³（图 2-11），较当年全国平均值分别低 17% 和 21%，但各省（自治区）之间存在显著差异。2016 年，宁夏万元 GDP 用水量是当

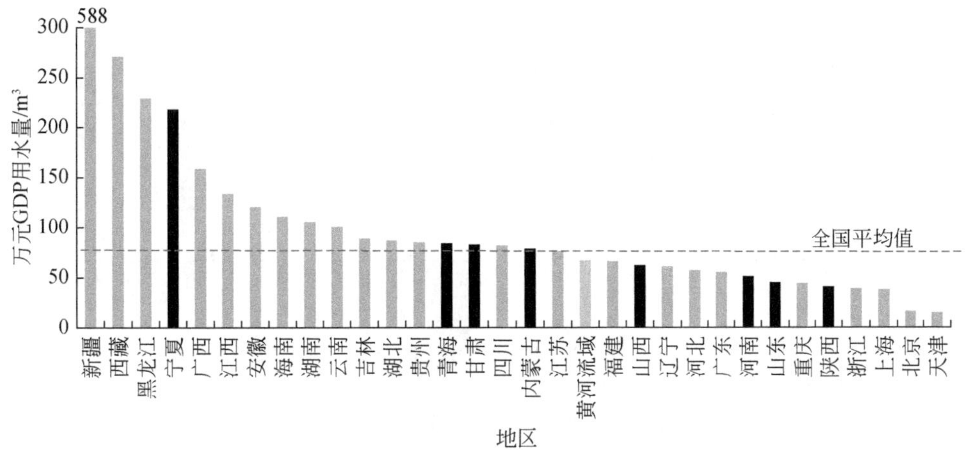

图 2-10　2016 年万元 GDP 用水量国内比较

深色为黄河流域范围

年全国平均值的 2.7 倍，是流域内河南、山东、山西等省的 4 倍多；内蒙古、宁夏的人均用水量是全国平均值的 2.3 倍，是流域内陕西、甘肃、山西等省的近 5 倍，两极分化严重。

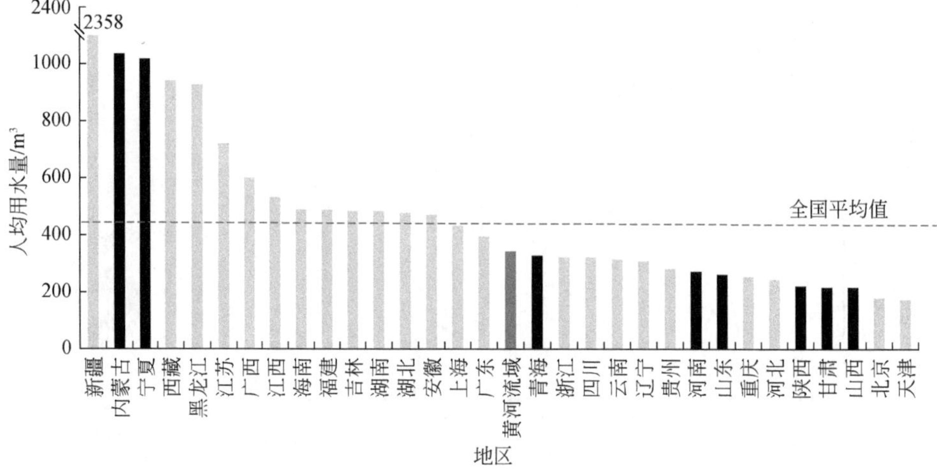

图 2-11　2016 年人均用水量国内比较

深色为黄河流域范围

上游宁夏、内蒙古两自治区农业用水占比大，是区域综合用水效率差异的主要原因之一。2016 年，全国平均农业用水占比为 62.4%，而宁夏、内蒙古分别为 85%、84%，远高于全国平均值（图 2-12）。

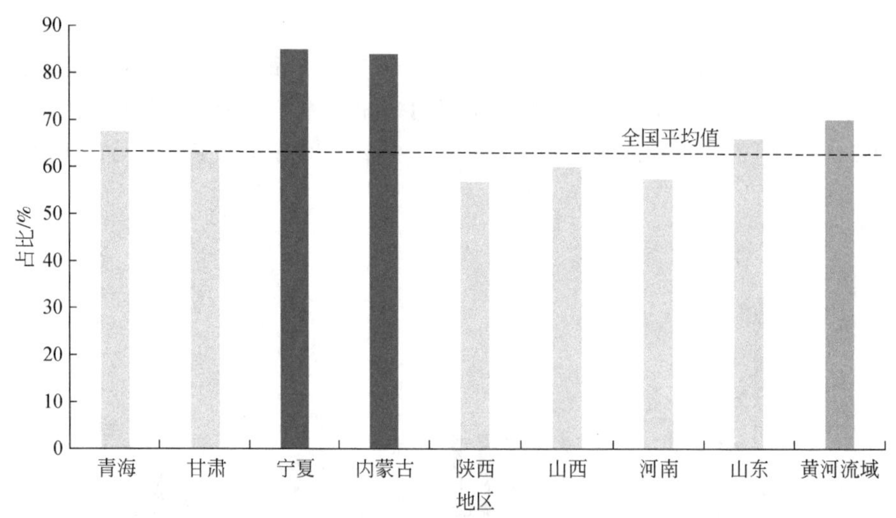

图 2-12　2016 年黄河流域内各省（自治区）农业用水占比

对比国际来看（图 2-13），黄河流域万美元 GDP 用水量为 523m³，与 60 个国家平均值（528m³）持平，低于中高等收入国家平均值（646m³）。从万美元 GDP 用水量与人均 GDP 的关系来看（图 2-14 和图 2-15），黄河流域的综合效率处于中等水平，与经济水平所处位置比较接近。

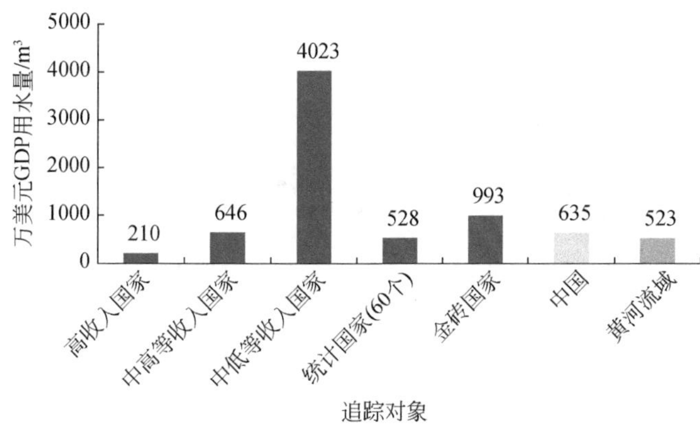

图 2-13　2016 年万美元 GDP 用水量分组统计

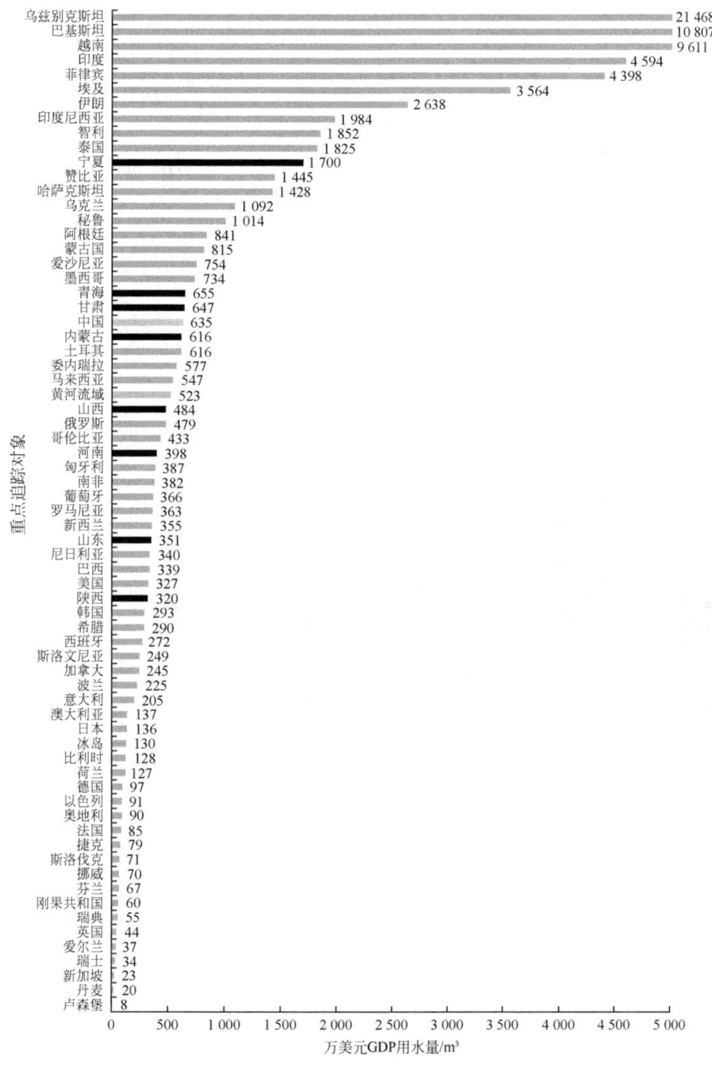

图 2-14　2016 年黄河流域与重点追踪对象万美元 GDP 用水量比较

深色为黄河流域范围

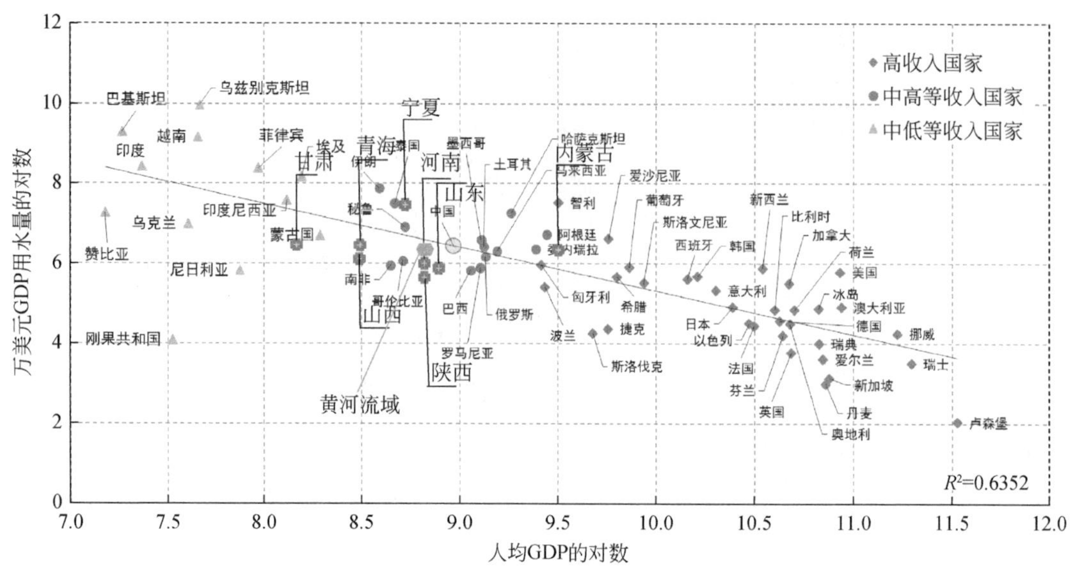

图 2-15　2016 年万美元 GDP 用水量与人均 GDP 的关系

黄河流域人均用水量远低于其他分组类型国家，仅为中高等收入国家的 1/2 左右（图 2-16）。在流域内处于中等水平的河南和山东人均用水量分别为 272m^3 和 263m^3，与以色列（280m^3）相当（图 2-17）。

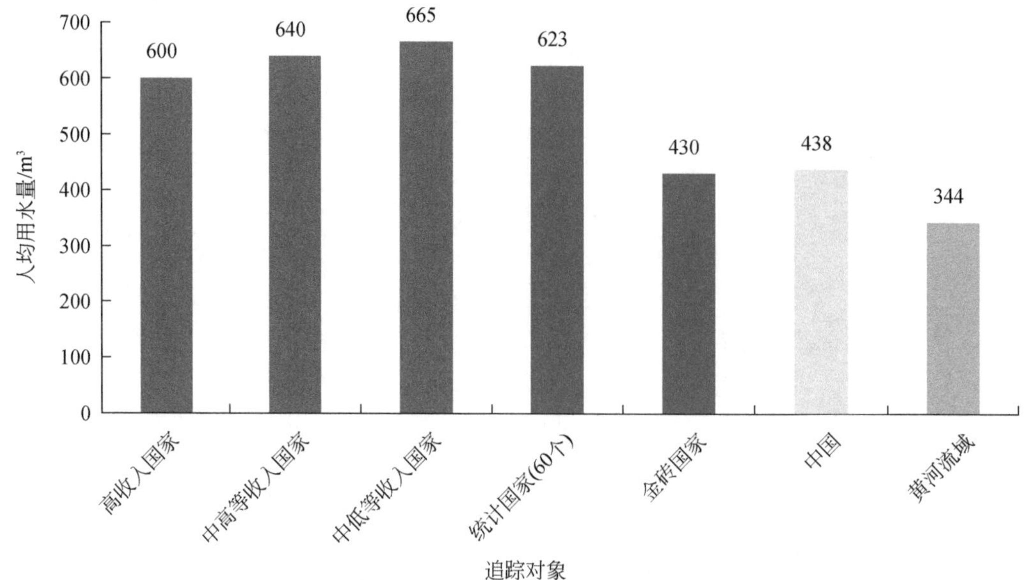

图 2-16　2016 年人均用水量分组统计

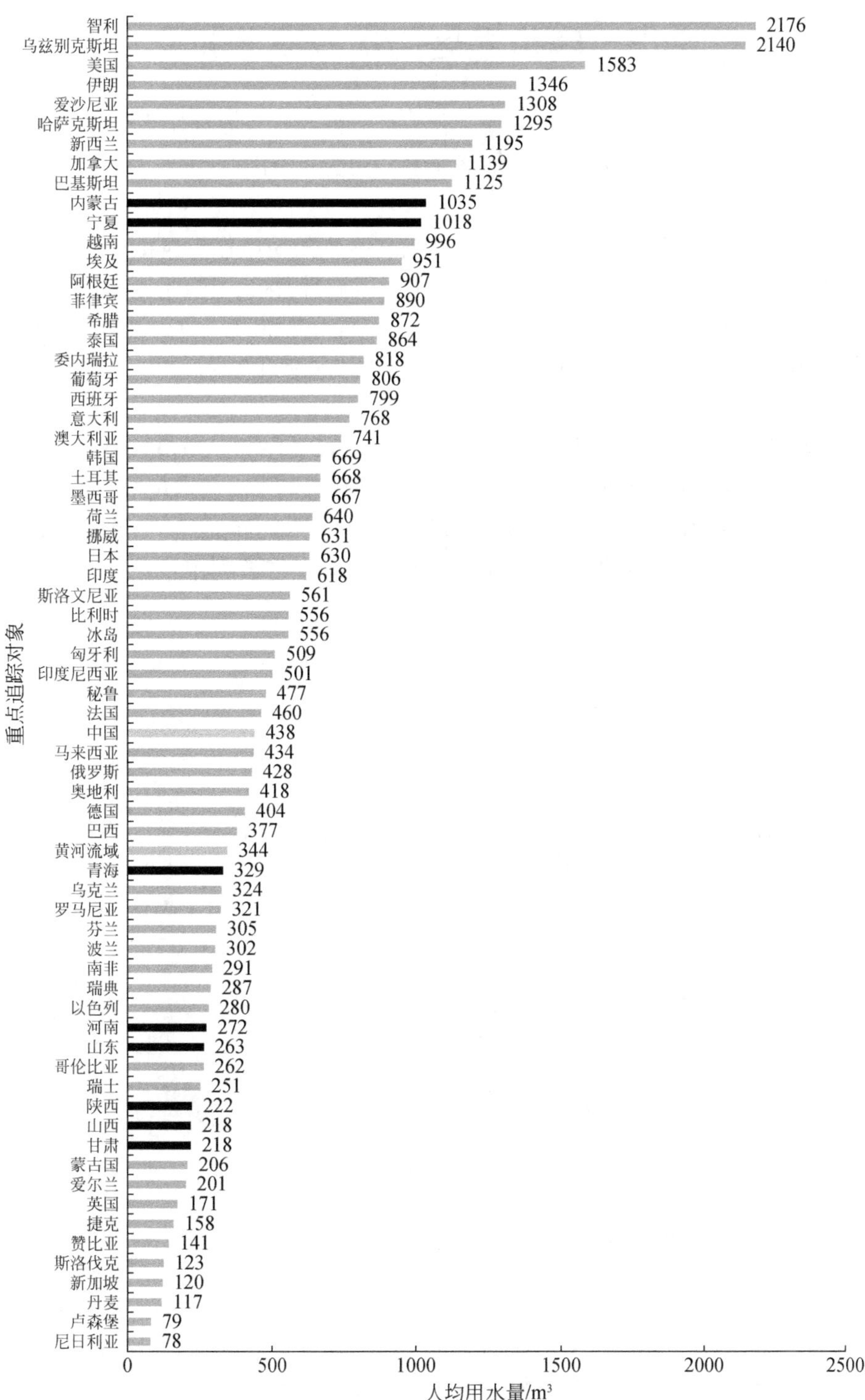

图 2-17　2016 年黄河流域与重点追踪对象人均用水量比较

深色为黄河流域范围

2.3 典型灌区用水效率分析

本研究通过对九大典型灌区用水效率进行分析，得到典型灌区用水效率显著提升，所有典型灌区的实际灌溉定额均低于设计灌溉定额，均为亏缺灌溉。

（1）典型灌区选择

在黄河流域10万亩以上的灌区中选取9个有代表性的灌区作为典型进行分析，分别为青甘地区的景电一期灌区；宁蒙地区的青铜峡灌区、河套灌区；晋陕地区的汾河灌区、尊村灌区、宝鸡峡灌区和东雷一期灌区；豫鲁地区的人民胜利渠灌区、位山灌区。9个典型灌区有效灌溉面积占流域灌溉面积的27%左右，用水量占流域灌溉水量的40%左右。

（2）现状年用水效率分析

各典型灌区现状指标（黄河勘测规划设计研究院有限公司，2019）见表2-1。各灌区现状年的灌溉水有效利用系数如图2-18所示。以《节水灌溉工程技术规范》（GB/T 50363—2018）对大型灌区的灌溉水有效利用系数要求0.5作为基准，除了河套灌区较低外，景电一期、尊村、宝鸡峡、东雷一期、位山5个灌区的灌溉水有效利用系数高于0.5，人民胜利渠、汾河和青铜峡灌区的灌溉水有效利用系数在0.5左右。

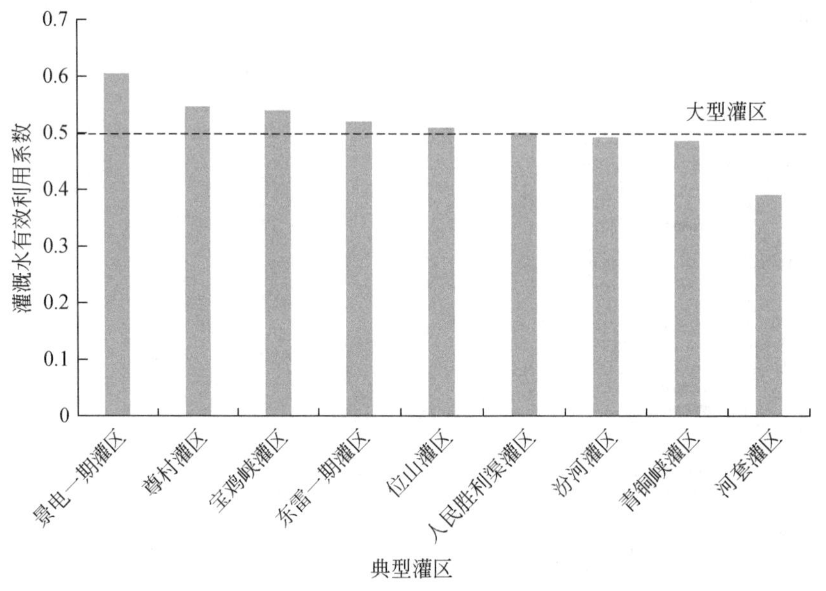

图2-18 现状年各典型灌区灌溉水有效利用系数

各典型灌区现状年的灌溉定额如图2-19所示。除了青铜峡、景电一期和河套灌区3个灌区外，其他6个灌区实际灌溉定额均低于全国平均值，且所有典型灌区的实际灌溉定额均低于设计灌溉定额，均为亏缺灌溉，现状实际灌溉水量难以满足作物正常生长所需要的水量。其中，青铜峡灌区与河套灌区的灌溉定额偏高，主要受到自然植被与湖泊湿地、土壤盐碱化、灌溉引排水系统复杂三方面因素的影响。

表 2-1　黄河流域典型灌区现状指标汇总

典型灌区		省（自治区）	灌溉面积/万亩		节灌率/%	高效节灌率/%	用水量/亿 m^3	实际灌溉定额/(m^3/亩)	灌溉水有效利用系数	设计净定额/(m^3/亩)			设计毛定额/(m^3/亩)			粮食亩均产量/(kg/亩)
			有效	实际						农田	林牧	综合	农田	林牧	综合	
自流灌区	青铜峡灌区	宁夏	522.8	495.9	63.5	21.2	38.7	781	0.486	413	200	399	850	412	821	407
	河套灌区	内蒙古	872.3	847.0	75.6	8.8	41.9	495	0.391	259	180	254	662	461	650	610
	宝鸡峡灌区	陕西	282.8	184.6	39.0	0.0	4.4	236	0.540	150	60	136	278	111	252	247
	汾河灌区	山西	131.8	88.7	71.0	64.7	1.4	161	0.492	157	65	149	319	132	303	554
	人民胜利渠灌区	河南	75.5	36.2	26.1	0.9	1.3	363	0.500	195			389			723
	位山灌区	山东	460.0	431.0	47.1	23.8	13.7	318	0.509	179			351			781
扬水灌区	东雷一期灌区	陕西	83.7	72.0	17.9	0.0	1.9	260	0.520	182	65	159	351	125	306	462
	景电一期灌区	甘肃	30.2	30.2	100.0	8.0	1.5	507	0.605	312	290	310	516	479	512	285
	尊村灌区	山西	84.2	76.5	86.2	45.4	1.5	198	0.547	135	190	143	247	347	261	614

注：除青铜峡灌区、东雷一期灌区设计灌溉定额为 75% 保证率外，其他各灌区均为 50% 保证率。

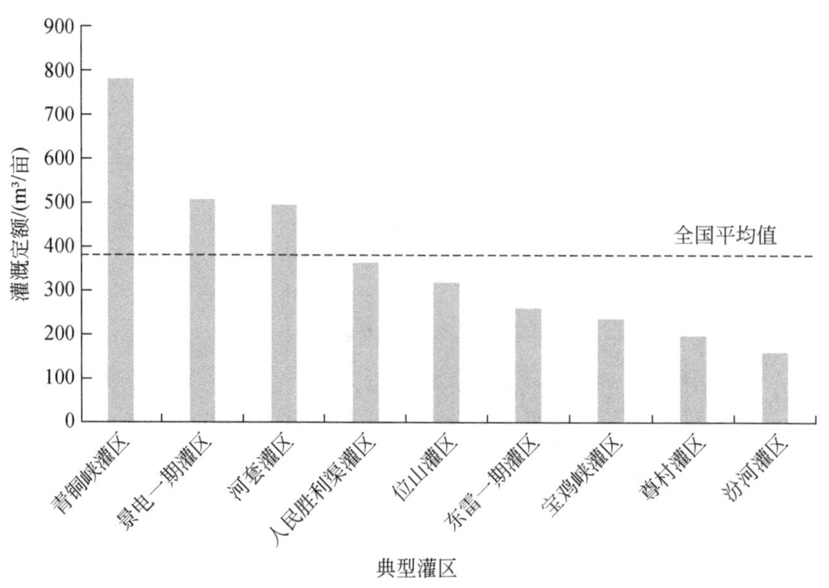

图 2-19 现状年各典型灌区灌溉定额

(3) 典型灌区用水效率显著提升

各典型灌区灌溉水有效利用系数如图 2-20 所示，可以看出，各典型灌区灌溉水有效利用系数均显著提升。其中，景电一期灌区灌溉水有效利用系数处于较先进水平；青铜峡和宝鸡峡灌区由于灌溉系统复杂，灌溉水有效利用系数较低。

各典型灌区灌溉定额如图 2-21 所示，可以看出，除了青铜峡灌区和河套灌区灌溉定额逐年下降外，汾河、尊村、宝鸡峡、东雷一期 4 个灌区灌溉定额均在 $200m^3$/亩左右，均为低水量亏缺灌溉，近年来灌溉定额变化不大。

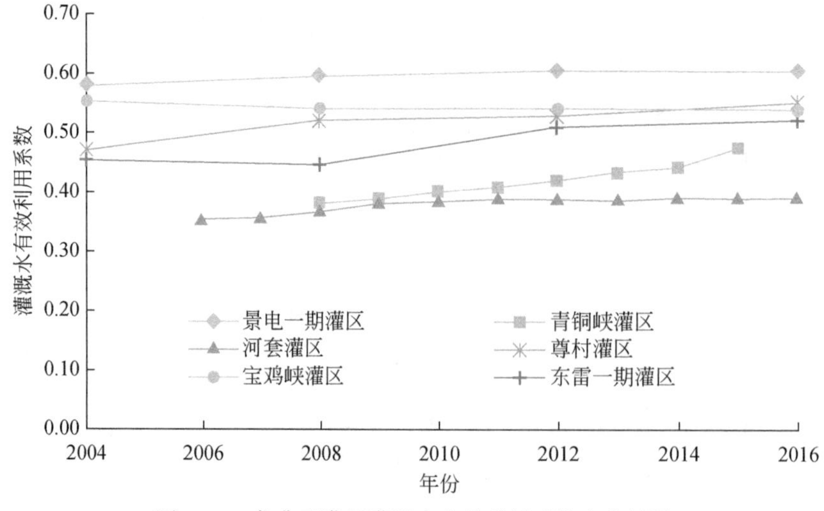

图 2-20 各典型灌区灌溉水有效利用系数变化情况

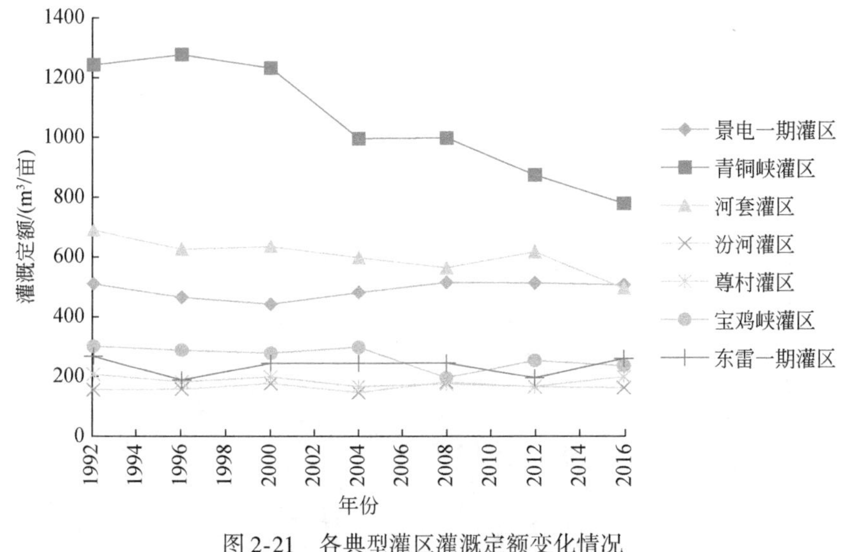

图 2-21 各典型灌区灌溉定额变化情况

2.4 能源基地用水效率分析

能源基地发展用水被公认为是黄河上中游地区需水的主要增长点，因而其用水效率及节水潜力也被广泛关注。基于能源行业用水效率对比分析，以及典型企业用水情况的实地调研，认为当前黄河上中游地区能源产业用水效率已经处于国内先进水平，存量节水潜力较小。

2.4.1 黄河上中游地区能源产业发展

黄河流域上中游地区的煤炭资源、中下游地区的石油和天然气资源十分丰富，在全国占有极其重要的地位，被誉为我国的“能源流域”。五大国家综合能源基地中，黄河流域占 2 个；全国 14 个大型煤炭基地中，黄河流域占 7 个。

（1）煤炭产业发展情况

2016 年全国原煤产量 34.1 亿 t，其中黄河流域原煤产量约 25 亿 t，占比达到 73.3%。黄河流域原煤产量又集中于上中游地区，甘肃、宁夏、内蒙古、陕西、山西五省（自治区）原煤产量为 23.1 亿 t，占黄河流域煤炭总产量的 92.4%，占全国总产量的 67.8%。其中，宁东、神东、陕北、黄陇、晋北、晋中、晋东 7 个煤炭基地发展迅速，近 10 年原煤开采增长率为 10.7%，2016 年原煤产量达到 18.89 亿 t，占黄河流域煤炭总产量的 75.6%，占全国总产量的 55.4%。

（2）火电产业发展情况

黄河上中游地区的煤电基地是“西电东送”北通道的重要组成部分，近 10 年黄河中上游燃煤火电规模持续增加，装机容量增加 1.2 倍，2016 年达到 1.2 亿 kW（图 2-22），约占全国火电装机 10.6 亿 kW 的 11.3%。

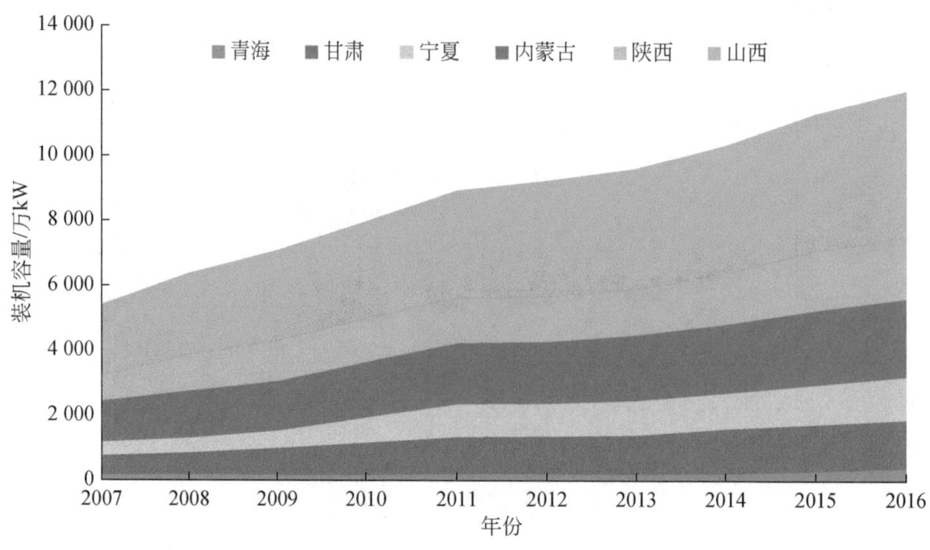

图 2-22　2007～2016 年黄河中上游燃煤火电装机容量变化情况

(3) 煤化工产业发展情况

黄河流域的传统煤化工以焦炭、合成氨、电石为主，据统计，2016 年黄河流域煤焦化产量为 14 563 万 t，占全国的 32.4%；合成氨/尿素产量为 1010 万 t，占全国的 16.7%；电石为 535 万 t，占全国的 20.7%。现代煤化工产业主要集中在宁东、鄂尔多斯、陕北、山西；煤制甲醇产量为 1163 万 t，占全国的 29%；煤制烯烃产量为 165 万 t，约占全国的 25.5%；煤制二甲醚产量为 200 万 t，约占全国的 85%；煤制油为 171 万 t，约占全国的 83%。

黄河流域上中游地区的石油资源主要集中在陕甘宁盆地，其中长庆油田探明油气地质储量为 54 188.8 万 t，陕北地区石油探明储量为 15 亿 t。盐化工主要分布在陕西的榆林市，榆林市的岩盐基础储量为 2.7 亿 t，探明储量为 8855 亿 t，预测储量为 6 万亿 t。

2.4.2　能源基地用水总体情况

2016 年黄河流域上中游地区能源基地能源产业链用水量总计约 13.53 亿 m^3，其中煤炭开采用水 3.41 亿 m^3，占 25.2%；火电用水 2.91 亿 m^3，占 21.5%；煤化工用水 6.92 亿 m^3，占 51.2%；石油化工用水 0.29 亿 m^3，占 2.1%（图 2-23）。

从各地区来看，能源行业用水在各省（自治区）总用水量的占比均较小。内蒙古能源行业用水量最大，为 5.11 亿 m^3，占黄河流域能源基地总用水量的 37.8%，占当地工业用水量的 62%，仅占当地总用水量的 5.75%；山西能源行业用水量为 3.91 亿 m^3，占当地工业用水量的 50.26%，占当地总用水量的 7.75%。从黄河上中游整体来看，能源行业占整

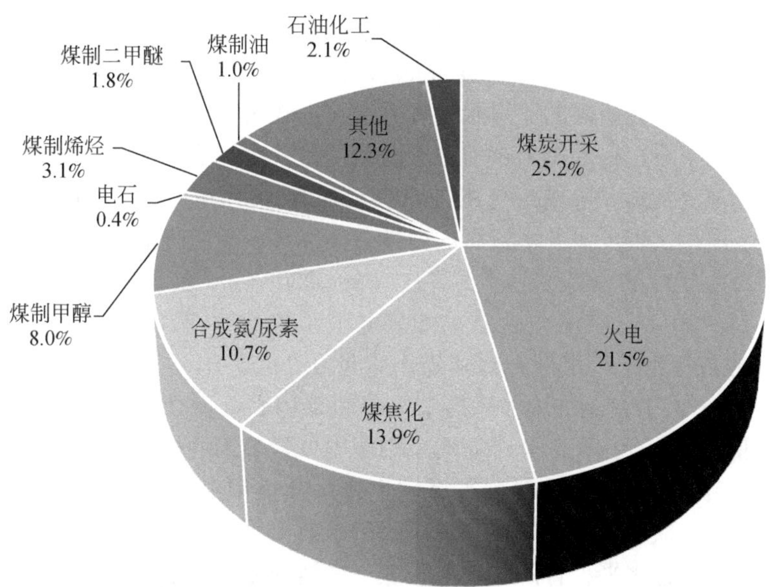

图 2-23　2016 年黄河上中游地区重要产业用水结构

个地区工业用水量的 36.51%，仅占流域总用水量的 4.48%（图 2-24）。

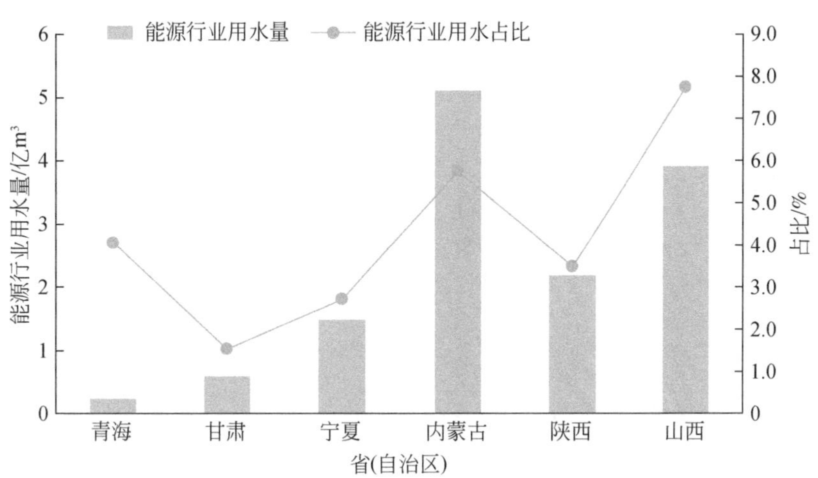

图 2-24　2016 年黄河上中游地区各省（自治区）能源行业用水占比

2.4.3　能源基地用水效率分析

(1) 煤炭产业用水水平分析

黄河流域上中游地区煤炭产业用水效率在全国处于较高水平。

从煤炭开采方式来看，黄河上中游地区煤炭基地的煤炭开采以井采为主，露天开采的数量不足总量的 20%，而单位煤炭开采量的井开采用水量相当于露天开采用水量的 2/3。

从煤炭洗选工艺来看，我国干法选煤工艺这一独创的新兴选煤方法，在黄河上中游地区广泛应用。干法选煤工艺在一定程度上能够解决缺水地区及遇水易泥化煤种的分选问题，省去了湿法选煤工艺所需的泥煤水处理系统，1t 煤可以节水 0.2m^3。

从矿井水利用来看，目前整个黄河上中游地区矿井水综合利用率达到90%。例如，占黄河流域煤炭基地煤炭总开采量56%的神东煤炭基地，利用超大工作面开采后所留下的采空区建设地下水库，实现了矿井水资源的良性立体循环，大大降低了新水取用量。

根据《清洁生产标准 煤炭采选业》（HJ 446—2008）、《取水定额 第 11 部分：选煤》（GB/T 18916.11—2012）中相关标准，目前全国采煤用水平均水平为每吨煤用水量为 0.35m^3 左右，先进用水平均水平为每吨煤用水量 0.2m^3 左右，全国用水平均水平为每吨煤用水量为 0.25m^3 左右，先进用水平均水平每吨煤用水量为 0.1m^3 左右。通过对黄河流域典型煤矿企业进行调查，大部分企业均采用国内外最节水的煤炭开采、洗选工艺，如内蒙古鄂尔多斯的新上海一号、榆树井工煤矿生产每吨煤用水量为 0.16m^3。对比黄河上中游各地区，内蒙古、陕西、山西采煤、选煤的用水效率均达到全国先进水平，宁夏洗煤的用水效率达到全国先进水平，青海、甘肃采煤、选煤的用水效率高于全国平均水平（图 2-25 和图 2-26）。

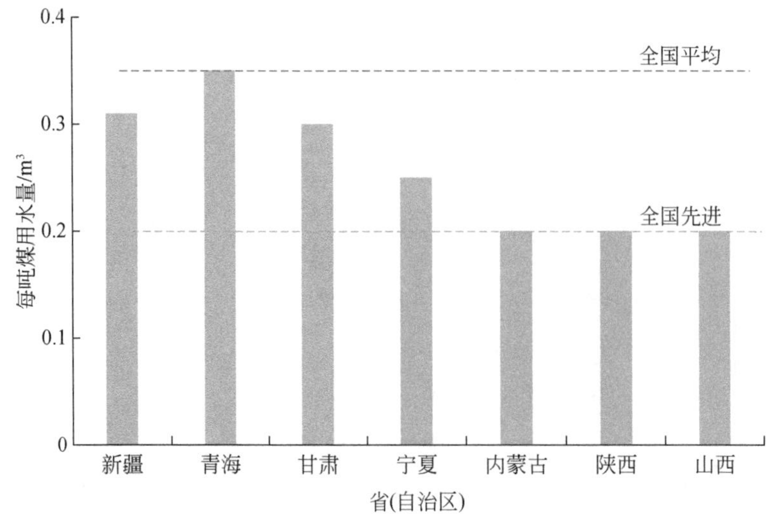

图 2-25　2016 年黄河流域各省（自治区）采煤用水对比情况

（2）火电产业用水水平分析

目前，黄河流域火电产业除一些较早建厂的企业还有少量循环冷却以外，其他均采用空气冷却技术，用水水平已整体处于国内领先水平。

从新建火电机组来看，均采用超超临界燃煤空冷机组，电厂运行过程中产生的各类废污水按照清污分流、分质处理、集中回用的方法回收和重复利用。例如，华电宁夏灵武发电有限公司是宁东能源化工基地规划建设的大型坑口电源项目，拥有世界首（台）套百万千瓦级超超临界空冷机组，是世界上参数最高、容量最大、技术最先进的燃煤空

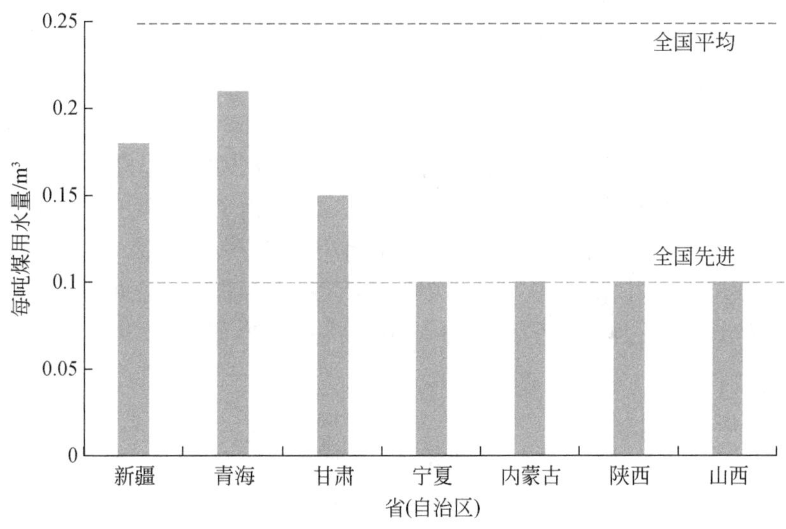

图 2-26　2016 年黄河流域各省（自治区）洗煤用水对比情况

冷发电机组。一期工程两台 600 万 kW 空冷机组比湿冷每小时就可节水 3406m^3，全年可节水 1873 万 m^3。

从原有水冷机组来看，也先后开展节水技术改造。例如，青海桥头铝电股份有限公司自 2016 年开始拆除已建 5×125MW 水冷燃煤机组，就地规划扩建 3×660MW 燃煤空冷发电工程，采用国产超超临界间接空冷燃煤发电机组，2018 年投入生产。

根据《取水定额 第 1 部分：火力发电》（GB/T 18916. 1—2012）中相关标准，装机容量在 600MW 以上，全国火力发电循环冷却方式用水效率平均水平为 2. 4m^3/(MW · h)，空气冷却方式用水效率平均水平为 0. 53m^3/(MW · h)（图 2-27）。目前，黄河中上游地区青

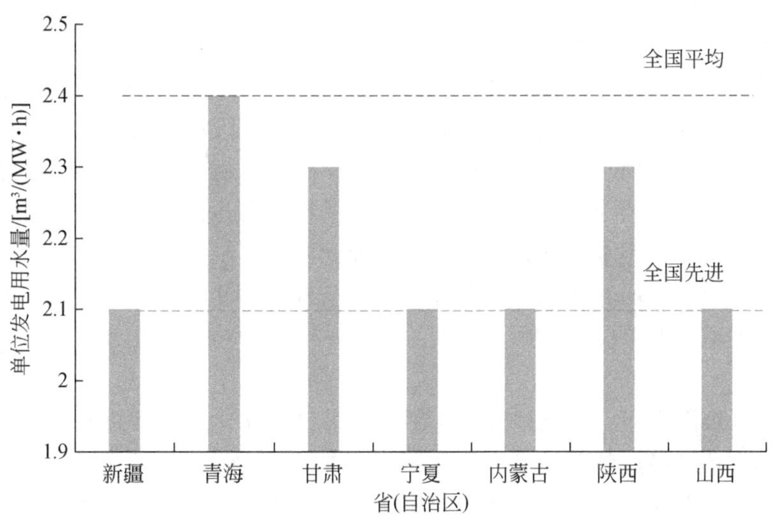

图 2-27　2016 年黄河流域各省（自治区）燃煤火力发电用水对比情况

海燃煤火力发电循环冷却用水效率与全国平均水平相当，内蒙古和山西达到全国先进水平。通过对重点企业进行详细调查，发现目前大部分企业用水效率已经达到国内外先进水平，如甘肃华能平凉电厂二期规模是2×600MW，采用燃煤空冷发电，单位装机用水量为0.4m³/(MW·h)；甘肃华能平凉电厂一期规模是2×600MW，采用燃煤湿冷发电，单位装机用水量为1.5m³/(MW·h)。仅个别采用湿冷技术的企业单位装机用水量相对流域内其他空冷企业较高，但低于国家火电湿冷取水定额标准，如内蒙古鄂尔多斯蒙达电厂四期规模为2400MW，采用燃煤湿冷发电，单位装机用水量为2.0m³/(MW·h)。

节水技术工艺设备的广泛采用，燃煤火电用水效率大幅提升，在煤电规模不断增加的情况下，用水量从2007年的4.42亿m³下降到2016年的3.79亿m³，下降14.3%（图2-28）。

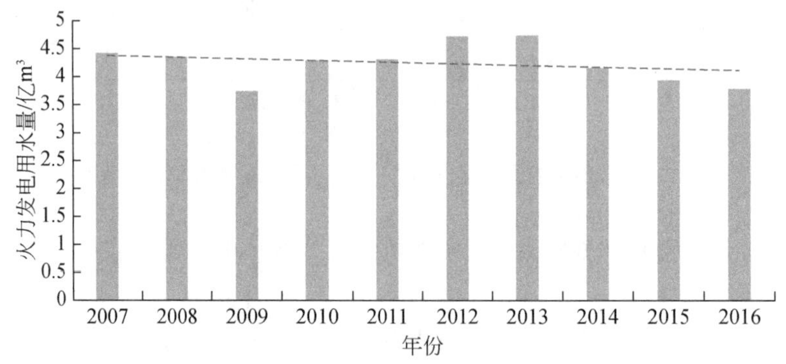

图2-28　2007～2016年黄河上中游燃煤火电用水情况

(3) 煤化工产业用水水平分析

黄河上中游地区现代煤化工处于起步阶段，建设项目均采用先进生产工艺，用水效率处于国内领先水平。

从产业发展政策来看，《煤炭深加工产业示范“十三五”规划》提出发展煤化工产业要坚持“量水而行，绿色发展”的原则，不支持现有技术水平的大规模产能扩张，不设定约束性的产能和产量目标，重点开展煤制油、煤制天然气、低阶煤分质利用、煤制化学品、煤炭和石油综合利用5类模式以及通用技术装备的升级示范。

从煤化工产业实际用水来看，近年来通过产业技术优化升级、提高工业用水重复利用率和推广先进的用水工艺与技术等措施，单位产品用水强度逐渐降低（图2-29）。在建示范项目的每吨煤制油品用水强度为7t，每千标准立方米煤制天然气用水强度低于6t，优于国家先进水平；行业平均的污水回用率大幅提高至80%以上。在建的华泓汇金煤炭深加工基地煤制聚烯烃项目的单位产品用水强度约为13m³/t，单位产品用水强度较常规生产方式减少一半以上。

通过对国家煤制甲醇、煤制烯烃、煤制甲醚等重点煤化工企业进行调查，发现目前大部分企业用水效率已经达到国内外先进水平，如甘肃华亭中熙煤化工公司煤制甲醇项目，单位产品用水量为18m³/t；神华宁煤煤制甲醇项目，单位产品用水量为17m³/t。仅个别企业煤化工用水量相对较高，伊泰集团煤基合成油生产单位煤制油用水量为17.7m³/t。

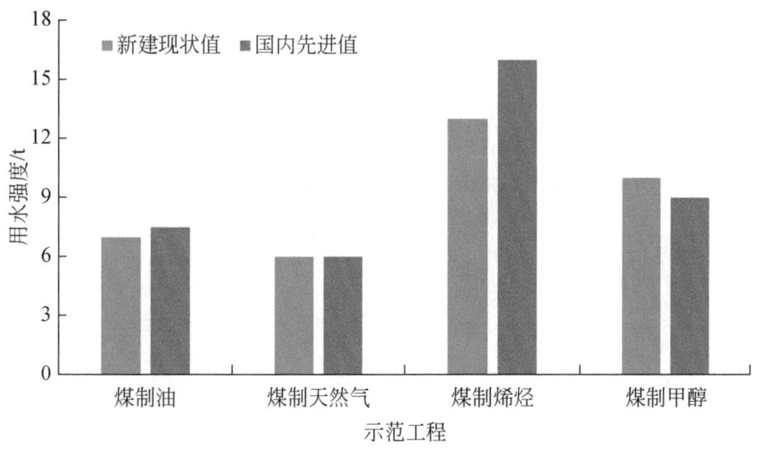

图 2-29 煤化工示范工程用水对比情况

2.5 节水工作总体成效与进展

2.5.1 全流域用水效率与效益大幅提升

近 20 年来，全流域各行业用水效率效益都得到了大幅提升。人均用水量、万元 GDP 用水量、万元工业增加值用水量、亩均灌溉用水量等指标都处于持续下降趋势，下降速率均超过全国平均水平。

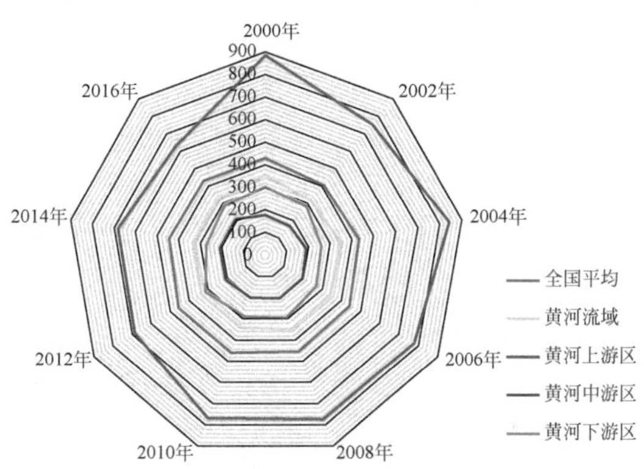

图 2-30 人均用水量变化情况（单位：m^3）

2016 年较 2000 年，黄河流域人均用水量下降 9%（图 2-30）；万元 GDP 用水量下降 90%，高于全国 86.7% 的平均下降率（图 2-31）；万元工业增加值用水量下降 87%，高于全国 82% 的平均下降率（图 2-32）；亩均灌溉用水量下降 22%，与全国保持相当的下降速率（图 2-33）；城镇人均生活用水量在全国增长的情况下下降 15%（图 2-34）；而黄河流域由于农村人均生活用水量水平低，整体处于增长趋势，2016 年较 2000 年增加 17%（图 2-35）。

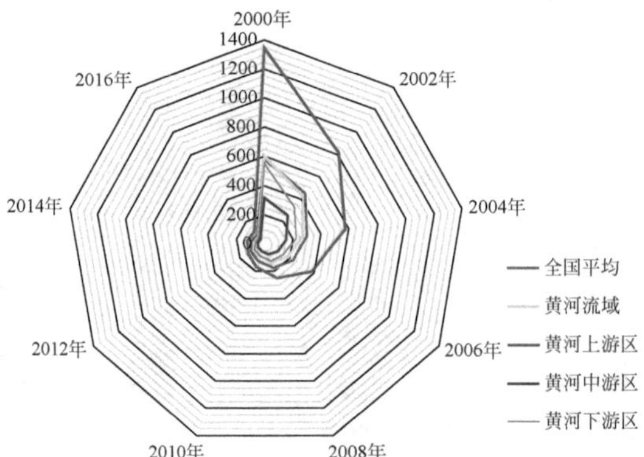

图 2-31　万元 GDP 用水量变化情况（单位：m^3）

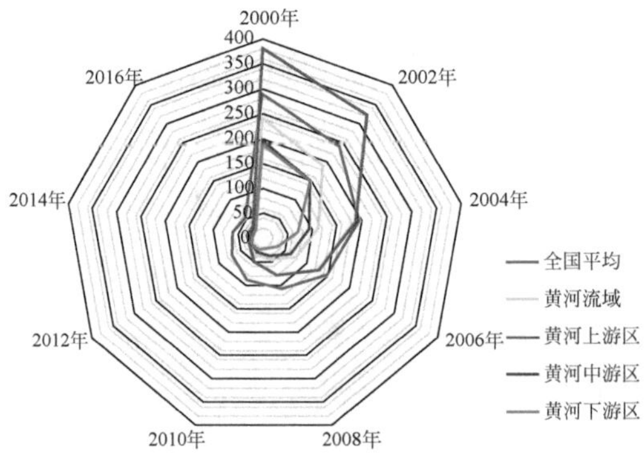

图 2-32　万元工业增加值用水量变化情况（单位：m^3）

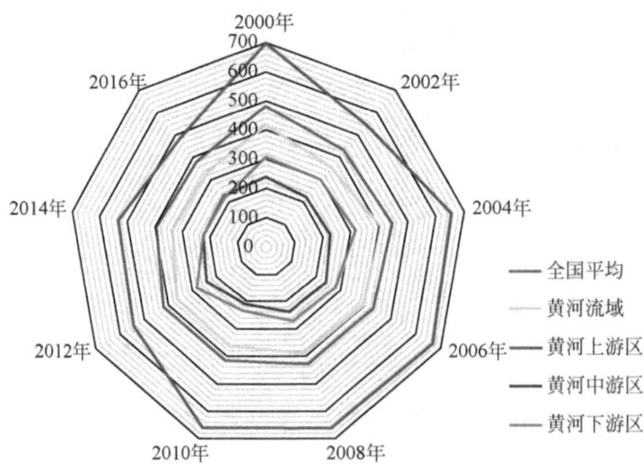

图 2-33　亩均灌溉用水量变化情况（单位：m^3）

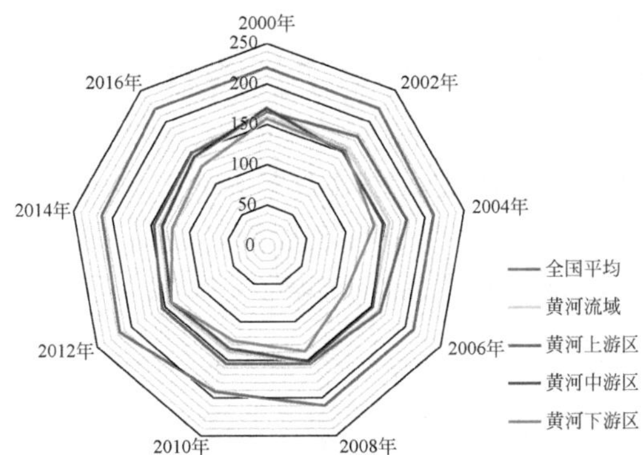

图 2-34　城镇人均生活用水量变化情况（单位：L/d）

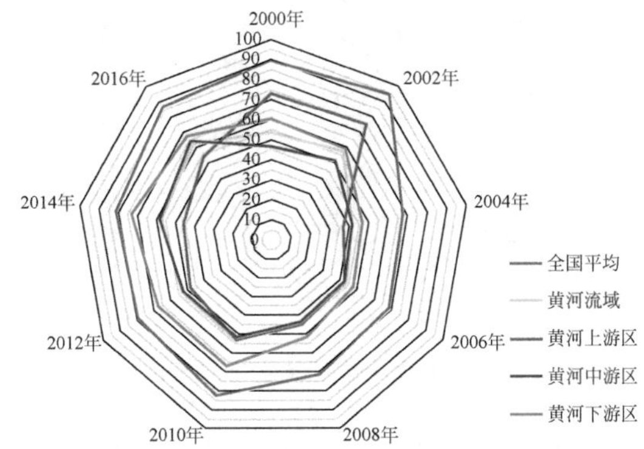

图 2-35　农村人均生活用水量变化情况（单位：L/d）

全流域用水结构也发生显著变化，呈现“一稳一减两增”的态势（图 2-36）。2000～2016 年农业用水量明显下降，占总用水量的比例由 77.4% 下降到 69.9%，工业用水量基本保持稳定，保持在 55 亿 m^3 左右，生活用水量和生态用水量持续增加，生活用水量占总用水量的比例由 8.4% 提高到 13.3%，生态用水量占总用水量的比例由 0.8% 提高到 3.5%。

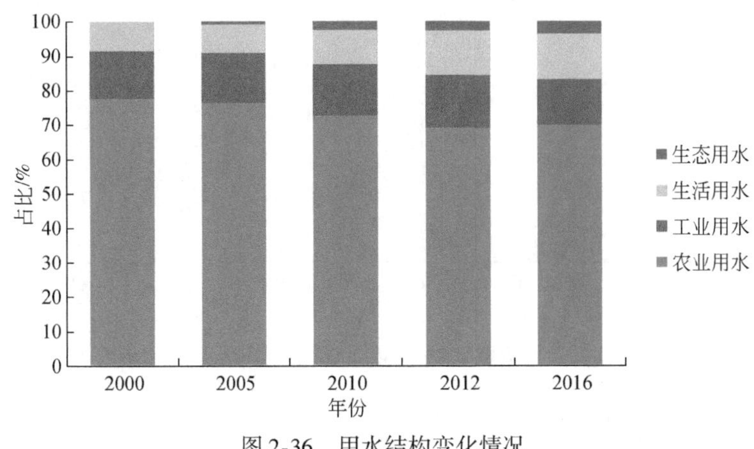

图 2-36　用水结构变化情况

2.5.2 以用水总量的零增长支撑了经济社会的稳定发展

1）2000 年以来，黄河流域用水总量基本保持稳定，其中新鲜水取用量呈现持续下降趋势，非常规水源利用量逐年增加。2016 年，经济社会总用水量为 411 亿 m^3，非常规水源利用量为 11.5 亿 m^3，较 2000 年增加了 10.4 亿 m^3（图 2-37）。

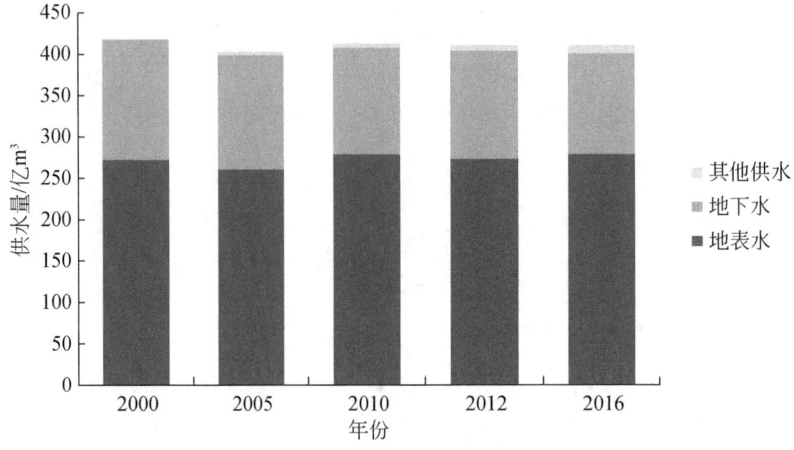

图 2-37　黄河流域供水及结构变化情况

2）用水总量的零增长支撑了经济社会的快速发展。随着西部大开发、中部崛起、一带一路等的实施，国家经济政策向中西部倾斜，近年来黄河流域经济社会发展迅速。总人口由 2000 年的 10 971 万人增加到 2016 年的 11 957 万人，增长了 9%，其中城镇人口增加了 1 倍。按 2000 年可比价分析，GDP、人均 GDP、工业增加值均增加了 5 倍左右（图 2-38）。

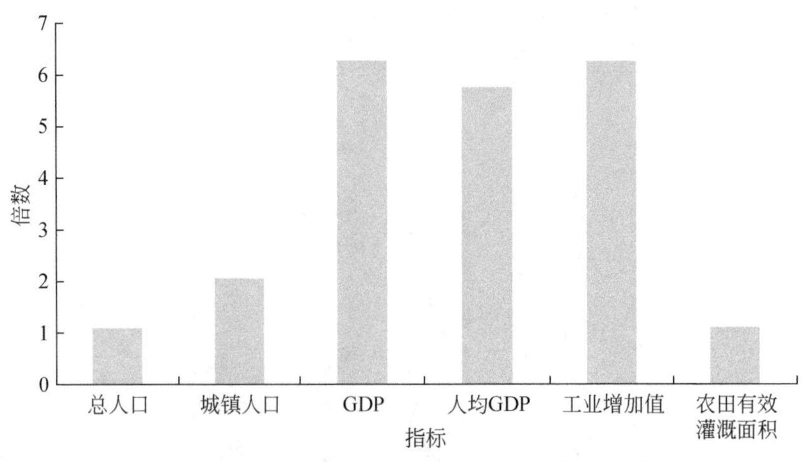

图 2-38　黄河流域 2016 年较 2000 年经济指标变化情况

第3章　宁蒙引黄灌区节水潜力模拟分析

宁蒙引黄灌区灌溉面积达1470万亩，占黄河流域灌溉面积7181万亩的20%；引黄水量91亿m^3，占黄河流域地表供水289.3亿m^3的31.5%；亩均引水量620m^3，为流域平均368m^3的1.68倍。但宁蒙引黄灌区降水量只有180mm左右，引黄灌溉除了支撑农业生产之外，还担负着维持绿洲生态系统健康的作用。21世纪以来，宁蒙引黄灌区持续开展的节水行动取得了显著成效，用水效率大幅提升，宁夏引黄灌区亩均灌溉用水量从1998年的1388m^3降至2016年的638m^3，河套灌区则从630m^3降至495m^3，但同时也都出现了地下水位持续下降的现象，区域地下水埋深平均下降幅度超过0.5m，灌区内及尾闾湖泊湿地的自然补水量大幅减少，对自然植被的水分支撑作用减弱，人工生态补水成为维持灌区生态的常态化措施，如何协调好节水与生态之间的平衡关系成为宁蒙引黄灌区迫切需要回答的问题。针对这一问题，首先通过调查试验确定不同生态系统主体适宜的地下水生态水位阈值，研究提出面向生态健康的节水潜力评估模拟方法，在维持现状基本生态格局情况下，模拟研究认为宁蒙引黄灌区资源节水量为4.8亿m^3，占总引黄水量的5.3%。

3.1　宁蒙引黄灌区节水发展及其生态影响

3.1.1　内蒙古引黄灌区节水发展及其生态影响

1990年以来，尤其是1998年大型灌区节水改造工程开始实施以来，河套灌区的种植结构、灌溉定额、灌溉水有效利用系数等关键节水要素均产生了显著变化。

1）渠系衬砌防渗与田间节水改造显著提升了灌区灌溉效率，渠系水有效利用系数从1997年的0.42提高到2012年的0.496，田间水有效利用系数从0.71提高到0.82，灌溉水有效利用系数则从0.30提高到0.41。灌溉效率的提升减少了灌水量，亩均灌溉用水量持续下降，从630m^3降至495m^3，减少了135m^3。

2）灌区高耗水作物占比显著下降，低耗水作物占比显著上升，种植结构发生剧烈变化，直接影响灌区灌溉制度及水量时空分布。小麦种植面积从1997年的380万亩减少到2016年的129.6万亩，减少了250.4万亩；向日葵种植面积则从100万亩增加到431.5万亩；玉米种植面积也稳步增加。小麦面积的减少与向日葵面积的大幅增加客观上减轻了秋浇与春灌用水压力，促使春夏灌溉用水高峰向后延期，灌溉需水量也明显减少。

3）灌区引黄水量显著下降、排乌排黄水量保持稳定。多年平均引黄水量从1998年之前的49.7亿m^3减少到2011～2016年的43.4亿m^3，减少了6.3亿m^3；排入乌梁素海水量维持在 5 亿 m^3 左右。

随着各类工程及非工程措施在灌区的大规模实施，节水成效显著的同时也对灌区的水循环过程及生态系统带来一系列影响，部分区域地下水位大幅下降，湖泊湿地水面萎缩。其中，节水是河套灌区地下水位下降的直接原因，年平均地下水埋深由 1990 年的 1.64m 下降到 2016 年的 2.13m，降低了 0.49m，灌区内最大地下水漏斗埋深超过 20m，且呈不断扩大之势。另外，灌区生态用地面积快速减少。通过对遥感数据的解译分析，河套灌区草地、林地、水域等生态用地面积均呈现出下降的趋势，1995 ~ 2013 年草地面积减少了 $300km^2$，减幅为 12.4%；林地面积减少了 $20km^2$，减幅为 17%；水域面积减少了 $51km^2$，其中乌梁素海面积减少了 $27km^2$。

3.1.2 宁夏引黄灌区节水发展及其生态影响

1998 年以来，宁夏全区大力贯彻实施节水型社会建设，开展“四大节水行动”，坚持以农业节水为重点，围绕自治区农业“三大示范区”建设，大力实施灌区节水改造，提高灌区渠道砌护率，加大产业结构调整和节水新技术推广力度，充分发挥节水整体效益，全面建设节水型社会并不断完善节水相关制度、管理办法等（图 3-1），效果十分显著，不仅显著提高了用水效率，还有力支撑了宁夏经济社会的快速稳定发展，见表 3-1。

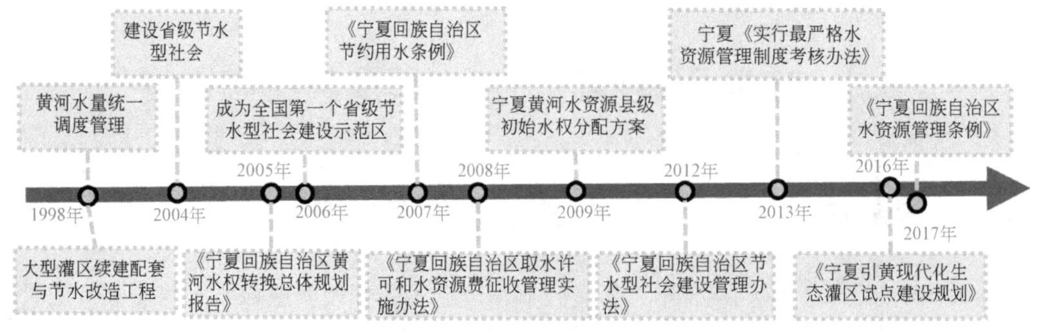

图 3-1　宁夏节水发展历程

表 3-1　宁夏用水效率及社会经济指标变化

指标	指标名称	2000 年	2016 年	变化量
用水指标	引扬黄水量/亿 m^3	78.4	56.1	-22.3
	亩均灌溉用水量/m^3	1142	638	-504
	灌溉水有效利用系数	0.38	0.51	0.13
	万元工业增加值/m^3	513	42	-471
	万元 GDP 用水量/m^3	3278	206	-3072
	城市节水器具普及率/%	40	90	50

续表

指标	指标名称	2000 年	2016 年	变化量
社会经济指标	人口规模/万人	554	675	121
	GDP/亿元	295	3169	2874
	工业增加值/亿元	96.7	1054.3	957.6
	城镇化率/%	32.5	56.3	23.8
	灌溉面积/万亩	703	880	177
	粮食产量/万 t	252.7	370.6	117.9
生态系统指标	地下水埋深/m	1.72	2.30	-0.58
	湖泊湿地面积/km^2	190	656	466
	人工生态补水量/亿 m^3	0.30	1.81	1.51

与此同时，宁夏引黄灌区也产生了一些生态环境问题，其中最突出、最关键的就是灌溉绿洲的地下水埋深持续下降，2016 年较 2000 年平均下降 0.58m；另外绿洲湖泊湿地面积增加，但自然补给减少，基本依赖人工生态补给维持湖泊的稳定和平衡，生态补水量由 21 世纪初的 0.30 亿 m^3 发展到 2016 年的 1.81 亿 m^3 左右（表 3-1）。

3.2 宁蒙引黄灌区维持生态健康的水分条件关键阈值

干旱区年降水量普遍不足 200mm，灌溉成为绿洲最主要的补充水源，灌溉引水、排水直接影响农田土壤与地下的水分条件，进而影响种植作物的生长与产量，同时对渠系、农田周边附生自然植被生态系统的水分、盐分状态也会产生显著的影响。以宁蒙引黄灌区为例，灌区地下水埋深普遍较浅，地表水与地下水交互转化频繁，形成了独特的地下水依赖型灌溉绿洲生态系统。绿洲植被群落的分布、长势和演替变化与地下水埋深表现出明显的相关性，尤其是非地带性植被的生长对地下水具有很强的依赖性，湖泊湿地分布及大小也与地下水位密切相关，主要受到地下水的控制，地下水埋深成为影响干旱区植被分布、生长、种群演替、土壤盐碱化、湖泊湿地以及绿洲存亡的关键因素之一。

3.2.1 陆面植被健康生长的水分阈值

宁蒙引黄灌区农业生产活动历史悠久，长期的发展形成了以农业生态系统为主、人工生态和自然生态并存的复合生态系统。引黄灌溉水是维系引黄灌区生态健康的主要水源，也直接影响着灌区的地下水补给调节和水位变化，并由此形成一系列依赖引黄灌溉和地下水的植被生态系统，而地下水位涉及地下水、土壤、植被、水盐之间的动态平衡，是反映灌区生态系统稳定的综合指标（王水献等，2011）。特别是在西北干旱半干旱地区，植被的分布、长势和演替变化主要受到地下水埋深的控制，与地下水埋深表现出明显的相关性。因此，将地下水埋深作为生态健康的关键水分约束指标。根据宁蒙引黄灌区 2015 年土地利用分布，灌区土地利用可以分为农田、林草地荒地区和其他区（包括水域、居工地）三大部分，各部分面积占比分别为 50.8%、32.3% 和 16.9%，其生态健康约束的研究重点主要集中在农田地下水位和林草地地下水位。

（1）农田生态约束阈值

国内外专家学者对于农田适宜的地下水埋深开展了大量的研究工作，取得了大量成果。汪林等（2003）、程献国等（2010）在青铜峡灌区对农田产量和地下水埋深进行研究发现，解冻至夏灌前（3～4 月），地下水的适宜控制埋深为 2.0～2.4m；作物生长期(5～9 月中旬)，地下水的适宜控制埋深为 1.2～1.5m，这样既可满足作物正常需水的要求，又可使根系土层有良好的生态环境；停灌后至冬灌前（9 月下旬至 10 月中旬），地下水的适宜控制埋深为 2.0～2.4m；冬灌至次年解冻前（10 月下旬至次年 2 月），地下水的适宜控制埋深为 1.3～1.7m。王元华（1994）、封超年和郭文善（1995）分别在河套灌区进行实验分析，认为小麦生长期适宜的地下水埋深为 0.8m 和 1.3m。王伦平等（1993）综合考虑河套灌区土壤类型的分布情况，经过作物生理特性鉴定得出，小麦和糜子适宜的地下水埋深，黏土为 1.5～1.8m，沙壤土为 1.8～2.0m。武朝宝（2011）和刘战东等（2011）在山西盆地进行的田间试验得出，玉米生长期适宜的地下水埋深应大于 1.0m，而冬小麦应大于 1.5m。郝远远等（2014）在宁夏灌区的试验认为，玉米生长期适宜的地下水埋深应控制在 1.5m 左右。对上述文献成果进行总结，结果见表 3-2。

表 3-2　灌区农田生态的地下水埋深约束条件

作物类型	适宜的地下水埋深		研究区域	参考文献
	生育期	非生育期		
小麦	0.8m		河套灌区	王元华（1994）
小麦	1.3m		河套灌区	封超年和郭文善（1995）
小麦	1.5～1.8m（黏土）		河套灌区	王伦平等（1993）
小麦	1.8～2.0m（沙壤土）		河套灌区	
小麦	>1.5m		山西	武朝宝（2011）
玉米	>1.0m		山西	刘战东等（2011）
玉米	1.5m		宁夏	郝远远等（2014）
主要作物	1.2～1.5m	<2.4m	青铜峡灌区	汪林等（2003）
主要作物	1.2～1.5m	<2.4m	青铜峡灌区	程献国等（2010）

通过文献数据和河套灌区实地调研情况的对比分析，河套灌区农作物生育期的农田地下水埋深应控制在 1.2～1.5m，在此区间内，大部分作物的正常需水可以得到满足。非生育期的农田地下水埋深应控制在 2.5m 以内。

（2）天然生态约束阈值

植被作为我国干旱半干旱地区生态系统的主要生产者，是自然系统最准确、最外在的反映，对生态脆弱区保护、生态环境修复与重建、物种多样性的保护都有非常重要的意义。地下水作为我国干旱半干旱地区最为重要的生态环境因子，很大程度上决定着西北地区自然生态系统的稳定和发展，决定着西北地区生态到底是走向绿洲还是走向荒漠的生态演化过程（郑丹等，2005）。

王忠静等（2002）发现，地下水埋深3m是灌区土地沙化的临界点。如果地下水埋深超过3m，则土地开始轻度沙化，随着地下水埋深的加大，土地沙化的程度越来越严重，植被覆盖度越来越小，植被群落逐步向着旱生植被演替，如果超过7m，则多数植物死亡，土地表现为强度沙化，植被覆盖度小于10%。张长春等（2003）认为，华北地区防止土壤盐渍化的水位可以作为地下水生态埋深的上限，一般是2～2.5m，下限是地下水可以获得最大补给的水位，平原区为3～5m，山前为10m。王水献等（2011）在新疆焉耆盆地研究了潜水蒸发、土壤盐碱化、植被生长与地下水埋深之间的关系，认为适合绿洲的地下水生态埋深在3～4m。张丽等（2004）通过对塔河流域典型植物的随机调查，建立了干旱区典型植被与地下水位的关系模型，探究不同植被的最佳地下水区间及其对生态环境的忍耐度，根据其计算结果，塔河干流区大部分典型植被的适宜埋深在2～3m。郑丹等（2005）则认地下水埋深在4.5m以上就可以满足乔木、灌木等植被的生长；地下水埋深超过4.5m时，植被开始退化，干旱区将受到荒漠化的威胁。高鸿永等（2008）综合考虑了河套灌区植物、作物和盐分状况，认为灌区适宜的地下水埋深在1.5～2.5m，有利于灌区植被的生长，见表3-3。

表3-3　灌区自然生态的地下水埋深约束条件

适宜的地下水埋深	研究区域	参考文献
<3.0m	河西走廊	王忠静等（2002）
2～5m	华北平原	张长春等（2003）
3～4m	新疆绿洲	王水献等（2011）
2～3m	塔河流域	张丽等（2004）
2～4.5m	干旱区	郑丹等（2005）
1.5～2.5m	河套灌区	高鸿永等（2008）

根据降水状况、地下水补给、水位、群落外貌等特征将宁蒙引黄灌区的植被分为四大类型：森林、灌丛、草甸和沼泽湿地，主要植被类型根系深度和所需地下水位见表3-4。总体来看，宁蒙引黄灌区森林、灌丛、草甸和沼泽湿地的平均根系深度分别为2.9m、2.1m、1.0m和0.9m，对应的适宜地下水位分别为4.3～6.8m、3.0～5.0m、1.8～2.9m和1.8～2.8m。中国科学院植物研究所何维明研究员分析认为，河套灌区最重要的植物类型为沼泽湿地和灌丛，其次为草甸，再次为森林，即沼泽湿地=灌丛>草甸>森林。因此，为使灌区生态格局不发生大规模改变，应首先保证沼泽湿地和灌丛的正常生长。根据表3-4，为了保证灌区沼泽和灌丛的良性生长，灌区地下水位应维持在1.8m左右；为了保证沼泽和灌丛的基本生存，灌区地下水位应维持在2.0～3.0m。综合考虑文献调研数据和野外实测数据，灌区林草地适宜地下水位应控制在2.0～3.0m，最小应控制在3.0m以内，这样才能保证天然植被不退化，以及控制土地沙化和荒漠化发展。

表 3-4　宁蒙引黄灌区主要植被类型根系深度及其特征地下水埋深

序号	植被类型		根系深度/m	最佳水位/m	维持水位/m	红线水位/m
1	森林	平均	2.0～3.8	<4.3	4.3～6.8	>6.8
2		柳树林	2.0～4.0	<4.5	4.5～7.0	>7.0
3		杨树林	2.0～3.8	<4.0	4.0～6.5	>6.5
4	灌丛	平均	1.6～2.5	<3.0	3.0～5.0	>5.0
5		白刺灌丛	1.5～2.5	<3.5	3.5～6.0	>6.0
6		柽柳灌丛	2.0～3.0	<3.5	3.5～6.0	>6.0
7		盐爪爪灌丛	0.8～1.0	<1.5	1.5～2.5	>2.5
8	草甸	平均	0.6～1.3	<1.8	1.8～2.9	>2.9
9		拂子茅草甸	0.7～1.2	<1.5	1.5～2.5	>2.5
10		芦苇草甸	0.8～2.0	<2.5	2.5～4.0	>4.0
11		芨芨草草甸	0.7～1.3	<2.0	2.0～3.0	>3.0
12		碱蓬草甸	0.5～1.0	<1.5	1.5～2.5	>2.5
13		杂类草草甸	0.4～0.9	<1.5	1.5～2.5	>2.5
14	沼泽湿地	平均	0.5～1.3	<1.8	1.8～2.8	>2.8
15		芦苇沼泽	0.7～1.3	<2.0	2.0～3.0	>3.0
16		水烛沼泽	0.5～1.0	<1.5	1.5～2.5	>2.5

3.2.2　湖泊湿地补排平衡阈值

干旱绿洲湖泊湿地的水均衡示意如图 3-2 所示，水源补给量包括降水、山洪来水、引水渠道补水、灌区灌溉退水及周边地下补给，蒸散发是其主要排泄途径，其水量平衡关系为

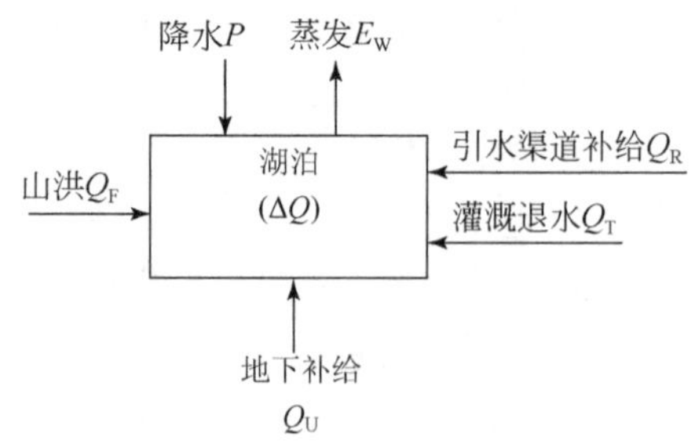

图 3-2　湖泊湿地水均衡示意

$$\Delta Q=P+Q_F+Q_R+Q_T+Q_U-E_W \tag{3-1}$$

式中，ΔQ 为湖库水量蓄变量（m^3）；E_W为本时段水面蒸发量（m^3）；P 为本时段降水量；Q_F为本时段周边洪水来水量；Q_T为本时段灌溉退水补给湖库水量；Q_R为本时段补给补给

湖库水量；Q_U为地下水与湖库的补排关系（当地下水位低于湖库水位时，湖库向地下水渗漏，反之，地下水向湖库补给，如图 3-3 所示）。

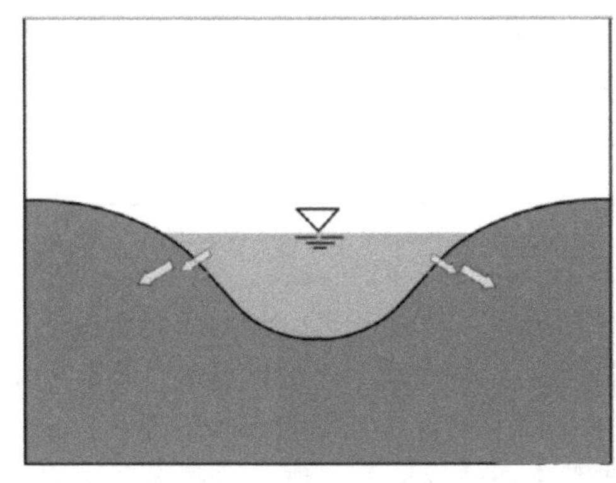
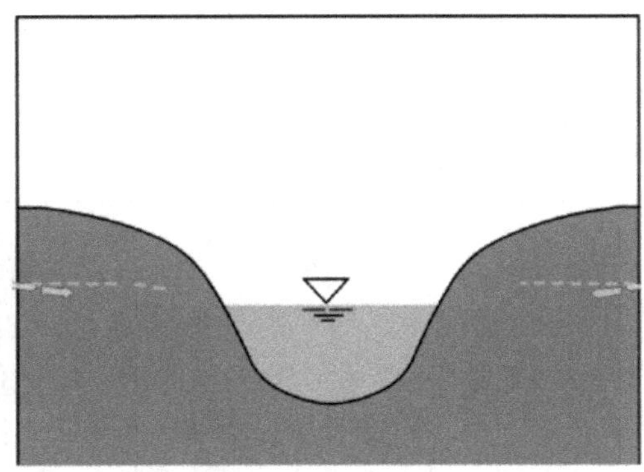

图 3-3　湖泊湿地与地下水补排关系

湖库的地下水排泄量需首先计算湖库的水深，而湖库水量与湖库水深的幂函数关系可表述为

$$d=H\cdot\left(\frac{Q}{Q_M}\right)^{\alpha} \tag{3-2}$$

式中，d 为湖库水深；Q 为湖库水量；H 为湖库总深度；α 为幂指数；Q_M为湖库最大蓄水能力。

根据地下水排水的经验公式，可以计算湖库与地下水的交换量：

$$Q_U=T\cdot(H_g-H+d) \tag{3-3}$$

式中，T 为排水系数；H_g为地下水埋深。

然后依据地下水位建立不同补排平衡状态下湖泊水面面积-水量-地下水位关系，作为湖泊湿地区域地表-地下水转化关系及地下水生态水位确定的依据。

据不完全统计，宁蒙引黄灌区分布着大小湖泊 500 多个。其中乌梁素海面积最大，水面面积约为 44 万亩。乌梁素海作为我国八大淡水湖之一，是全球范围内干旱草原及荒漠地区极为少见的大型多功能湖泊。湖中饵料充足，鱼类资源丰富，除盛产鲤鱼外，还有鲫、草、鲢等 20 多个鱼种，芦苇、蒲草资源亦很丰富，是世界上同一纬度最大的湿地，不仅被列入“国家重要湿地名录”，2002 年还被国际湿地公约组织正式列入“国际重要湿地名录”。但目前乌梁素海腐烂水草正以每年 9 ~ 13mm 的速度在湖底堆积，致使乌梁素海已成为世界上沼泽化速度最快的湖泊之一，调蓄作用正在逐渐减小，在不采取任何措施的情况下，乌梁素海将在 30 ~ 100 年内完全丧失湖泊功能（于瑞宏等，2004）。

因此，在引黄灌区大规模节水的同时，迫切需要兼顾灌区以乌梁素海为代表的湖泊湿地水面面积稳定作为灌区湖泊湿地的约束条件，具体指标包括水面面积、湖泊水位、补水量、排水量等，具体需要结合湖泊状况及掌握的资料情况选取。本研究通过文献调研与实地调查，提出乌梁素海以补水量为关键性的控制指标，其生态补水量见表 3-5。

表 3-5 乌梁素海生态水量约束

补水量	目标	计算方法	参考文献
3.6 亿~3.9 亿 m^3	湖泊面积不变	水量平衡	武汉大学（2005）
4.02 亿 m^3	湖泊面积不变	最低需水量	中国环境科学研究院等（2010）
2.06 亿 m^3	湖泊面积不变、芦苇产量不变	水量平衡	王效科等（2004）
3.6 亿 m^3	湖泊面积不变	水量平衡	巩琳琳等（2012）

可以看出，大部分专家学者认为乌梁素海每年净补给量达到3.6 亿~4.0 亿 m^3 时，可维持其水面面积稳定。在河套灌区实地调研发现，2003~2013 年乌梁素海水面面积仅有微弱的减少，而这10 年乌梁素海净补给量为3.82 亿 m^3，与文献调研结果类似。因此，本研究认为乌梁素海每年净补给量为3.6 亿~4.0 亿 m^3 时，可保证乌梁素海水面面积稳定。

除了上面所提水面面积是湖泊湿地的核心要素之一外，地下水位是灌溉绿洲湖泊湿地维系补排平衡的关键因素之一。一方面，湖泊湿地多形成于区域地势较低洼的区域，是地表水和地下水的汇集地，地下水成为补充湖泊湿地的主要水源，若湖泊湿地地下水位持续下降，则地下水补给湖泊的水头差会显著减小，补给能力逐步减弱甚至丧失。另一方面，由于湖泊湿地与周边地下水之间的紧密联系，当地下水位低于湖面水位时，地下水与湖泊湿地的补排关系会出现倒转，即湖泊湿地成为地下水的补水源，将会进一步导致湖泊湿地水量和水面面积的萎缩，并影响湖泊湿地生态系统健康状况。

因此，为了维系湖泊湿地水量耗补平衡，除了人工进行生态补水以维持相对稳定的水面之外，还需要湖泊湿地周边地下水位维持在一个合理的区间，一方面在水位高值区时段能够通过地下水补给湖泊，另一方面在水位回落期间减少水位下降导致的湖泊湿地漏损水分损失，从而保障湖泊湿地水量、水位维持在一个健康平衡的状态，对于保障水生态安全具有重要作用。围绕湖泊湿地水面形成的湖泊生态系统，确定其合理的地下水埋深是保障湖泊湿地稳定的关键阈值之一。通过实地调研考察，河套灌区湖泊湿地周边的主要建群植被为芦苇，其根系深度一般为0.5~1.3m，最佳的地下水埋深小于2.0m，适宜的地下水生态水位埋深值为2.0~3.0m，超过3.0m 限值将对芦苇分布及生长带来显著影响，甚至严重退化，见表3-6。因此，推荐维系湖泊湿地水生态平衡较为适宜的地下水埋深阈值为1.8~2.5m。

表 3-6 主要植被类型根系深度和所需地下水位 （单位：m）

植被/植被类型	根系深度	生态最佳水位	生态适宜水位	生态警戒水位
沼泽（湿地）	0.5~1.3	<1.8	1.8~2.5	>2.5
芦苇沼泽	0.7~1.3	<2.0	2.0~3.0	>3.0

3.2.3 灌区土壤盐碱化控制阈值

干旱区土壤盐碱化是地下浅层水经毛细管输送到土壤表层蒸发消耗掉，而在毛细管向地表输水的过程中，水中的盐分也被带到土壤表层，水分被蒸发后，盐分则留在地表及地面浅层土壤中，当积累的盐分达到一定限度，就会形成土壤盐碱化问题。土壤盐碱化的形成和发展是自然条件与人为多方面因素综合作用的结果，影响因素包括气候、土壤、地形、地质、地下水等自然因素，以及引水灌溉、排水和耕作等人为因素。其中，地下水埋深是土壤发生盐碱化的一个决定性条件。在一定的气象和耕作条件下，地下水埋深小则潜水面以上土壤含水量越高、蒸发能力越强，表层积盐越快，土壤盐碱化程度越严重。因此，控制合理的地下水埋深阈值是盐碱化治理的关键。

土壤盐碱化的地下水埋深阈值的计算关键是确定潜水蒸发上升高度，即毛管水上升的可能最大高度。基于毛细理论，Laplace 早在 1806 年就提出了毛管水上升高度的计算公式：

$$\frac{h}{r}=2\left(\frac{a}{r}\right)^2\cos\theta \tag{3-4}$$

式中，h 为毛管水上升高度；a 为参数，$a=[\gamma/(\rho g)]0.5$，γ 为表面张力系数，ρ 为液体密度，g 为重力加速度；r 为管径；θ 为液体与管壁之间的接触角。

对于土壤水而言，表面张力与气温有关，土壤物理学有制成的表格可查；水的密度、重力加速度也是已知参数；当毛管水上升最高时，表面张力作用毛管水与空气接触的表面呈球形，因此水-气接触角为零；土壤毛管孔径应为土壤当量孔径 R，此时毛管水最大上升高度 $H_{毛}$ 计算公式为

$$H_{毛}=\frac{2\gamma}{\rho gR} \tag{3-5}$$

根据已知土壤孔隙度和有效粒径，再选取合适的土壤结构，即可计算出 H 值，该值可作为土壤盐碱化地下水埋深理论控制阈值。

在农田土壤环境中，土壤含水量与含盐量是影响农作物生长的最重要指标。对于北方干旱灌区特有的农田环境（以灌溉为主、盐碱化严重），所谓土壤环境阈值，是指土壤含水量阈值与土壤盐分阈值的集合。内蒙古河套灌区的主要粮食及经济作物为玉米、小麦和葵花，以主要代表性作物土壤层（0～20cm）耐盐度来确定农田水土环境安全阈值，张葆兰（2009）对各作物苗期适宜含盐量进行了研究，见表 3-7。基于大量调查和观测资料证明，内蒙古河套引黄灌区春灌前地下水埋深 1.8m 左右是控制土壤盐碱化的临界埋深，若地下水埋深小于临界埋深，则易发生土壤盐碱化问题。

表 3-7　作物盐分生态适宜区划分指标

作物	生态适宜性	相对产量/%	苗期 0～20cm 土壤含盐量		
			ECe/(dS/m)	$EC_{1:5}$/(dS/m)	土壤全盐量/(g/kg)
小麦	最适宜	≥90	≤3.519	≤0.373	1.161
	适宜	75～90	3.519～4.434	0.373～0.528	1.161～1.747
	次适宜	50～75	4.434～5.842	0.528～0.767	1.747～2.649
	不适宜	<50	>5.842	>0.767	>2.649
	最适宜	≥90	≤3.934	≤0.443	1.427

续表

作物	生态适宜性	相对产量/%	苗期 0～20cm 土壤含盐量		
			ECe/(dS/m)	$EC_{1:5}$/(dS/m)	土壤全盐量/(g/kg)
玉米	适宜	75～90	3.934～5.564	0.443～0.720	1.427～2.471
	次适宜	50～75	5.564～7.912	0.720～1.119	2.471～3.974
	不适宜	<50	>7.912	>1.069	>3.974
向日葵	最适宜	≥90	≤5.718	≤0.746	2.569
	适宜	75～90	5.718～8.480	0.746～1.216	2.569～4.339
	次适宜	50～75	8.480～12.40	1.216～1.882	4.339～6.848
	不适宜	<50	>12.40	>1.882	>6.848

注：$EC_{1:5}$为采用1∶5土水比浸提液电导率法测定土壤电导率；ECe为土壤饱和浸提液电导率，表示土壤含盐量，$ECe=8.6EC_{1:5}$；土壤全盐量按公式 $Y=3.2EC_{1:5}$计算。

宁夏引黄灌区的主要作物为玉米、小麦、水稻，其土壤盐渍化比较严重的地区主要分布在银北地区及部分银南地区。宁夏灌区耕地土壤盐渍化调查领导小组办公室在《宁夏灌区土壤盐渍化调查及水利土壤改良研究》报告（2005年）中，针对土壤盐碱化开展了大量的实地调查试验，并结合宁夏农林科学院土壤普查资料、地下水观测资料详细分析了引黄灌区春灌前土壤盐碱化与地下水埋深之间的定量关系（表3-8和图3-4），印证了地下水埋深浅的地区（惠农、平罗）有较多的重度盐碱化区分布，地下水埋深大的地区（青铜峡、吴忠）仅有少量的重度盐碱化区分布这一实际情况。因此，基于大量调查和观测资料证明，宁夏引黄灌区春灌前地下水埋深1.8m左右是控制土壤盐碱化的临界埋深，若地下水埋深小于临界埋深，则易发生土壤盐碱化问题。

表3-8　春灌前不同地下水埋深与土壤表层含盐量关系

地下水埋深	0～20cm 表土含盐量	盐碱化状况
$H<1.2$m	非盐斑处含盐量在0.5%左右，盐斑处平均含盐量1%左右	一般属于重度盐碱化区域或盐荒地
$1.2\text{m}<H\leq1.5$m	非盐斑处含盐量小于0.35%，盐斑处平均含盐量0.6%～0.7%	
$1.5\text{m}<H\leq1.8$m	非盐斑处含盐量小于0.2%，盐斑处含盐量0.5%	一般属于中度盐碱化区，部分区域轻度盐碱化
$1.8\text{m}<H\leq2.4$m	含盐量平均小于0.15%	一般属于非盐碱化区域，部分区域轻度盐碱化
$2.4\text{m}<H\leq3.0$m	含盐量平均小于0.12%	非盐碱化区域
$H\geq3.0$m	含盐量平均小于0.1%	

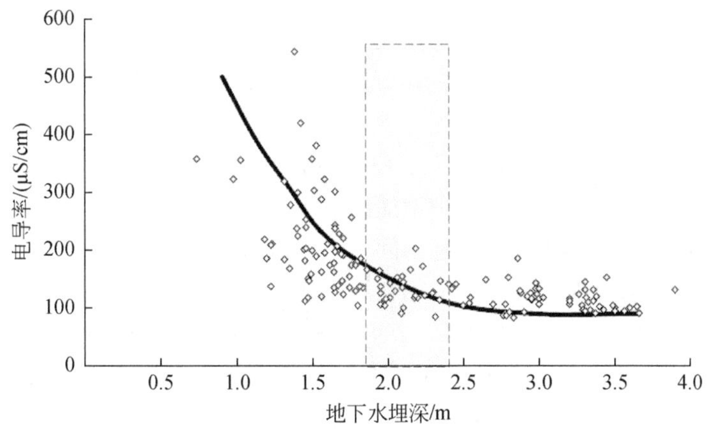

图 3-4　引黄灌区土壤盐分与地下水埋深关系

3.3　内蒙古河套灌区节水潜力模拟分析

3.3.1　维持生态健康的灌区节水潜力评价方法

(1) 节水潜力认知与界定

节水潜力是指在采取可能的社会、经济和科技措施，保持区域生态稳定和经济社会可持续发展的前提下，与现状用水水平相比，区域最大的节水能力。它体现了维持区域经济社会系统可持续发展的节水量阈值。从动态发展的视角，考虑节水措施实施的可能性及其效果，将节水潜力分为取水节水潜力与耗水节水潜力，考虑在保障干旱灌区生态健康的前提下各自所对应的节水潜力值，并分析不同节水潜力之间的对应关系。

取水节水潜力是指在当前经济技术条件下，通过采取各种节水措施减少输水损失、提高田间利用效率，区域的取水量与现状取水量的差值。取水节水潜力是最直接反映节水水平提高、用水效率提升的一项指标。

耗水节水潜力是指未来采取各种综合节水措施以后，区域所消耗的水量与现状用水水平下区域所消耗水量的差值。耗水节水量是表明区域实际蒸发消耗的节水量，体现了区域实际的资源节水潜力，是干旱绿洲节水潜力的最本质反映。节水是以不损害区域生态环境和社会经济发展为前提的，导致的区域生态耗水减少必须通过人工途径进行补偿。

(2) 引黄灌区节水潜力评估亟待突破的问题

传统的节水潜力主要是指某单个部门、行业、局部地区在采取一种或多种综合节水措施后，与未采取节水措施相比，所需水量（或取水量）的减少量（田玉清等，2006；代俊峰和崔远来，2008；张义盼等，2009；雷波等，2011）。其核心就是提高渠系水利用系数，减少田间灌溉水量（刘路广等，2011），通过比较节水前后灌溉水利用系数及田间净灌溉定额的差值，核算灌区节水潜力，早期的研究通常偏重单一节水灌溉措施的节水效果，如对输水工程节水潜力、种植结构调整节水潜力、灌溉方式调整节水潜力的估算（刘佳和薛塞光，2007）和不同工况下不同环节渠系灌溉节水潜力的核算（崔远来等，2010）。近年来，越来越多的学者认识到从整个区域综合估算节水潜力的重要性，开始从工程节水措施向种植结构调整、水资源管理等非工程措施拓展（王建鹏和崔远来，2013）。随着对水资源损耗的重视，逐步认识到在大中型灌区节水潜力评估中忽视了灌区上下游之间、地表水与地下水之间水分的循环和重复利用问题，导致节水潜力评估结果的失真。针对这一问题，学者们围绕耗水节水、回归水重复利用问题，提出了节水潜力评估的新思路与新方法，认为耗水节水潜力是在考虑各种可能节水措施的情景下的耗水与不采取节水措施的耗水差值（裴源生等，2007），提出了理论节水潜力的计算方法（傅国斌等，2003）和净节水量的概念与计算方法（崔远来等，2014），以及基于遥感蒸散发量及遥感作物产量的灌区耗水节水潜力计算方法（彭致功等，2009），极大推动和丰富了灌区节水潜力评估方法的发展。

总体来看，科学评价引黄灌区农业节水潜力，必须基于灌区自然-人工水循环过程和规律的认知，从以下四个方面形成突破。

一是突破对资源节水考虑不足。以往节水研究多是针对取水节水，对资源节水的研究考虑不足，没有真正反映区域可以节约再利用的水资源量。例如，1998 年和 2012 年水资源公报信息表明宁夏农业取水量从 1998 年的 88 亿 m^3 下降到 2012 年的 62 亿 m^3，如果评估其取水减少量，可以高达 26 亿 m^3，但耗水量仅从 36.5 亿 m^3 下降到 33.5 亿 m^3，资源消耗减少量仅约占取水减少量的 12%。

二是突破对循环系统考虑不足。千百年来，引黄灌区已经形成了极其复杂的引排水系统，包括总干渠、干渠、分干渠、支渠、斗渠、农渠、毛渠七级引水系统，包括干沟、分干沟、支沟、毛沟等排水渠道，灌区上下游间存在水资源重复利用问题，地表水与地下水间存在频繁交换的问题，灌区与周边存在复杂的地表地下水交换，水循环过程还伴随盐分循环和生物过程，因此，评价这一复杂的自然-社会水循环系统的节水潜力，必须建立在对其水循环规律及其水资源效应的科学认识和系统模拟基础上。

三是突破对生态响应考虑不足。内蒙古河套灌区及宁夏引黄灌区本底降水量少，长期引黄灌溉形成了适应区域引排水条件的独特生态格局，引黄水已经成为维系区域绿洲经济-社会-生态系统健康发展的重要命脉，合理的地下水位成为维持灌区及其周边绿洲的重要保障。大规模节约用水必然改变灌区水循环过程和地下水补给规律，进而可能对灌区及其周边植被、湖泊湿地带来影响。因此，分析内蒙古河套灌区节水潜力还应考虑维持灌区及其周边绿洲生态稳定对节水程度的约束，寻找用水效率和节水影响的平衡点，才能得到维持区域健康发展的节水潜力。

四是突破对一些特殊问题考虑不足。灌区水循环伴随着化学物质循环过程，灌溉方式和数量变化也会对灌区盐分、污染物残留产生影响，灌区为保墒和减轻土壤盐碱化形成了在作物非生育期实施的秋后淋盐、冬灌、春季保墒灌水制度，秋浇定额约占灌溉定额的 20%，秋浇定额是否合理、冬灌是否确有必要等也是农业节水潜力分析中需要考虑的问题，冬灌方式改变对区域水盐平衡具有哪些潜在影响是需要回答的重大问题，而以往的节水潜力研究对这些特殊问题考虑不足。

(3) 维持生态健康的灌区节水潜力评估方法

节水是有极限的，可持续理念下的节水潜力是在确保生态系统稳定、经济社会健康发展基础上的水资源节约量。节水会改变灌区原有水循环状态，进而影响水循环伴生的生态与环境过程，节水力度越强、规模越大、范围越广，对生态环境系统的影响也就越大。与此同时，节水需要人力、物力和财力的投入，因此，节水必须考虑农民和灌溉管理者的接受程度，平衡投资与效益的关系，满足经济的可行性。因此，在进行节水潜力评估时要充分考虑节水的生态环境效应和社会经济效益。

本研究基于“自然-人工”二元水循环理论与模型平台，以取水量与耗水量作为关键指标，研究采取可能的社会、经济和科技措施，保持区域生态健康和经济社会可持续发展的前提下，模拟设定的各单项节水措施与综合节水措施方案下的水循环过程，并与根据实际情况而设定的基准年情景进行对比，分析不同节水方案下的灌溉绿洲水循环要素变化响应；评价不同节水方案情景下灌溉绿洲水资源、生态、经济影响，评估合理的节水措施及其相应的综合节水潜力，提出面向绿洲健康发展的节水潜力阈值范围，以及展示对应的各项节水指标和地下水位变化情况。节水潜力评估的基本思路如图 3-5 所示。

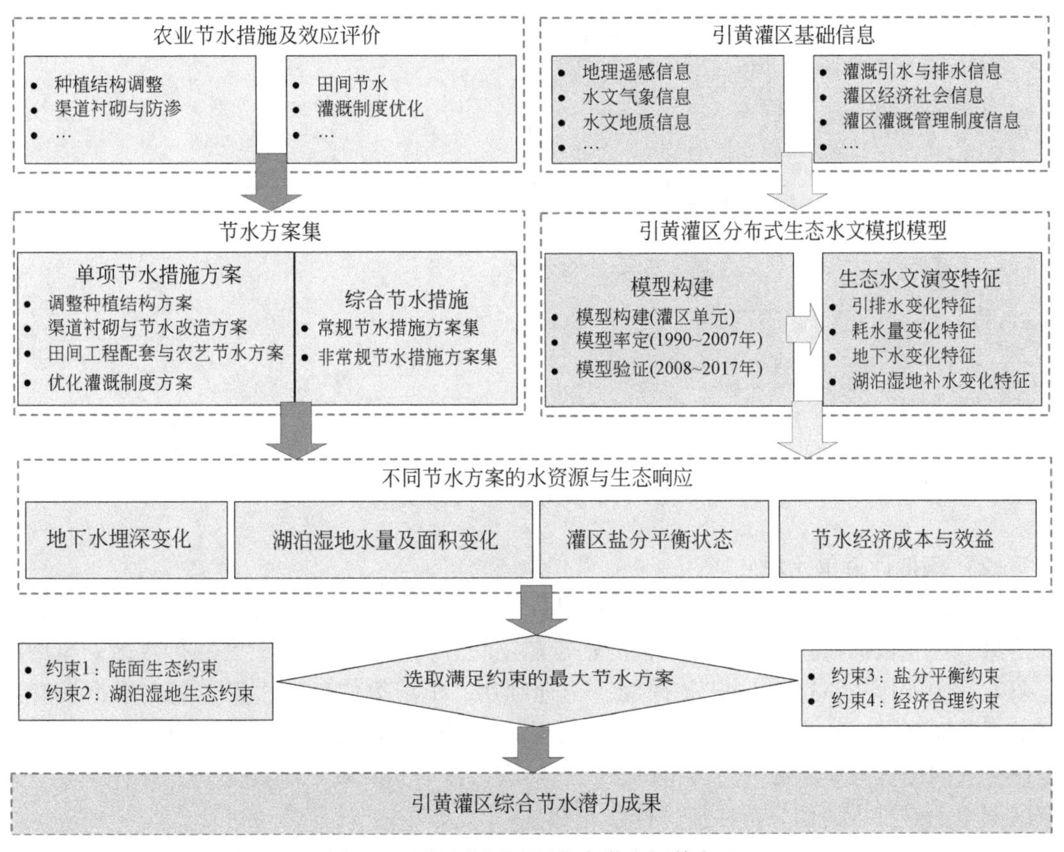

图 3-5　干旱灌溉绿洲节水潜力评估方法

3.3.2 河套灌区分布式生态水文模型构建

（1）模型结构

本研究采用自主研发的流域分布式水循环模型（water allocation and cycle model，WACM）模拟分析河套引黄灌区水循环要素的变化，为绿洲水循环模拟、节水的生态环境效应和节水潜力评估提供技术平台。

WACM 是基于人类活动频繁地区水的分配、循环转化规律及其伴生的物质（C、N）、能量变化过程而建立的，可为自然-人工复合水循环模拟、生态水文过程模拟、气候变化与人类活动影响、水资源配置、物质循环模拟等提供模拟分析的手段。WACM 水循环模拟结构如图 3-6 所示，主要过程包括蒸发蒸腾、积雪融雪、土壤冻融、产流入渗、河道汇流、土壤水、地下水等自然水循环过程和灌区引水、农田实时灌溉、灌区排水、工业生活引排水等人工因素主导的水循环过程。

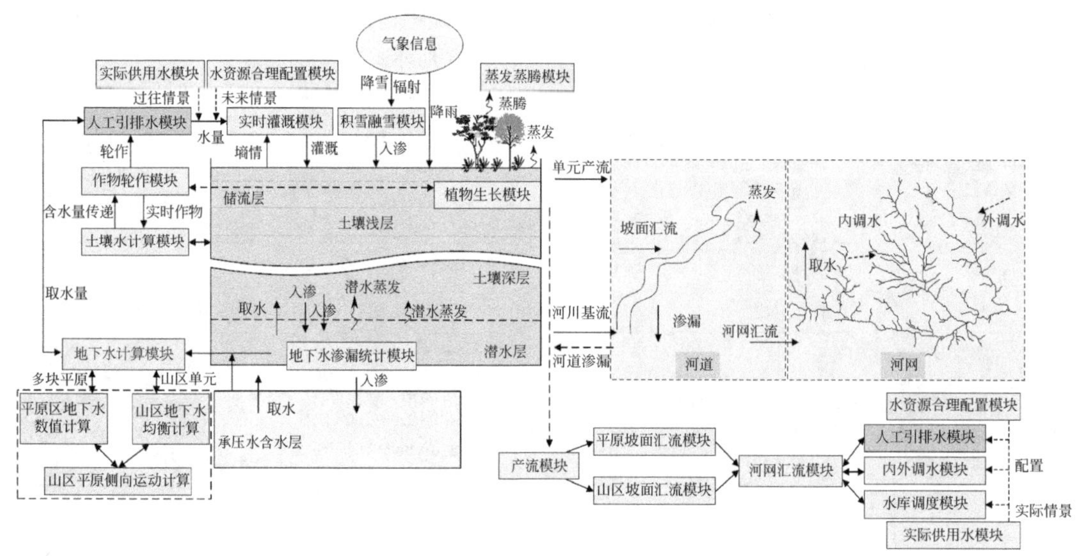

图 3-6 WACM 水循环模拟结构

（2）模型计算单元划分

1）单元划分依据。计算单元的空间划分需要兼顾子流域、行政区划、灌区范围等特征信息，首先依据河套灌区所在的黄河水资源三级分区范围与河套灌区的行政区划范围确定研究区的外边界，这也是提取 DEM、土地利用、土壤等信息的边界。其次根据河套灌区的现状灌溉范围和 DEM 分布特征，考虑与河套灌区具有显著水力联系的毗邻区域来确定研究区内山区与平原区的边界范围，然后对山区按照子流域汇流特征划分计算单元，平原区则考虑引排水渠系分布特征进行单元划分。

2）山区计算单元划分。对山区水循环过程进行模拟计算主要是为了给平原区单元提供地表汇流和山前测渗补给的边界信息。因此，在山区单元计算中，主要依据山区 DEM

信息对其汇水单元进行划分和提取，得到 40 个计算单元，如图 3-7 所示。

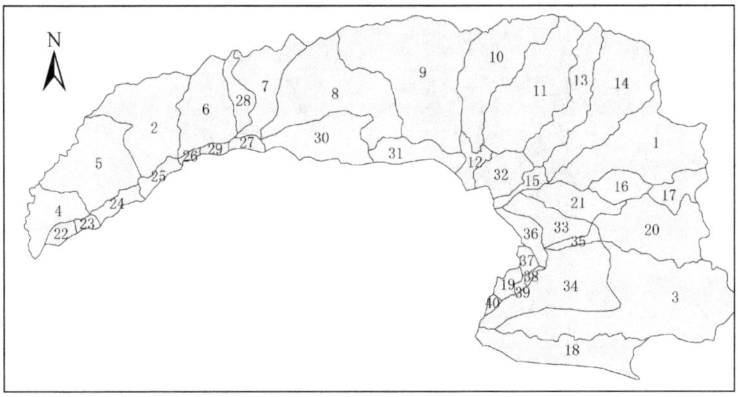

图 3-7　山区计算单元划分

3）平原区计算单元划分。平原区计算单元划分需要综合考虑研究区对应的行政区、引水灌域、排水灌域及地下水计算需求。

第一步，划分引水灌域单元。根据河套灌区总干、干渠、分干和支渠的分布情况，以末级渠段对应的灌溉范围为依据，同时兼顾行政区范围，划分引水灌域，共得到 354 个引水灌域单元，结果如图 3-8 所示。

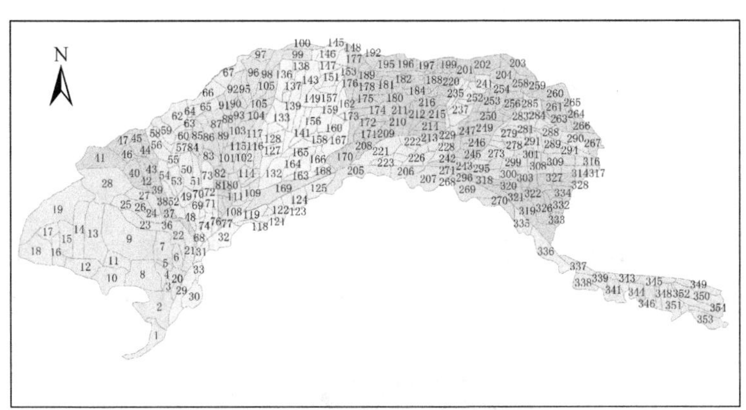

图 3-8　划分的引水灌域单元

第二步，划分排水域单元。根据河套灌区总干沟、干沟、分干沟和支沟的分布情况，以末级排水沟对应的排水范围为依据，同时兼顾行政区范围，划分排水域单元，共得到 421 个引水灌域单元，结果如图 3-9 所示。

第三步，进行引水灌域与排水域的叠加。将划分的引水灌域单元和排水域单元进行空间叠加，并进一步剖分，得到 697 个引排水单元，每个单元都有唯一的引水渠系和排水沟道与之对应，并且有明确的行政区范围，结果如图 3-10 所示。

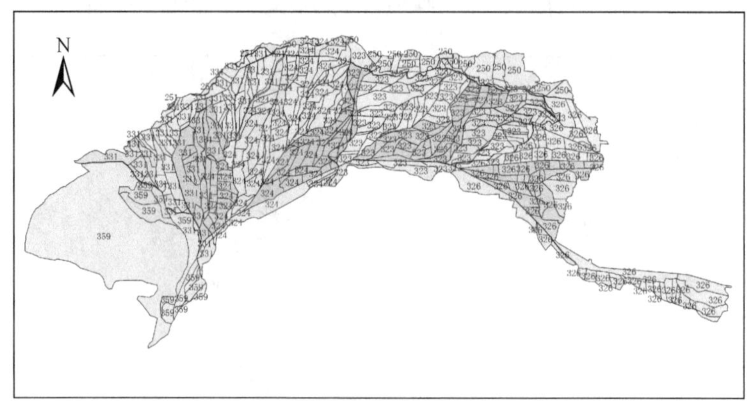

图 3-9　划分的排水域单元

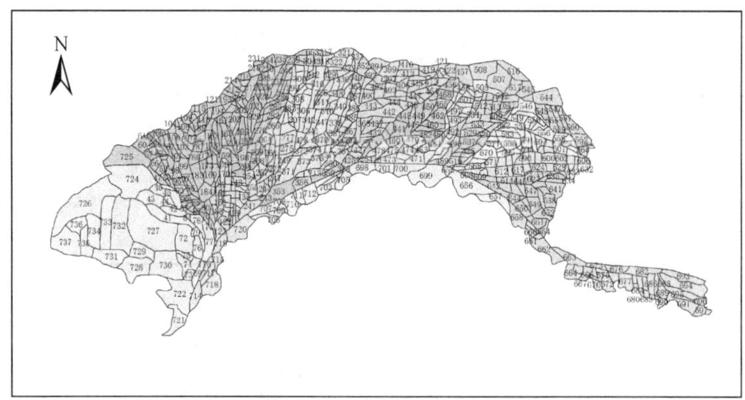

图 3-10　划分的平原引排水单元

第四步，划分地下水计算单元。为了便于进行地下水数值模拟计算，将平原区 1km×1km 正方形栅格进行划分，得到 11 779 个计算单元，如图 3-11 所示。将划分的栅格单元

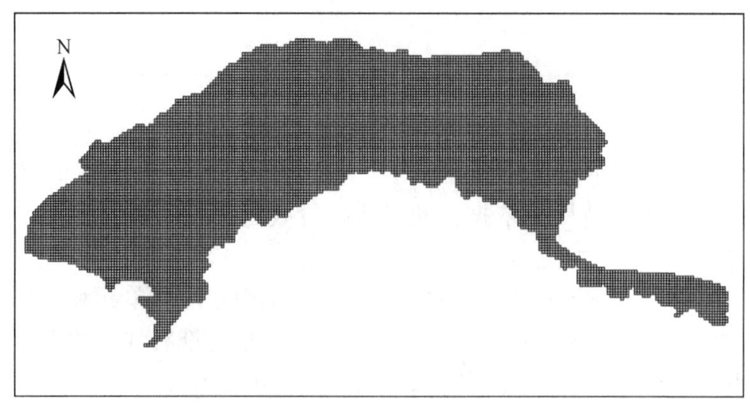

图 3-11　地下水计算单元划分

与上一步得到的引排水单元进行空间叠加，建立栅格单元与引排水单元的拓扑关系，即明确了每个栅格单元所在的引水域、排水域及行政区，便于模型进行信息的输入和统计输出。

第五步，确定最终的计算单元。将山区和平原区划分的单元进行合并，即得到模拟计算所需的单元共计 11 819 个，如图 3-12 所示。根据确定的计算单元，对土地利用、土壤信息、水文地质参数等按照单元范围进行提取，得到每个单元各种土地利用类型、土壤类型的分布面积与水文地质参数分区值。其中，对耕地还要根据灌区种植结构及复种情况进行细分，本研究考虑了小麦、玉米、向日葵、油料、瓜类、蔬菜、番茄、甜菜、夏杂和秋杂共 10 种作物，依据种植结构逐年变化得到每种作物的播种面积。

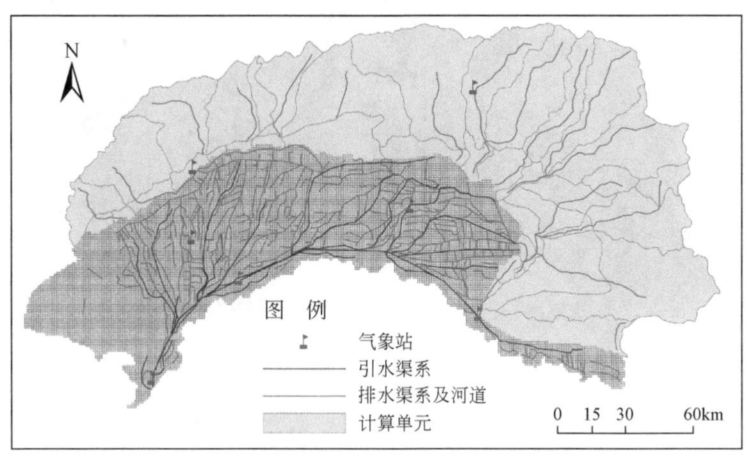

图 3-12 最终确定的研究区计算单元

(3) 模型基础数据信息处理

1) DEM 数据提取。研究区 DEM 信息（图 3-13）采用的是美国国家航空航天局（National Aeronautics and Space Administration，NASA）发布的 2009 年的全球 DEM 数据，数据采样的精度为 30m，海拔精度为 7 ~ 14m。

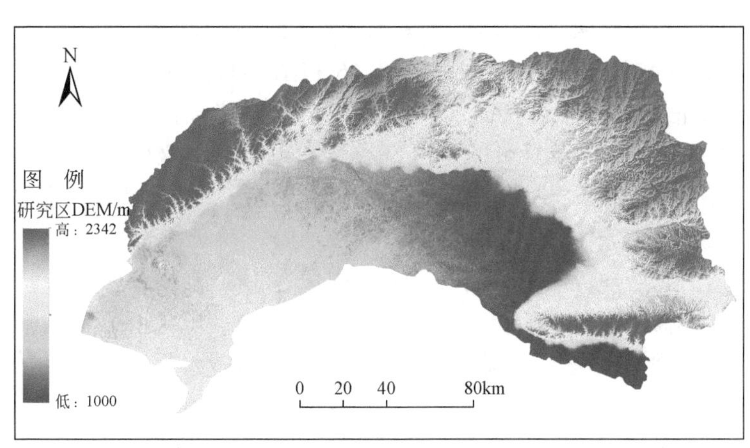

图 3-13 研究区 DEM 信息

2）土地利用信息提取。对研究区 2000 年土地利用信息进行解译分析，并对耕地、林地、草地、居工地、水域、未利用地等各种土地利用类型的面积及空间分布情况进行分析，作为模型输入的基础信息之一，如图 3-14 所示。根据统计，研究区范围内，草地覆盖面积最大，占 52%；其次为耕地和未利用地，分别占 22%、16%；居工地、水域、林地分别占 5%、3%、2%。其中，平原灌区部分则是耕地覆盖面积最大，占平原灌区面积的 46%，草地、未利用地、居工地次之，分别占 23%、18%、10%，水域和林地面积较小，仅占 2%、1%。

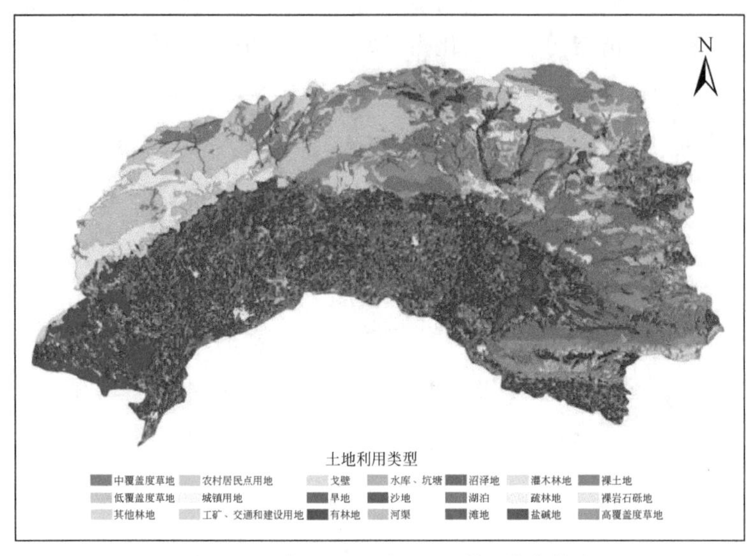

图 3-14　研究区 2000 年土地利用分布信息

3）土壤分布信息提取。土壤数据信息采用中国科学院南京土壤研究所公布的全国土壤分布图，研究区的土壤空间分布信息，如图 3-15 所示。研究区主要土壤类型为盐土（31.5%）、盐化灌淤土（18.5%）和含盐石质土（12.9%）；其中，平原灌区主要土壤类型为盐土（43.3%）、盐化灌淤土（28.3%）和潮灌淤土（15.9%）。

4）灌区引排水渠系提取。河套灌区是全国最大的一首制特大型灌区，千百年来形成了独特而又复杂的引水和排水渠系网络。图 3-16 和图 3-17 分别为灌区引水渠系网络和排水渠系网络的分布信息。据统计，目前河套灌区引水系统包括总干渠 1 条，干渠 13 条，分干 48 条，支渠 204 条，以及复杂的斗区、农渠和毛渠共七级引水渠系；排水系统包括总排水干沟 1 条，干沟 12 条，分干沟 59 条，支沟 210 条，以及更小的排水沟，与当地的河湖水系共同构成纵横交错的排水网络。

5）气象数据信息处理。气象数据资料来自内蒙古河套灌区管理总局监测站点及中国气象数据网共享数据资料，共有气象站点 7 个（图 3-18）。气象要素包括降水、最高与最低气温、平均气温、平均风速、相对湿度、日照时数等日或月尺度系列信息。

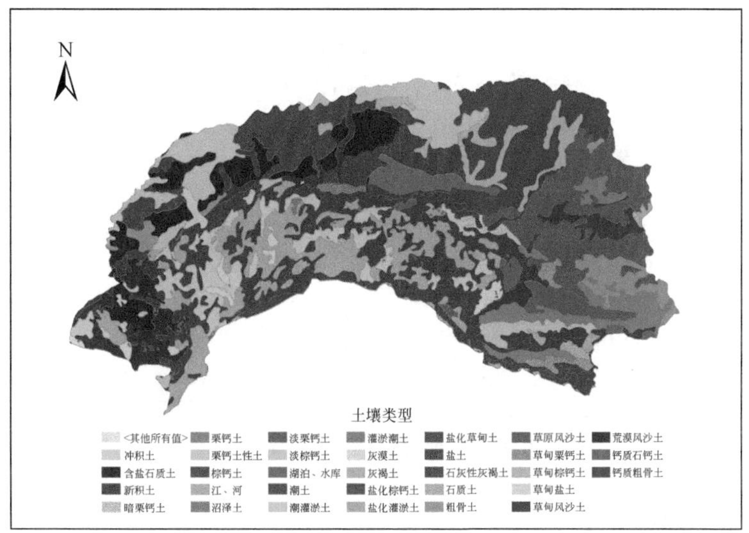

图 3-15　研究区土壤空间分布信息

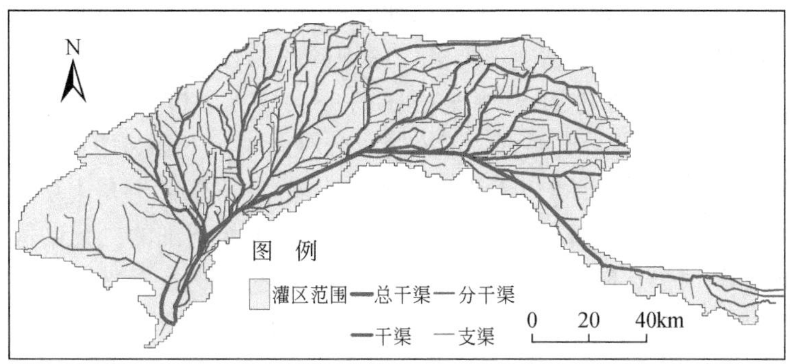

图 3-16　灌区引水渠系分布

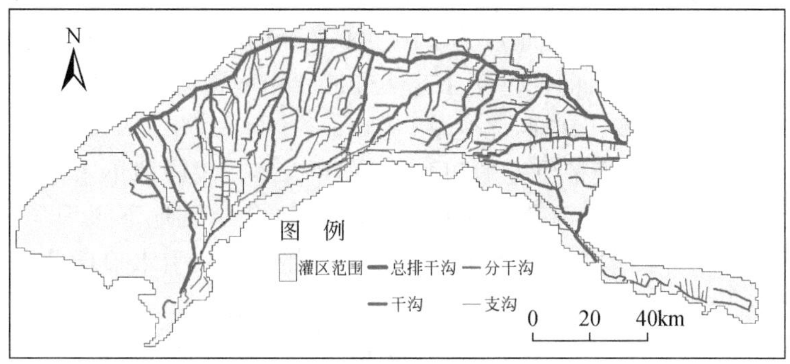

图 3-17　灌区排水渠系分布

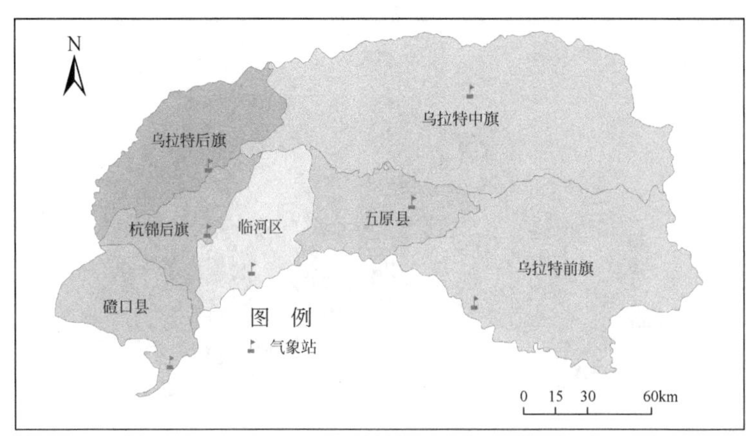

图 3-18　研究区气象站分布信息

6）水文地质参数信息处理。

含水层结构特征。河套引黄灌区含水层主要受黄河泛滥改道和湖相沉积影响，按照含水层的水文地质特点以及埋藏条件可将含水层划分为两组。第一含水层组在沉积相和成因类型上以冲积洪积和冲积湖积为主，包括第四系全新统含水层（Q4）和上更新统含水层（Q3）。全新统含水层（Q4）以黏性土夹薄层粉细砂的弱含水层为主，靠近地表的部分属于典型的二元结构特征，即上部为壤土，属弱透水层，厚度为 2 ~ 20m，平均厚度为 7.4m，粗粒土与细粒土互层，水平方向不连续，含有潜水；下部为中粗砂或粉细砂的强透水层，厚度分布在 20 ~ 300m（可以看作单一的含水层）。下部砂层与上更新统含水层往往连续沉积，构成了统一的含水体，形成区内广泛分布的上粗下细的二元结构。

垂向分层时，顶层全新统含水层（Q4）与上更新统含水层（Q3）往往连续沉积，构成了统一的含水体，应看作统一的潜水层。Q3 含水层以下以淤泥质黏土沉积为主，砂层少而薄，可以视为 Q3 层的隔水底板。对于灌区来说，主要关注与地表水联系密切的潜水层，这一过程均发生在 Q4 和 Q3 组成的含水层内。考虑到整个含水层的水文地质条件和水力特性，模型可分为两层，分别对应 Q4 和 Q3。考虑到模型第一层厚度变化不大，此层的平均厚度设置为 7.4m；第二层厚度为 20 ~ 300m，含水层自东向西、自南向北逐渐增加，由灌区东部的 60 ~ 80m，向西增至 150 ~ 240m，由南部隆起区的 20 ~ 60m 向北增至 100 ~ 200m，总的规律是由东南向西北变厚。

初始地下水埋深。本次模拟研究的初始年为 1990 年，浅层地下水采用平面二维数值方法进行模拟计算。图 3-19 为河套灌区平原区域 1990 年 1 月地下水埋深等值线分布图，从图 3-19 可以看出，整个灌区地下水流向从灌区西部三盛公引水口向北到狼山山前，再转向东至乌梁素海及三湖河灌域，与整个黄河水流流向接近。

给水度与渗透系数。除山前区域外，河套灌区大部分区域的给水度较小，位于 0.02 ~ 0.05，空间分布情况如图 3-20 所示。潜水层的渗透系数分区如图 3-21 所示。

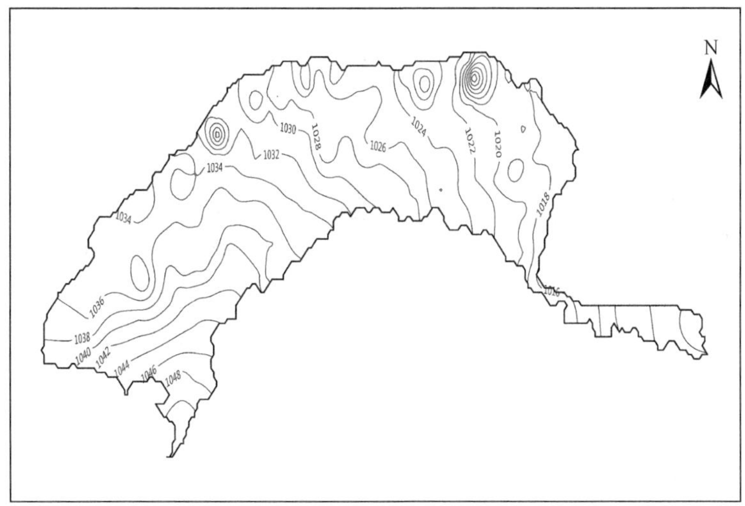

图 3-19　研究区地下水初始水头（1990 年 1 月）（单位：m）

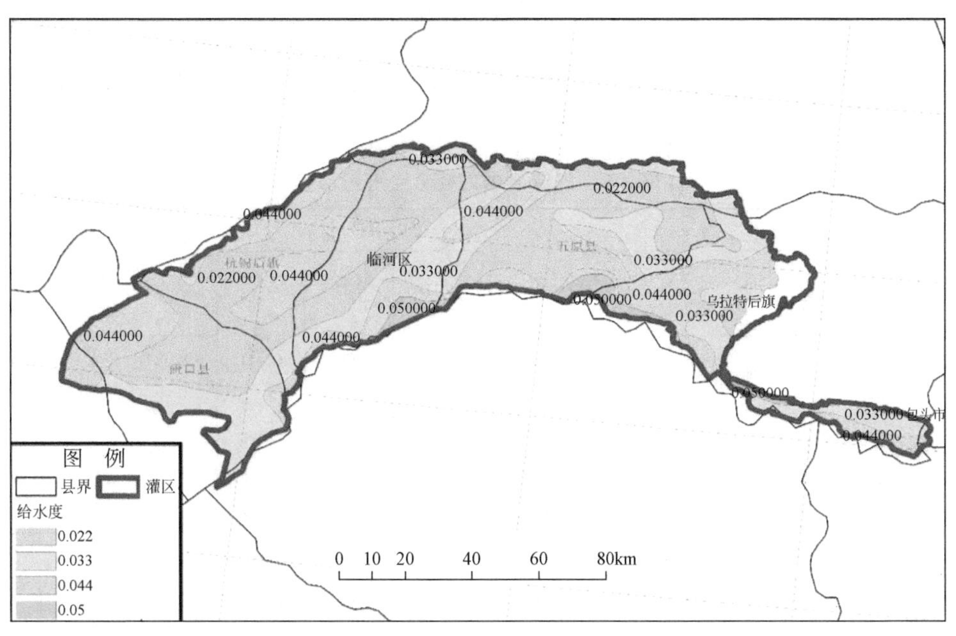

图 3-20　研究区给水度分区

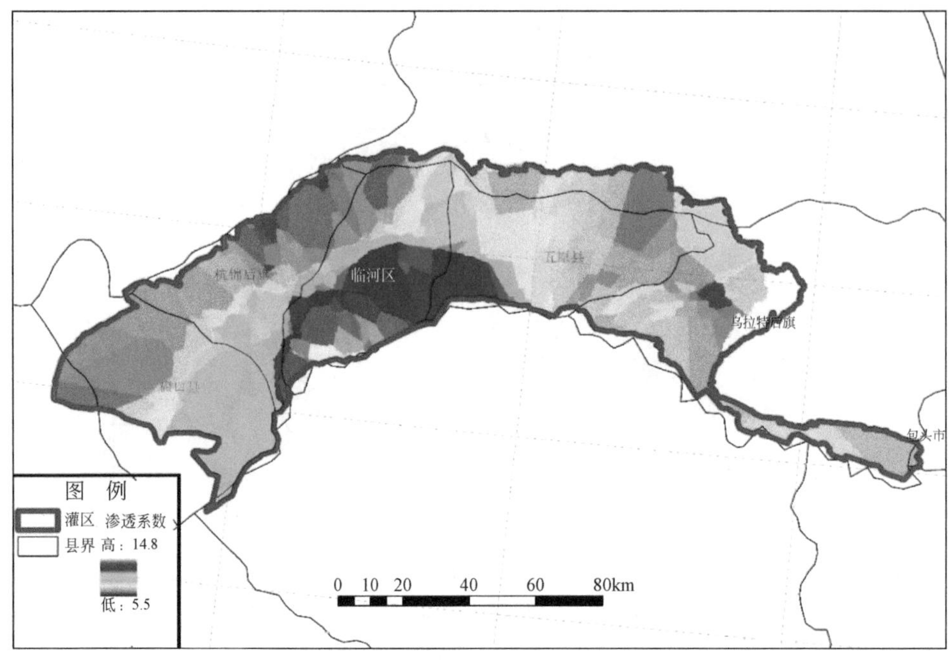

图 3-21　研究区渗透系数分区

7）社会经济用水数据处理。社会经济用水数据根据巴彦淖尔市的水资源公报、水资源综合规划等整理得到，见表 3-9。

表 3-9　巴彦淖尔市社会经济用水量

年份	供水量/亿 m³				用水量/亿 m³					消耗	
	引黄水量	地表水	地下水	合计	农业	工业	生活	生态	合计	耗水量/亿 m³	耗水率/%
2002	42.72	0.64	6.63	49.99	48.28	0.80	0.901	0.00	49.981	34.64	69.3
2003	37.55	0.00	7.86	45.41	44.12	0.58	0.719	0.00	45.419	31.85	70.1
2004	40.92	0.70	6.51	48.13	46.85	0.52	0.763	0.00	48.133	33.55	69.7
2005	43.64	0.65	6.99	51.28	49.70	0.77	0.799	0.00	51.269	35.72	69.7
2006	42.72	0.64	6.63	49.99	48.28	0.80	0.901	0.00	49.981	34.64	69.3
2007	42.37	0.58	6.25	49.20	47.45	0.97	0.780	0.00	49.200	34.19	69.5
2008	41.87	0.53	6.49	48.89	47.14	0.96	0.786	0.00	48.886	33.81	69.2
2009	44.30	0.11	6.80	51.21	49.03	1.11	0.558	0.52	51.218	34.71	67.8
2010	41.81	0.13	6.67	48.61	46.52	1.06	0.494	0.52	48.594	32.91	67.7
2011	44.30	0.11	6.80	51.21	49.03	1.11	0.558	0.52	51.218	34.71	67.8

续表

年份	供水量/亿 m^3				用水量/亿 m^3					消耗	
	引黄水量	地表水	地下水	合计	农业	工业	生活	生态	合计	耗水量/亿 m^3	耗水率/%
2012	39.63	0.08	6.78	46.49	43.50	1.04	0.643	1.30	46.483	32.01	68.9
2013	40.76	0.25	6.87	47.88	46.04	1.17	0.551	0.11	47.871	32.56	68.0
平均	41.88	0.37	6.77	49.02	47.16	0.91	0.70	0.25	49.02	33.77	68.9

注：2002 年之前用水数据缺分类统计。1990 年以来的引黄水量根据各干渠监测统计得到。

3.3.3 模型率定与验证

(1) 判别标准

当模型的结构和输入参数初步确定后，需要对模型进行参数校准和验证。一般选用相对误差 R_e、相关系数 R^2 和纳什（Nash-Suttcliffe）效率系数 Ens 来评价模型的适用性。相对误差 R_e 计算公式为

$$R_e = \frac{Q_{sim,i} - Q_{obs,i}}{Q_{obs,i}} \times 100\% \tag{3-6}$$

式中，R_e 为模型模拟的相对误差；$Q_{sim,i}$ 为模拟值；$Q_{obs,i}$ 为实测值。若 $R_e>0$，说明模拟值偏大；若 $R_e<0$，则说明模拟值偏小；若 $R_e=0$，则说明模拟值与实测值正好吻合。

相关系数 R^2 反映了模拟径流流量和实测径流流量的相关程度，其值越接近 1，说明两者的相关性越好，其值越小，则反映了两者相关性越差。R^2 通过 EXCEL 提供的计算工具直接得到，其计算公式为

$$R^2 = \frac{\left[\sum_{i=1}^{n}(Q_{sim,i} - \overline{Q_{sim}})(Q_{obs,i} - \overline{Q_{obs}})\right]^2}{\sum_{i=1}^{n}(Q_{sim,i} - \overline{Q_{sim}})^2 \sum_{i=1}^{n}(Q_{obs,i} - \overline{Q_{obs}})^2} \tag{3-7}$$

式中，$\overline{Q_{sim}}$ 为平均模拟径流流量；$\overline{Q_{obs}}$ 为平均实测径流流量；n 为观测次数。

纳什效率系数 Ens 的允许取值范围在 0 ~ 1，值越大表明效率越高；当该值小于 0 时，说明模拟结果没有采用平均值准确，其计算公式为

$$\text{Ens} = 1 - \frac{\sum_{i=1}^{n}(Q_{obs,i} - Q_{sim,i})^2}{\sum_{i=1}^{n}(Q_{obs,i} - \overline{Q_{obs}})^2} \tag{3-8}$$

通常，通过实测数据资料对模型进行率定和验证是利用模型研究水循环过程的关键必备环节。本研究区为引排水渠系复杂的大型灌区，结合实测资料情况，对水循环过程中的蒸发、径流和地下水过程进行率定与验证，率定期为 1990 ~ 1999 年，验证期为 2000 ~ 2013 年。其中，蒸发采用研究区各县市区水面蒸发观测资料进行验证；排水过程验证采用

河套灌区管理局提供的 22 条主要排水干沟及总排干 4 个控制断面 1990 ~ 2013 年长系列月流量过程信息进行率定与验证；地下水埋深则利用 2009 ~ 2013 年灌区 224 眼地下水观测井实测资料进行验证。

（2）水面蒸发对比验证

蒸发验证依据研究区各县市区监测的水面蒸发资料（1990 ~ 2013 年），将实测蒸发过程与实测结果进行对比，结果见表 3-10 及图 3-22。可以看出，相对误差均在 10% 以内，相关系数在 0.9 以上，纳什效率系数在 0.8 以上，满足精度要求。

表 3-10　各区县水面蒸发量率定与验证效果

项目		磴口县	杭锦后旗	临河区	五原县	乌拉特前旗
相对误差/%	率定期	1.0	1.4	-4.3	2.5	5.1
	验证期	3.8	6.6	9.3	3.3	9.1
相关系数	率定期	0.9581	0.9760	0.9715	0.9678	0.9580
	验证期	0.9466	0.9494	0.9151	0.9635	0.9351
纳什效率系数	率定期	0.896	0.952	0.933	0.920	0.910
	验证期	0.893	0.900	0.828	0.927	0.873

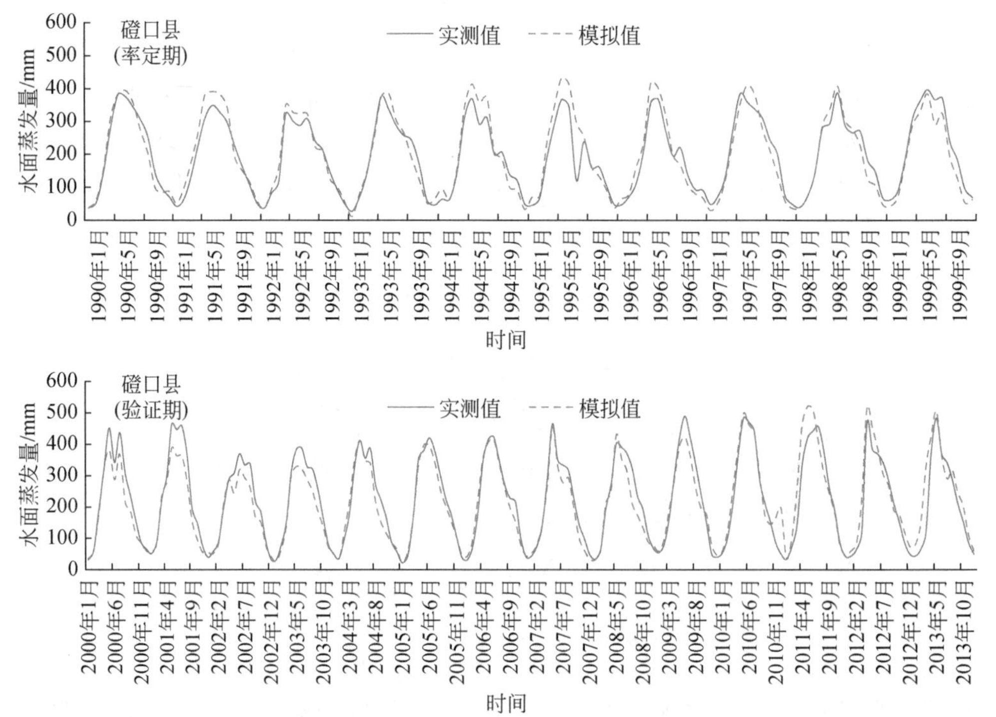

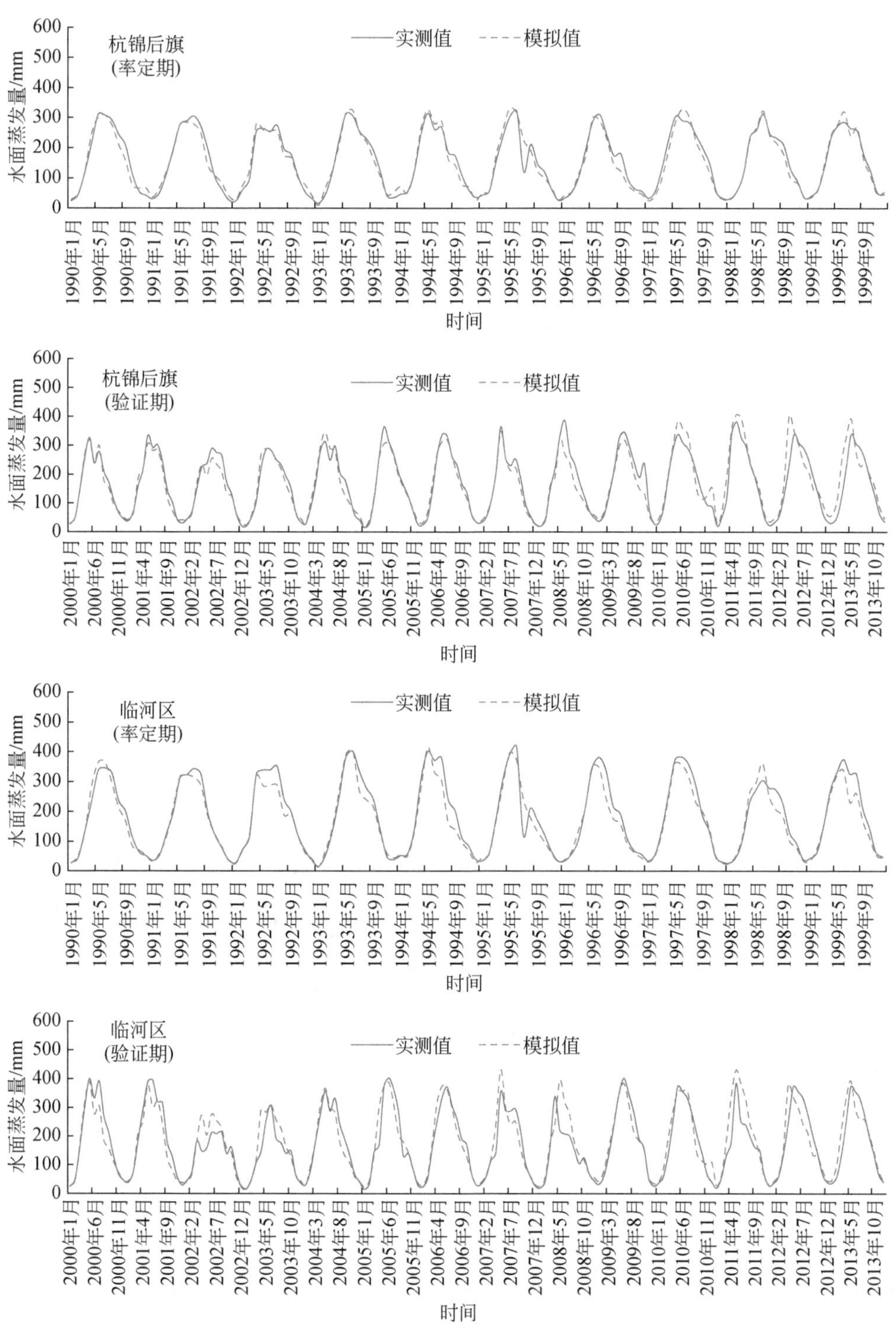
杭锦后旗
(率定期)
实测值
模拟值
水面蒸发量/mm
时间
杭锦后旗
(验证期)
临河区
(率定期)
临河区
(验证期)

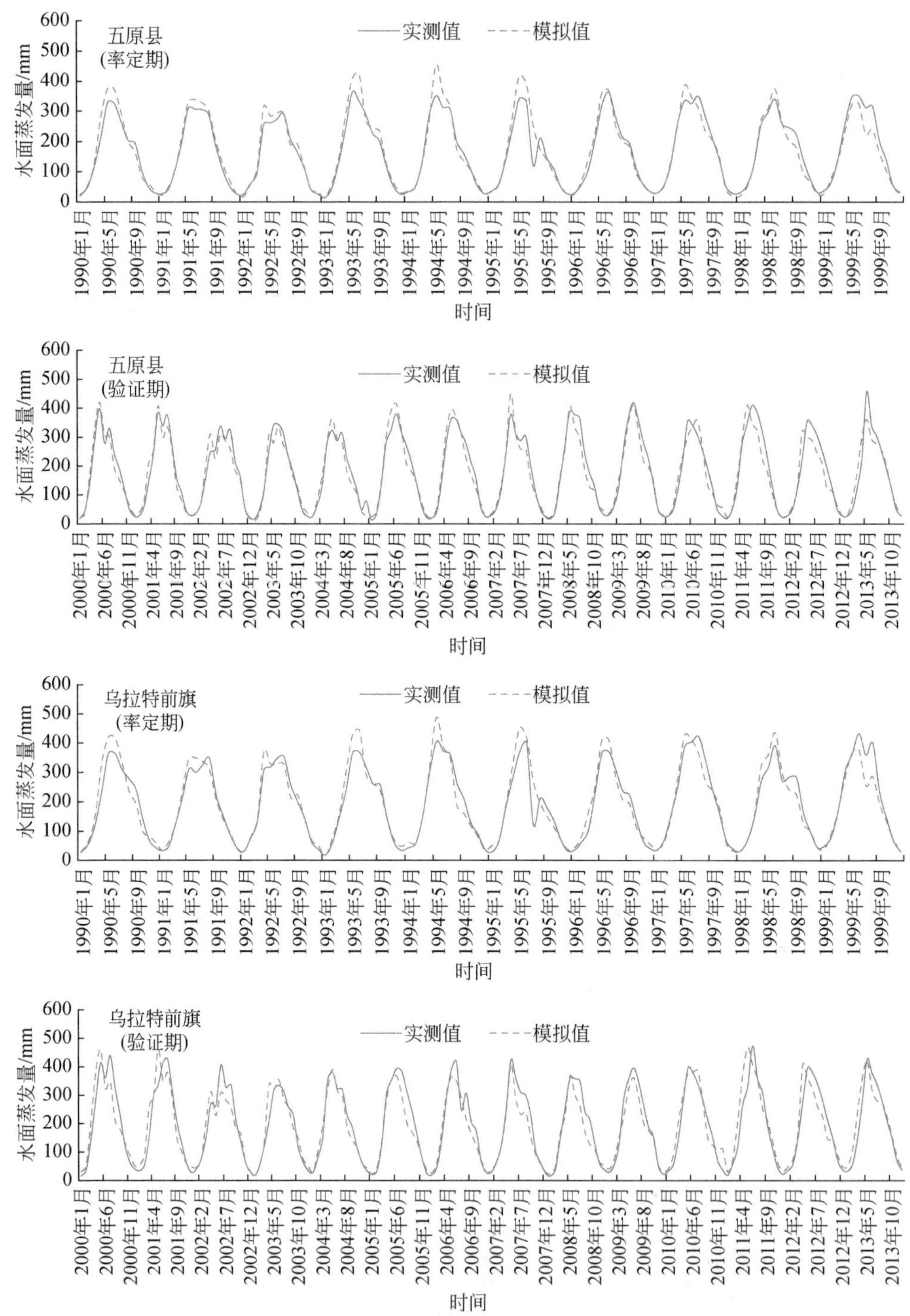

图 3-22　水面蒸发量率定与验证

(3) 灌区排水过程验证

灌区排水验证依据灌区 22 条主要排水干沟及总排干 4 个控制断面 1990 ~ 2013 年长系列月流量过程信息对模型进行率定与验证工作。结果见表 3-11 和图 3-23。可以看出，相对误差均在 20% 以内，相关系数在 0. 85 以上，纳什效率系数在 0. 7 以上，满足精度要求。

表 3-11　排水过程率定与验证效果评价

排水沟	相对误差/%		相关系数		纳什效率系数	
	率定期	验证期	率定期	验证期	率定期	验证期
一排干	-4	-6	0. 875	0. 967	0. 761	0. 929
二排干	-1	-5	0. 923	0. 936	0. 835	0. 867
三排干	-6	-7	0. 930	0. 922	0. 855	0. 837
四排干	-11	-2	0. 946	0. 918	0. 872	0. 837
五排干	1	7	0. 943	0. 906	0. 886	0. 792
六排干	7	15	0. 940	0. 900	0. 878	0. 807
皂沙排干	9	15	0. 885	0. 879	0. 777	0. 749
七排干	-2	4	0. 859	0. 909	0. 719	0. 820
义通排干	8	17	0. 914	0. 913	0. 830	0. 834
总排干红圪卜站	-6	-4	0. 957	0. 926	0. 906	0. 847
八排干	-9	3	0. 943	0. 973	0. 880	0. 969
九排干	-10	20	0. 953	0. 989	0. 903	0. 976
新安排干	-10	-3	0. 940	0. 958	0. 871	0. 916
十排干	-9	14	0. 977	0. 987	0. 947	0. 973

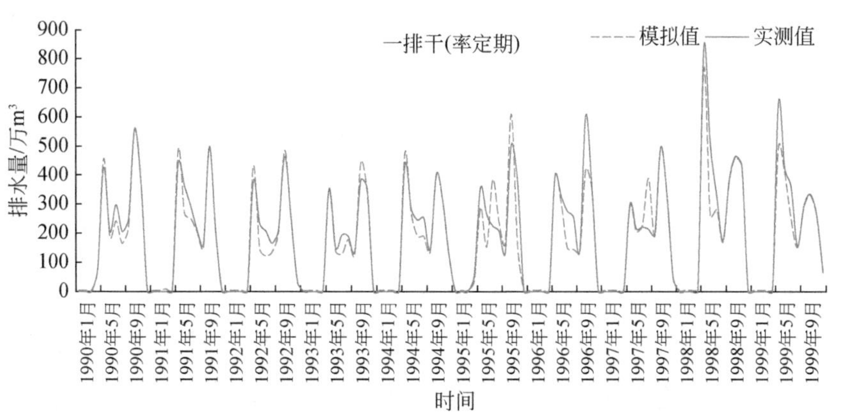

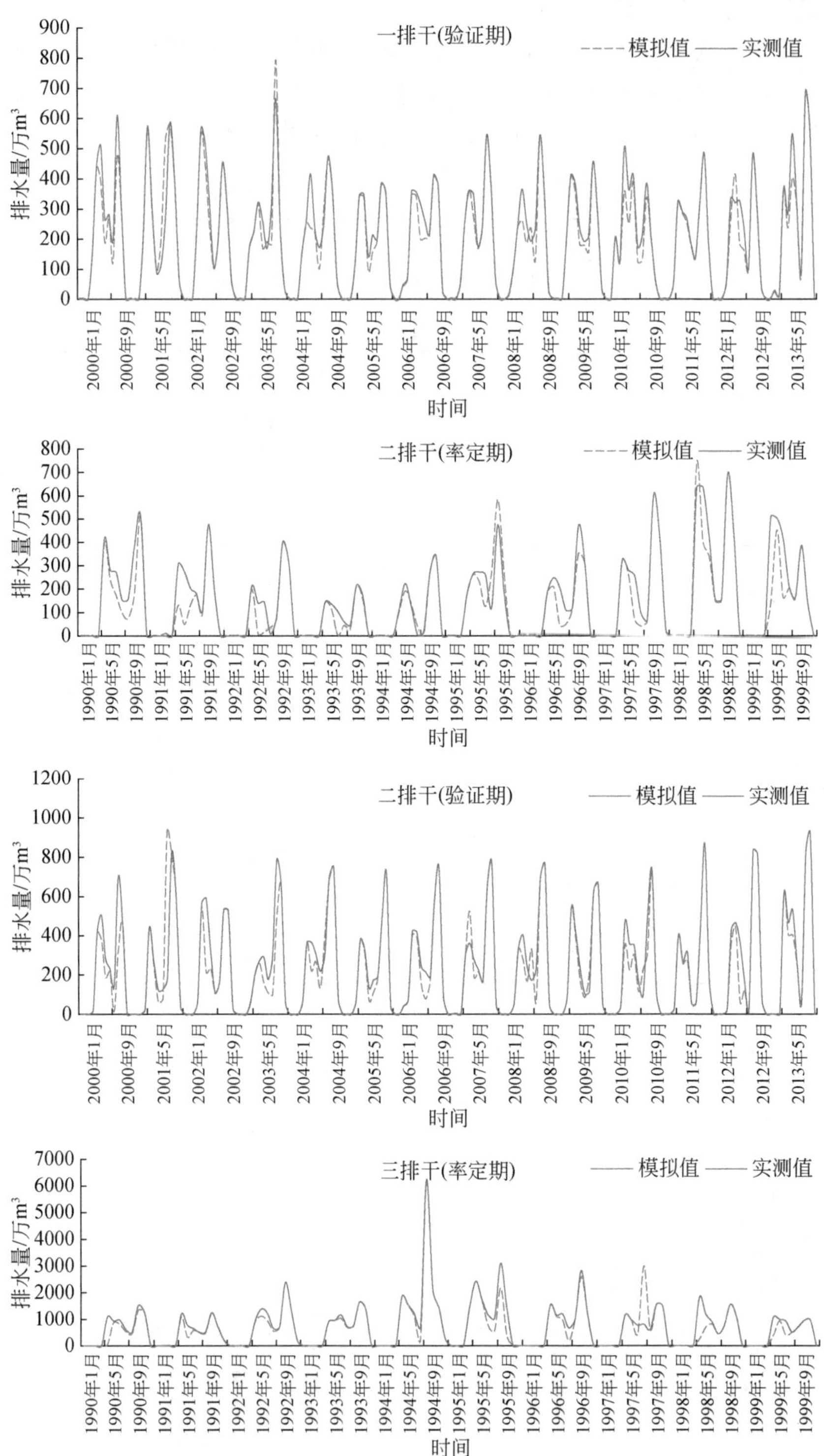
一排干(验证期)
模拟值
实测值
排水量/万m³
时间
二排干(率定期)
二排干(验证期)
三排干(率定期)

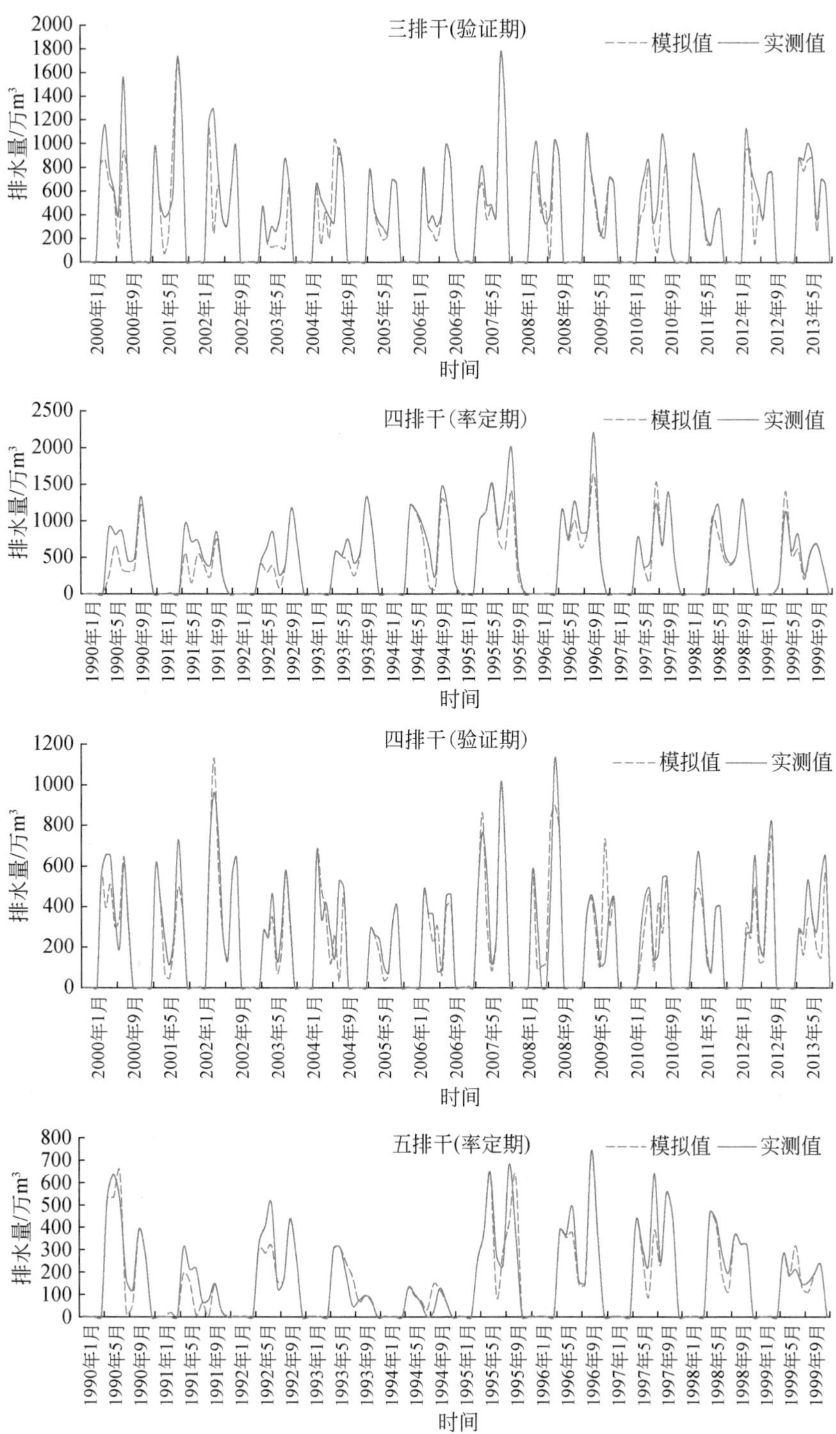
三排干(验证期)
模拟值
实测值
排水量/万m³
时间
四排干(率定期)
四排干(验证期)
五排干(率定期)

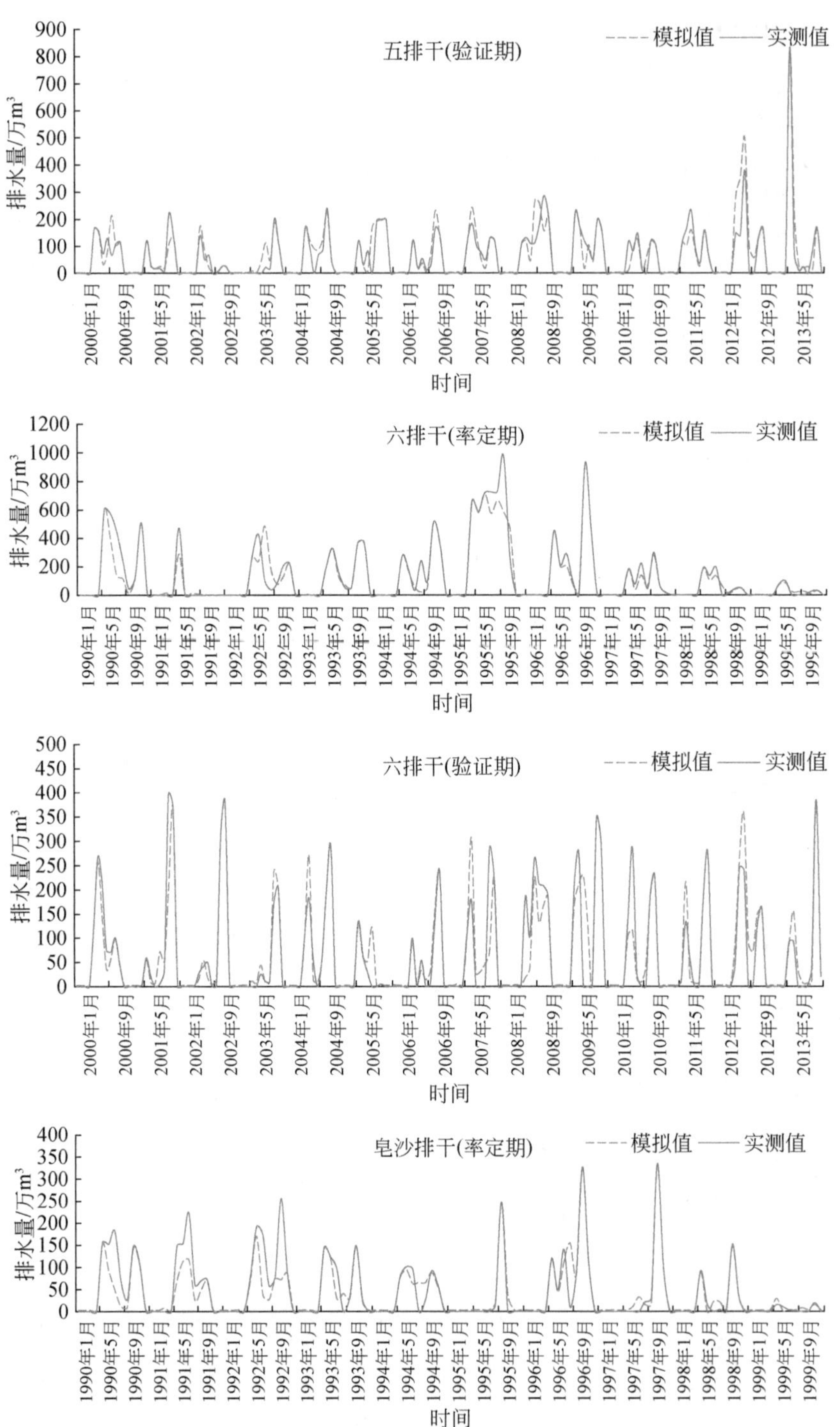
五排干(验证期)
模拟值
实测值
排水量/万m³
时间
六排干(率定期)
模拟值
实测值
排水量/万m³
时间
六排干(验证期)
模拟值
实测值
排水量/万m³
时间
皂沙排干(率定期)
模拟值
实测值
排水量/万m³
时间

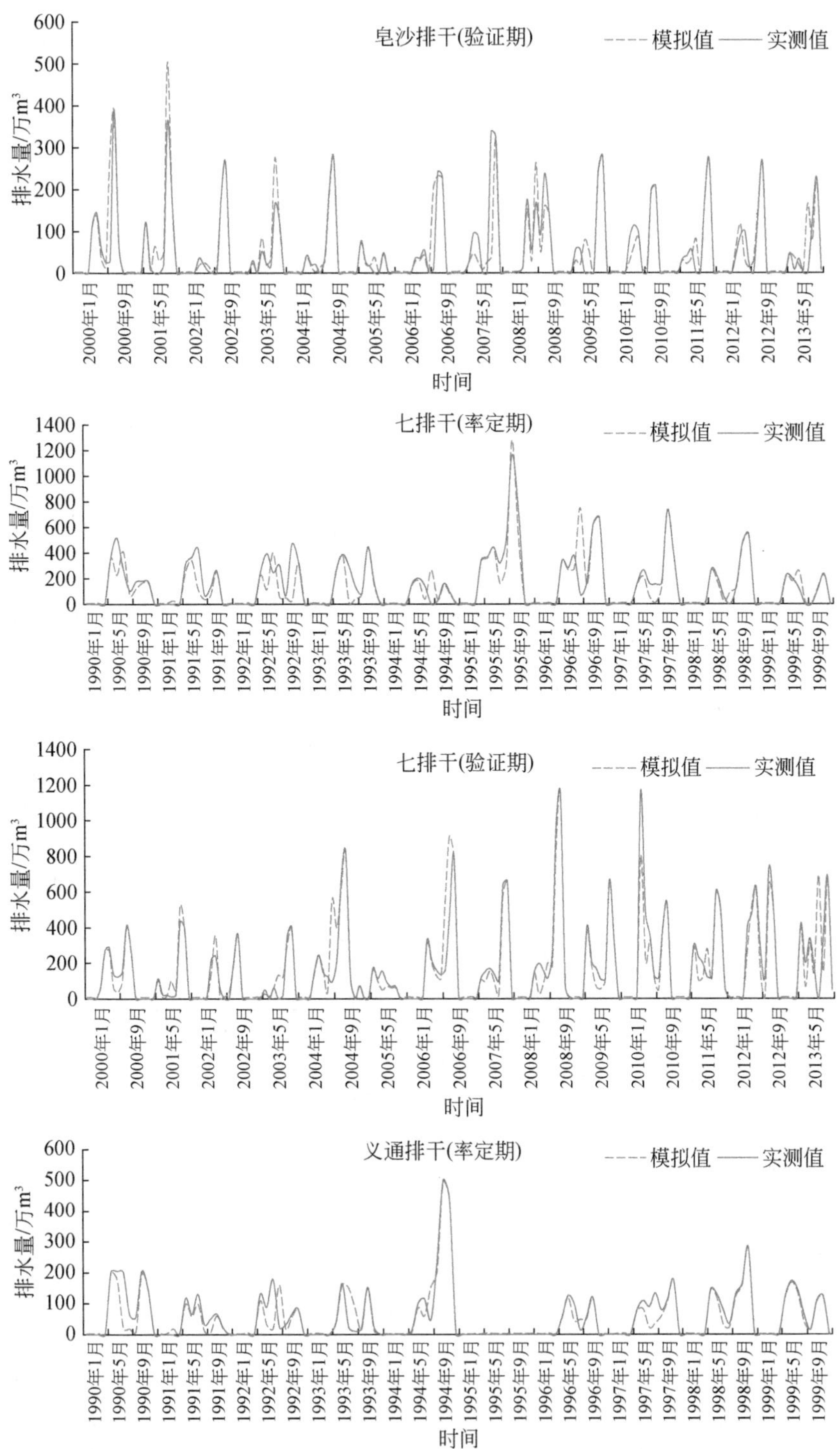
皂沙排干(验证期)
模拟值
实测值
排水量/万m³
时间
七排干(率定期)
七排干(验证期)
义通排干(率定期)

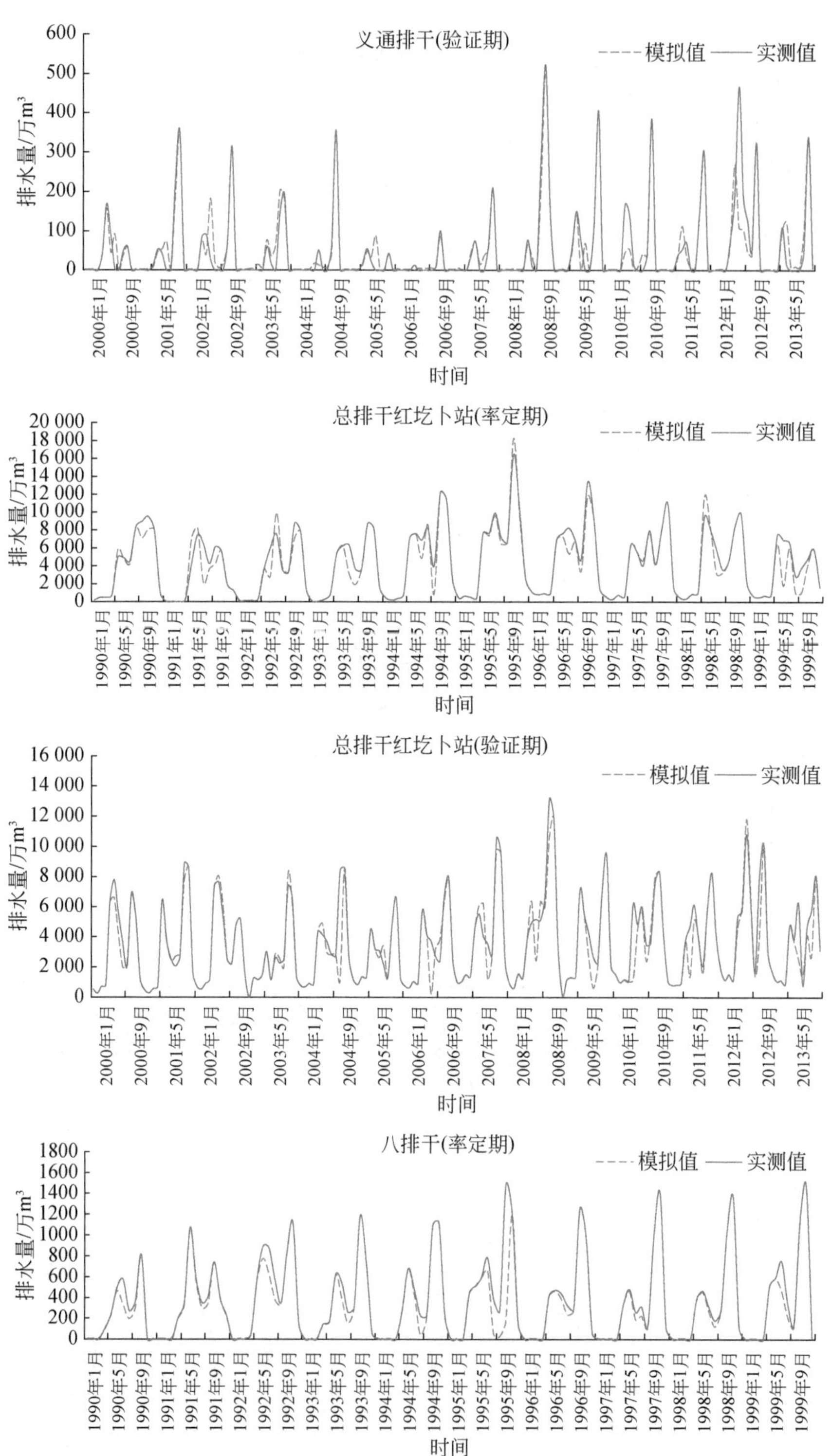

义通排干(验证期)
模拟值 实测值
排水量/万m³
时间
总排干红圪卜站(率定期)
模拟值 实测值
排水量/万m³
时间
总排干红圪卜站(验证期)
模拟值 实测值
排水量/万m³
时间
八排干(率定期)
模拟值 实测值
排水量/万m³
时间

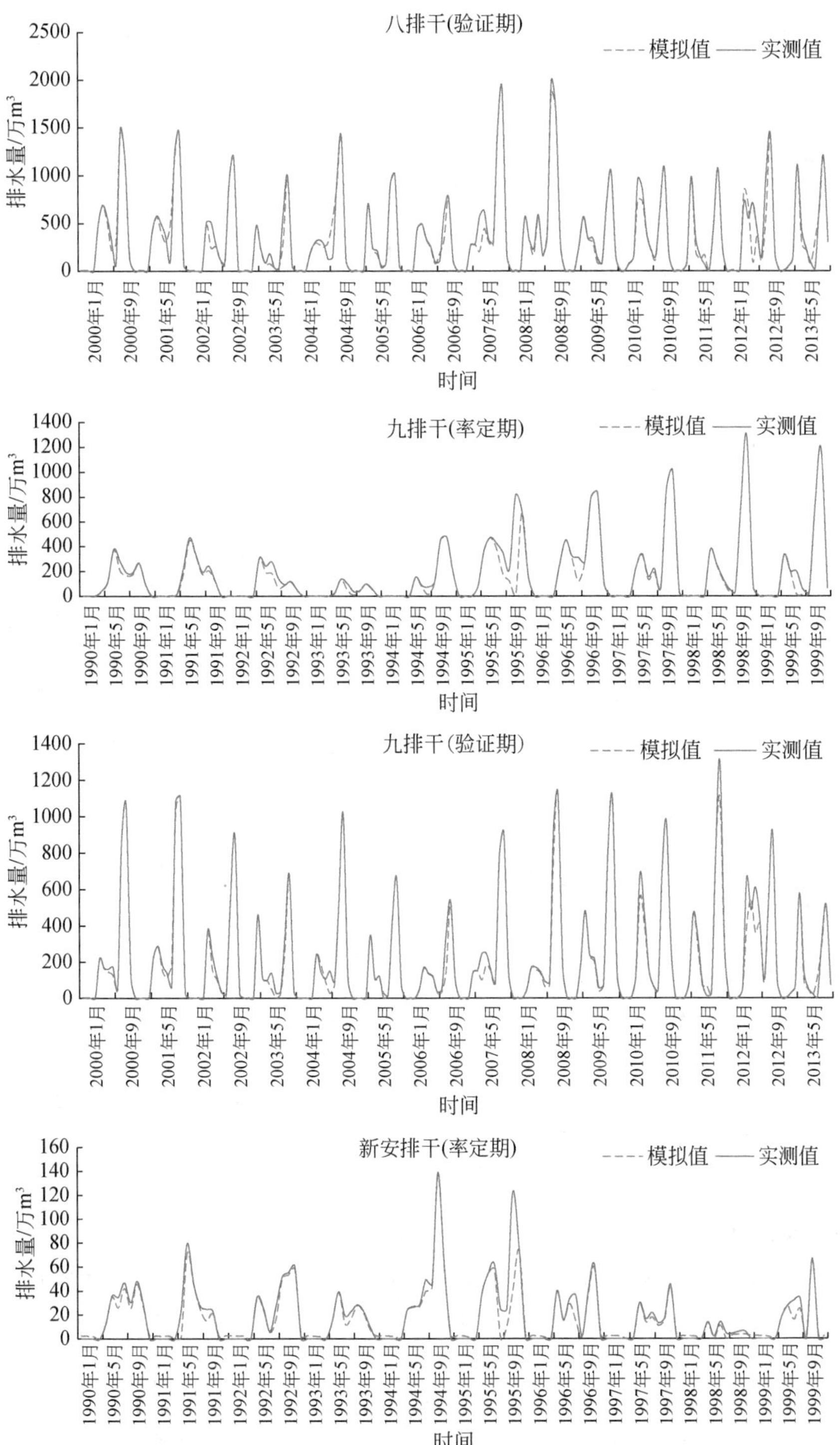
八排干(验证期)
模拟值
实测值
排水量/万m³
时间
九排干(率定期)
九排干(验证期)
新安排干(率定期)

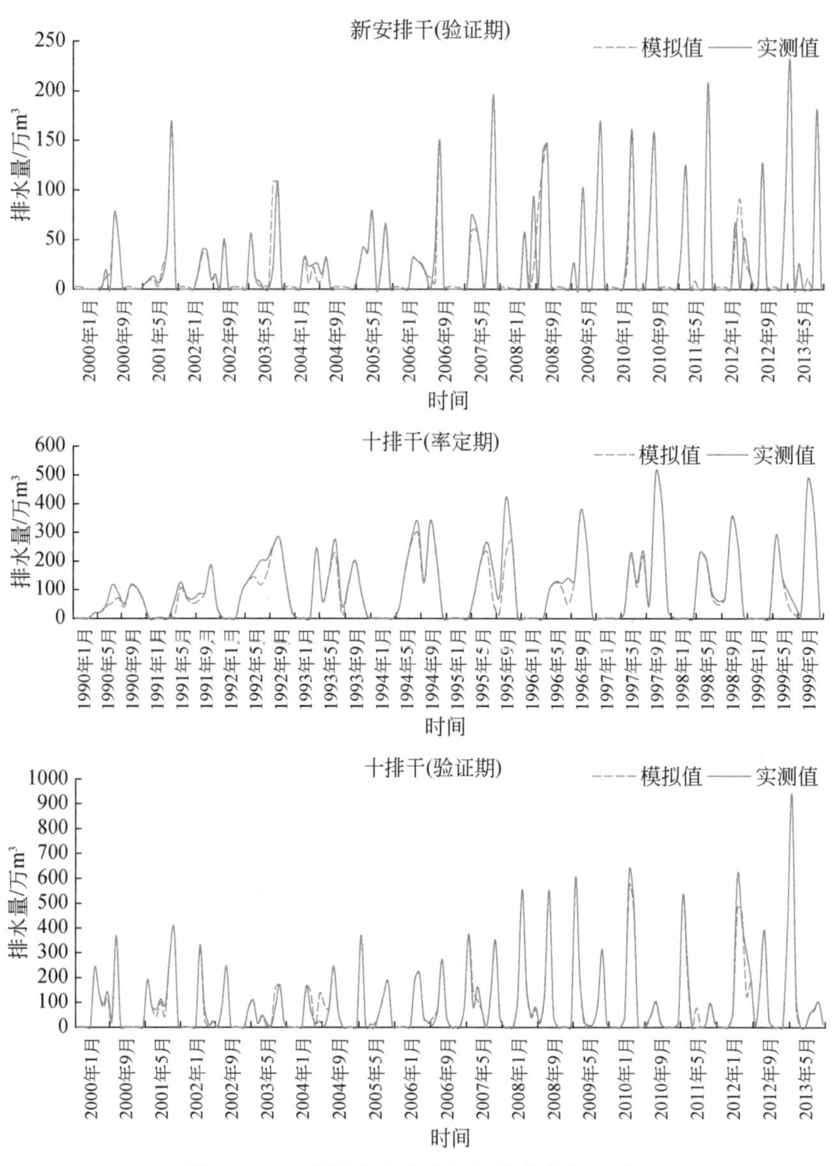

图 3-23　主要排水沟排水月过程率定与验证

(4) 地下水验证

根据河套灌区 224 眼浅层地下水观测井 2003 ~ 2013 年逐月埋深序列资料，与地下水模拟结果进行对比验证，结果如图 3-24 和图 3-25 所示。其中，图 3-24 是灌区 2013 年 3 月、6 月、9 月、11 月的地下水埋深模拟值与实测值在空间的分布对比结果，可以看出，灌区观测到的地下水漏斗区在模拟结果中均得到较好的反映，模拟的灌区地下水埋深空间变化与观测结果一致很好，满足精度要求。图 3-25 是灌区部分观测站点 2003 ~ 2013 年逐月变化过程的对比验证结果，在变化趋势上也能够很好地实际变化特征。另外，将模拟结果与 MODFLOW 模型的模拟结果进行对比，可以看出，两者的模拟精度相当，均能够很好地模拟刻画灌区地下水的变化特征。

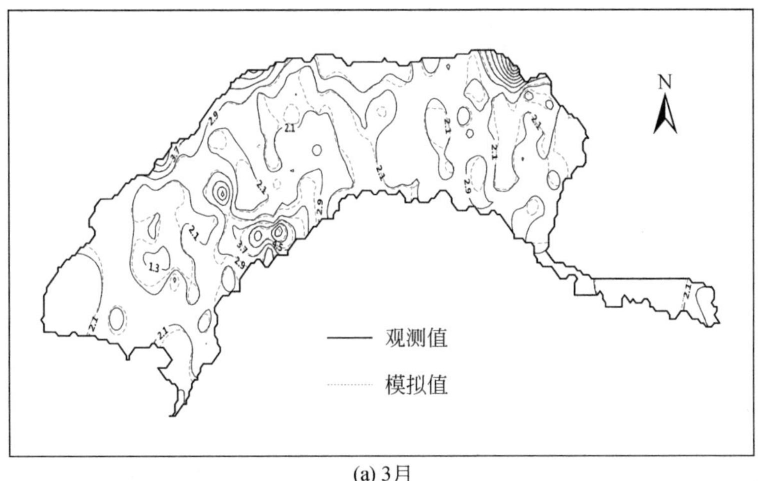

(a) 3月

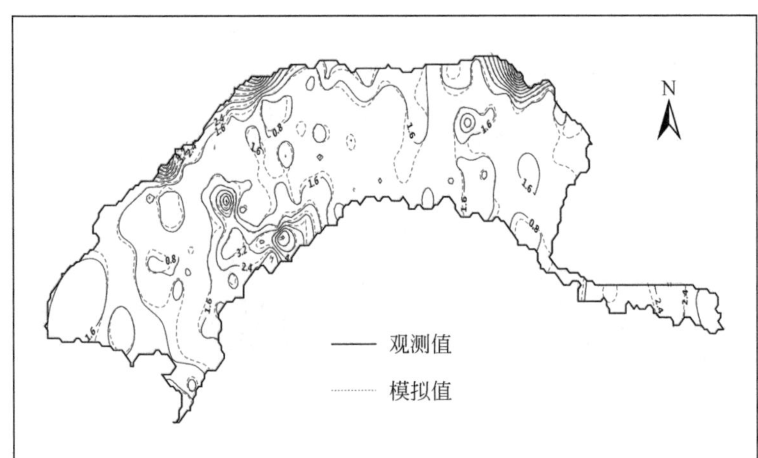

(b) 6月

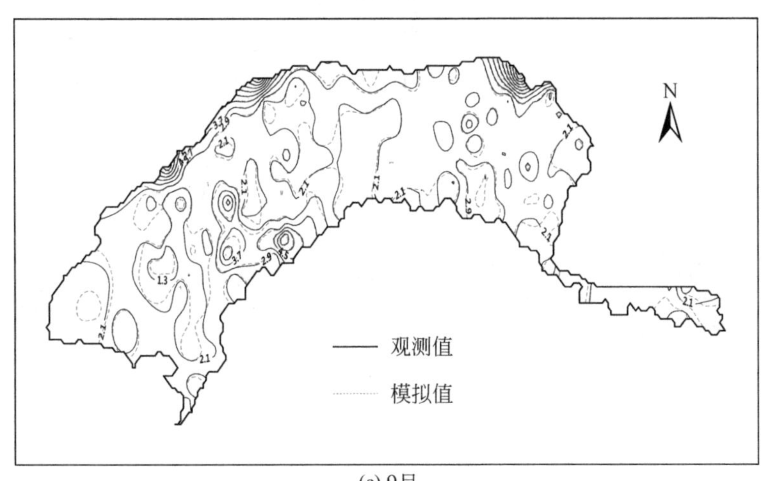

(c) 9月

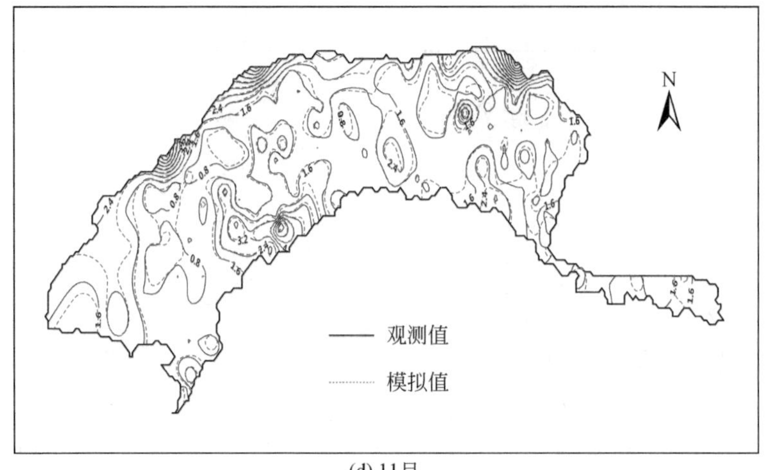

(d) 11月

图 3-24　灌区 2013 年地下水埋深空间变化模拟与观测结果对比

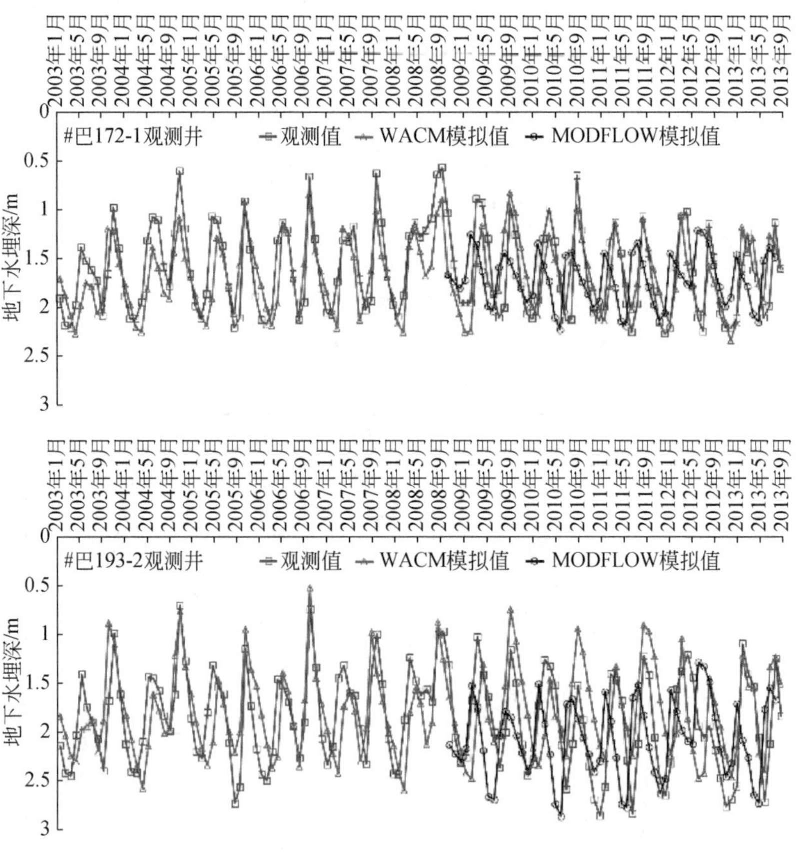

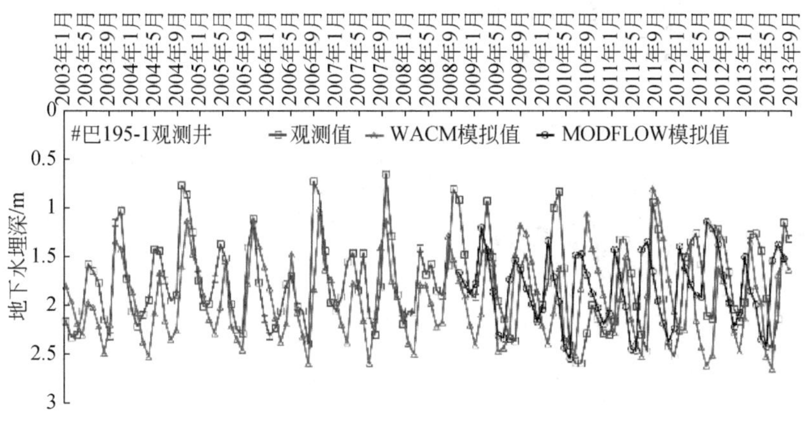
#巴195-1观测井
观测值
WACM模拟值
MODFLOW模拟值
地下水埋深/m

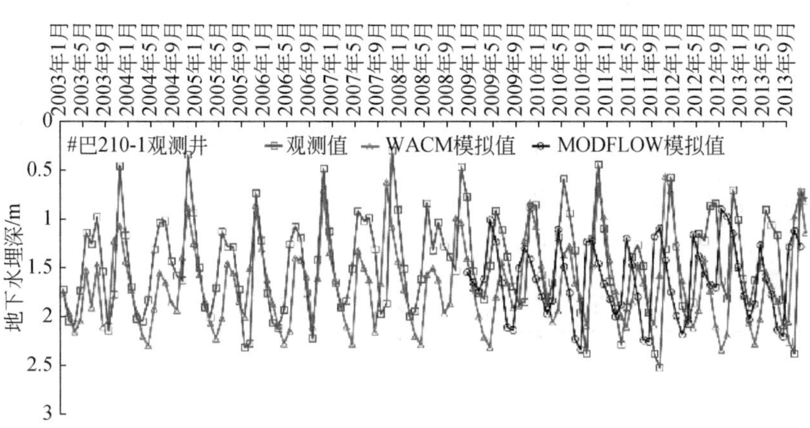
#巴210-1观测井
观测值
WACM模拟值
MODFLOW模拟值
地下水埋深/m

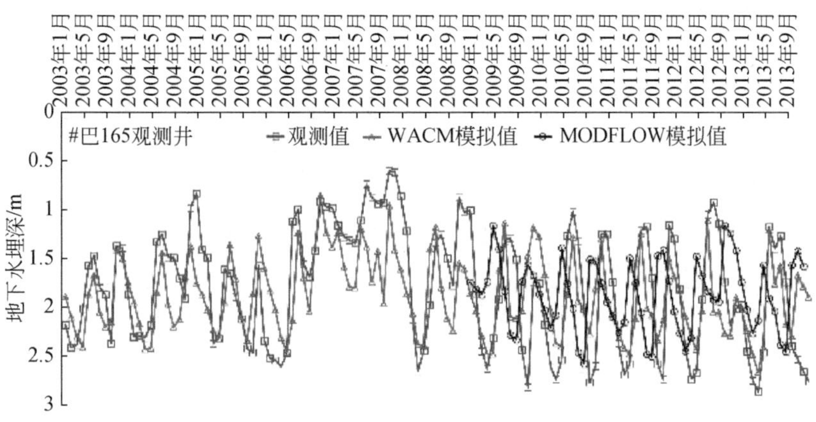
#巴165观测井
观测值
WACM模拟值
MODFLOW模拟值
地下水埋深/m

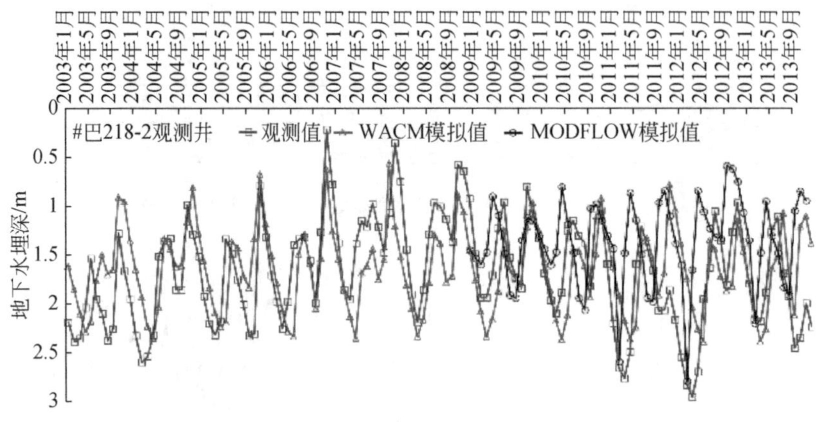

图 3-25 灌区部分观测井地下水埋深模拟值与观测值对比

3.3.4 河套灌区节水潜力模拟分析

(1) 综合节水情景方案

基于河套灌区自然与社会经济条件，综合考虑粮食安全、用水习惯、节水经验、节水投资等多种因素，将渠道衬砌工程、土地整理工程、节水灌溉工程等工程措施与地膜覆盖、免耕栽培、灌溉制度优化等非工程措施进行合理搭配，拟定河套灌区农业节水综合方案集，见表 3-12。

表 3-12 河套灌区农业节水综合方案集

节水措施	具体内容	综合方案					
		Z1	Z2	Z3	Z4	Z5	Z6
种植结构	调整种植结构：小麦 5%，玉米 25%，向日葵 50%，其他 20%	√	√	√	√	√	√
渠系节水	重点对干渠、分干渠、支渠等进行衬砌，骨干渠道衬砌比例达到 17%，渠系水利用系数达到 0.54	√					
	重点对干渠、分干渠、支渠等进行衬砌，骨干渠道衬砌比例达到 20%，渠系水利用系数达到 0.55		√				
	重点对干渠、分干渠、支渠等进行衬砌，骨干渠道衬砌比例达到 23%，渠系水利用系数达到 0.56			√	√		
	重点对干渠、分干渠、支渠等进行衬砌，骨干渠道衬砌比例达到 26%，渠系水利用系数达到 0.57					√	
	重点对干渠、分干渠、支渠等进行衬砌，骨干渠道衬砌比例达到 29%，渠系水利用系数达到 0.58						√

续表

节水措施	具体内容	综合方案					
		Z1	Z2	Z3	Z4	Z5	Z6
田间节水	持续实施田间土地平整、畦田改造等节水措施，500 万亩中低产田改造任务完成 60%	√					
	持续实施田间土地平整、畦田改造等节水措施，500 万亩中低产田改造任务完成 80%		√	√			
	持续实施田间土地平整、畦田改造等节水措施，500 万亩中低产田改造任务完成 100%				√	√	√
	在蔬果类作物产区推广管道输水、喷灌、微灌等节水措施，覆盖其比例 50%	√					
	在蔬果类作物产区推广管道输水、喷灌、微灌等节水措施，覆盖其比例 70%		√	√			
	在蔬果类作物产区推广管道输水、喷灌、微灌等节水措施，覆盖其比例 90%				√	√	√
	采取地膜后茬免耕栽培、宽覆膜等土壤保水技术，显著减少棵间水分蒸发，推广面积达到 20%	√	√				
	采取地膜后茬免耕栽培、宽覆膜等土壤保水技术，显著减少棵间水分蒸发，推广面积达到 30%			√			
	采取地膜后茬免耕栽培、宽覆膜等土壤保水技术，显著减少棵间水分蒸发，推广面积达到 40%				√	√	√
灌溉制度优化	优化灌水管理，小麦灌水定额减少 30m³/亩，玉米减少 20m³/亩，葵花不变	√	√	√			
	优化灌水管理，小麦灌水定额减少 40m³/亩，玉米减少 40m³/亩，葵花减少 20m³/亩				√	√	√

（2）取水节水量

根据综合节水方案，Z1 ~ Z6 的年均引黄水量依次为 42.42 亿 m³、41.47 亿 m³、40.61 亿 m³、39.57 亿 m³、38.49 亿 m³、37.73 亿 m³，与现状基准方案相比，引黄取水量分别减少了 0.98 亿 m³、1.93 亿 m³、2.79 亿 m³、3.83 亿 m³、4.91 亿 m³、5.67 亿 m³，见表 3-13。

表 3-13　不同综合节水方案下年均引黄取水量　　（单位：亿 m³）

方案	引黄水量	取水节水量
基准	43.40	0
Z1	42.42	-0.98
Z2	41.47	-1.93
Z3	40.61	-2.79

续表

方案	引黄水量	取水节水量
Z4	39.57	-3.83
Z5	38.49	-4.91
Z6	37.73	-5.67

注：基准方案引水量不包括总干渠输水损失量。

(3) 引黄耗水节水量

随着灌区引黄水量的减少，消耗的引黄水量也同步锐减。基准方案年均引黄水量为43.40亿m^3，耗黄水量约为42.10亿m^3，消耗率达到97.0%，消耗比例非常高。相对于基准方案，Z1～Z6方案耗黄水量依次减少0.97亿m^3、1.85亿m^3、2.66亿m^3、3.43亿m^3、4.04亿m^3、4.62亿m^3，虽然引黄水量和耗黄水量均大幅减少，但耗水率却逐步增加，分别达到97.0%、97.1%、97.1%、97.7%、98.9%、99.3%，见表3-14。

表3-14　综合节水对引黄消耗量的影响

方案	耗黄水量/亿m^3	变化量/亿m^3	引黄消耗率/%
基准	42.10	0	97.0
Z1	41.13	-0.97	97.0
Z2	40.25	-1.85	97.1
Z3	39.44	-2.66	97.1
Z4	38.67	-3.43	97.7
Z5	38.06	-4.04	98.9
Z6	37.48	-4.62	99.3

(4) 地下水埋深变化

地下水埋深涉及地下水、土壤、植被、水盐之间的动态平衡，是反映灌区生态系统稳定的综合指标。特别是在西北干旱半干旱地区，植被的分布、长势和演替变化主要受到地下水埋深的控制，与地下水埋深表现出明显的相关性。河套灌区浅层地下水的补给主要依赖引黄灌溉，随着渠系水利用系数的提高，渠系渗漏水量逐渐减少，加之田间节水措施，入渗补给地下水量会显著减少，从而影响灌区地下水埋深的时空分布情况，并带来相应的生态环境效应。

在渠系水利用系数和田间用水效率同步提升的情况下，随着灌溉制度优化强度的提升，灌区农田灌溉水量逐步减少，引黄水量不断降低，Z1～Z6方案下的灌区年均地下水埋深较基准年依次增加0.26m、0.33m、0.40m、0.44m、0.49m、0.55m。枯水期（3月）地下水埋深自2.43m开始依次下降0.19m、0.24m、0.29m、0.31m、0.35m、0.40m，丰水期（11月）地下水埋深自1.62m开始依次下降0.32m、0.41m、0.49m、0.53m、0.60m、0.67m，节水对灌区丰水期的地下水埋深影响更大，见表3-15。

表 3-15　各方案下灌区平均地下水埋深变化　　（单位：m）

方案	地下水埋深					变化量				
	全年	3 月	6 月	9 月	11 月	全年	3 月	6 月	9 月	11 月
基准	2.06	2.43	1.73	2.23	1.62	0	0	0	0	0
Z1	2.32	2.62	2.05	2.52	1.94	0.26	0.19	0.32	0.29	0.32
Z2	2.39	2.67	2.14	2.59	2.03	0.33	0.24	0.41	0.36	0.41
Z3	2.46	2.72	2.22	2.65	2.11	0.40	0.29	0.49	0.42	0.49
Z4	2.50	2.74	2.28	2.70	2.15	0.44	0.31	0.55	0.47	0.53
Z5	2.55	2.78	2.35	2.75	2.22	0.49	0.35	0.62	0.52	0.60
Z6	2.61	2.83	2.42	2.81	2.29	0.55	0.40	0.69	0.58	0.67

从地下水埋深时空分布来看，随着节水强度的加大，浅地下水埋深分区面积较基准年不断减小，高地下水埋深分区面积不断增大，以 6 月为例，磴口县北部、临河—杭锦后旗城区周边、五原县东部与南部、乌拉特前旗三湖河灌域等区域的地下水埋深明显加大，尤其是小于 1.0m 的区域面积减少最为显著，Z1 方案小于 1.0m 的区域面积减小了 1708km^2，减幅 14.5%，而 Z6 方案减幅更大，小于 1.0m 的区域面积减小了 3275km^2，减幅 27.8%；尽管 4～6 月已经开始大面积的春灌，埋深大于 1.5m 的区域面积仍然较基准年大幅增加，Z6 方案大于 1.5m 的区域面积增加了 3047km^2，增幅达 25.9%，其中 1.5～2.0m 区间增幅最大，面积增加了 1463km^2，增幅达 12.4%，说明随着渠系水利用系数的提高，原来埋深低于 1.0m 的区域地下水位下降，较大一部分转变成埋深在 1.5～2.0m 的区域，对区域生态的影响更加显著。

(5) 湖泊湿地变化

1）灌区内湖泊湿地。同基准方案相比，Z1～Z6 方案下灌区内湖泊湿地补水量分别减少 0.43 亿 m^3、0.60 亿 m^3、0.74 亿 m^3、0.89 亿 m^3、0.97 亿 m^3、1.05 亿 m^3，对应的湖泊湿地面积萎缩了 10%、14%、17%、21%、24%、26%，见表 3-16。

表 3-16　渠系节水对灌区湖泊湿地的影响

方案	补给湖泊湿地水量/亿 m^3	变化量/亿 m^3	面积变化百分比/%
基准	3.80	0	0
Z1	3.37	-0.43	-10
Z2	3.20	-0.60	-14
Z3	3.06	-0.74	-17
Z4	2.91	-0.89	-21

续表

方案	补给湖泊湿地水量/亿 m^3	变化量/亿 m^3	面积变化百分比/%
Z5	2.83	-0.97	-24
Z6	2.75	-1.05	-26

2）乌梁素海。同基准方案相比，Z1～Z6 方案下灌区入乌水量呈不断减少的趋势，分别减少 0.36 亿 m^3、0.53 亿 m^3、0.68 亿 m^3、0.83 亿 m^3、0.92 亿 m^3、1.01 亿 m^3，乌梁素海经西山嘴断面的排黄水量也随着入乌水量的减少而不断减少，乌梁素海水量及水面面积总体保持平稳，变化不大（表 3-17）。

表 3-17　渠系节水对湖泊湿地的影响　（单位：亿 m^3）

方案	排入乌梁素海		排黄水量
	入乌水量	入乌变化量	
基准	5.08	0	1.59
Z1	4.72	-0.36	1.23
Z2	4.55	-0.53	1.05
Z3	4.40	-0.68	0.91
Z4	4.25	-0.83	0.75
Z5	4.16	-0.92	0.67
Z6	4.07	-1.01	0.58

（6）灌区综合节水潜力

从节水对陆面生态、湖泊湿地、水盐平衡的影响，对比分析各方案结果。方案 Z1 和 Z2 在陆面生态、湖泊湿地及水盐平衡方面的影响都显著在可控范围内，经济社会层面也比较容易实现，但是从未来发展潜力着眼，一是与灌区总体发展目标存在较大的差距，二是经济上尚有潜力可挖，三是生态环境健康层面还没有达到临界阈值，因此需要在此基础上进一步加大节水力度。方案 Z5 和 Z6 对农田生态和自然生态均造成较大的负面影响，且资金投入过高，经济上欠合理。方案 Z3 和 Z4 的差别在于田间措施的强弱，两个方案情景可能产生影响也较为接近，根据陆面生态及湖泊湿地的响应阈值，方案 Z4 的影响虽然略大一些，但仍在可承受范围内，且资金投入适中，经济上也较为合理。因此，方案 Z4 认为是更加可行的综合调控方案。

根据方案 Z4 的分析结果，与基准方案相比较，河套灌区的取水节水潜力约为 3.83 亿 m^3，耗黄节水潜力约为 3.43 亿 m^3。

3.4 宁夏引黄灌溉绿洲节水潜力模拟分析

3.4.1 综合节水方案集

基于灌区自然与社会经济条件，综合考虑节水规划、粮食安全、节水投资等多种因素，将渠道衬砌、田间高效节水、种植结构调整、冬灌优化制度、激光平地措施、地下水压采置换治理等措施进行组合搭配，拟定引黄灌区节水综合方案集，见表 3-18。

表 3-18 灌区节水综合方案集

节水措施	具体内容	综合方案							
		基准 1				基准 2			
		Z1	Z2	Z3	Z4	Z5	Z6	Z7	Z8
基准引水条件	基准 1：实施银川都市圈供水工程，置换地下水 2.46 亿 m^3，引黄水量 50.83 亿 m^3	√	√	√	√				
	基准 2：实施银川都市圈供水工程，置换地下水 2.46 亿 m^3，引黄水量 53.46 亿 m^3					√	√	√	√
渠系衬砌	A1：渠系水利用系数 0.63	√	√	√				√	
	A2：渠系水利用系数 0.64								
	A3：渠系水利用系数 0.65				√	√	√		√
高效节水	B1：高效节水灌溉面积率 30%	√		√			√	√	
	B2：高效节水灌溉面积率 35%		√						
	B3：高效节水灌溉面积率 40%				√	√			√
激光平地	C1：激光平地面积 380 万亩	√	√	√	√	√	√	√	√
种植结构	D1：水稻种植 110 万亩，全部退减为玉米	√	√	√				√	
	D2：水稻种植 100 万亩，全部退减为玉米				√	√	√		
	D3：水稻种植 80 万亩，全部退减为玉米								√
冬灌优化	E1：冬灌定额 160m^3/亩，一年一灌			√			√	√	
	E2：冬灌定额 120m^3/亩，一年一灌								√

需要说明的是，基准方案取 2013 ~ 2016 年引黄灌区引水量平均值（50.83 亿 m^3），同时考虑银川都市圈供水工程规划利用引黄水置换当地地下水情况，设置两种基准情景：①情景 1——在基准引黄水量指标内进行地下水的置换，即全部引黄自流灌区引水总量 50.83 亿 m^3，其中包括置换地下水所需的引黄水量 2.63 亿 m^3（除置换地下水 2.46 亿 m^3 外，还包括输水损耗量，即实际引黄取水口的水量，下同）；②情景 2——在基准引黄水量指标外增加置换地下水所需的引黄水量 2.63 亿 m^3，即总引黄水量达到 53.46 亿 m^3。其他指标采用现状值。下面详细分析上述两种基准情景下采取不同节水措施的取水量、耗水量及地下水埋深变化。

3.4.2 灌溉绿洲节水潜力模拟分析

(1) 基准情景1——引黄水量为50.83亿 m³

在基准情景1条件下，考虑12种措施可能的组合情况，选取比较有代表性的4个节水方案进行详细的对比分析，其中Z1是低强度节水措施情景且冬灌维持现状，Z2是在Z1基础上的扩大高效节灌面积率，Z3则是在Z1基础上考虑冬灌优化措施，Z4是采用较高强度的渠系衬砌和高效节灌面积率措施，并考虑种植结构调整措施。其影响分析具体如下。

1）取水节水量。与基准情景1相比，低强度的Z1方案取水节水量4.72亿 m³，扩大高效节灌面积率后（Z2）取水节水量可增加至5.40亿 m³，进一步考虑冬灌优化措施（Z3），则可实现取水节水量6.85亿 m³，而渠道衬砌和高效节灌面积率均采取高强度措施时（Z4），取水节水量7.89亿 m³，如图3-26所示。

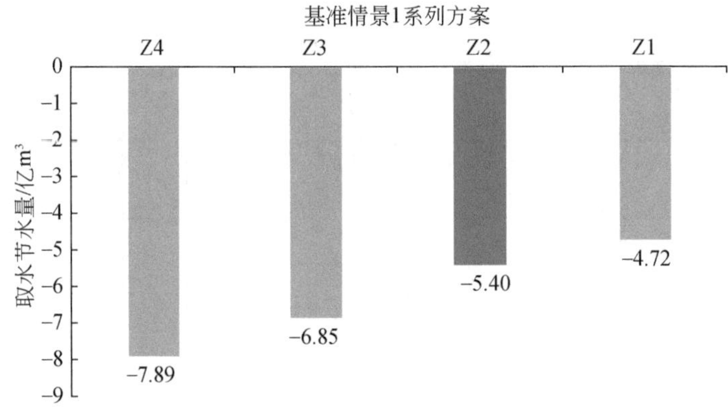

图3-26 基准情景1系列方案取水节水量对比

2）资源节水量。低强度的Z1和高强度的Z4方案分别实现资源节水量1.03亿 m³、2.18亿 m³，实施较高强度高效节灌措施的Z2方案实现资源节水量1.40亿 m³，显著高于增加冬灌措施的Z3方案（图3-27）。

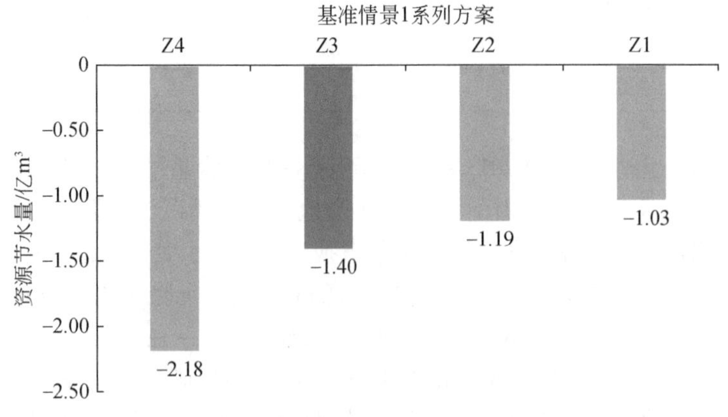

图3-27 基准情景1系列方案资源节水量对比

3）对地下水及生态影响。5 月是宁夏灌溉绿洲主要植被、作物生长的前期，其水分保障情况对后续植被生长状况影响显著，因此选择 5 月埋深变化作为调控参考依据，以实施节水后 5 月埋深不超过地下水生态水位阈值为标准选取合理的节水方案。根据对宁夏灌溉绿洲代表性植被地下水生态水位阈值的分析结果，生长季前期或生长季地下水埋深应当控制在 2.5m 以下，此时生态影响程度较小，整体维持健康稳定状态；超过 2.5m 阈值则生态稳定性显著降低、生态风险加剧。从地下水埋深变化及其生态水位阈值来看：基准情景 1 条件下，Z4、Z3 方案均超过埋深阈值，分别达到 2.61m、2.57m，Z2、Z1 方案埋深在阈值范围内，如图 3-28 和图 3-29 所示。

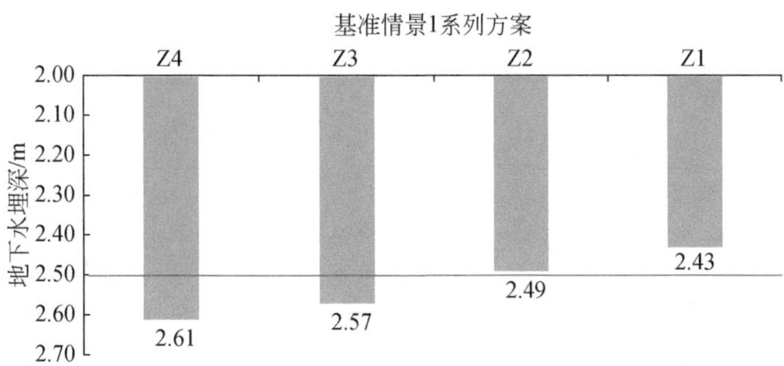

图 3-28　基准情景 1 系列方案 5 月地下水埋深对比

（2）基准情景 2——引黄水量为 53.46 亿 m^3

在基准情景 2 条件下，同样考虑多种可能的组合情况，选取比较有代表性的 4 个节水方案进行详细对比分析，其中 Z5 为基准情景 2 下的 Z4 措施情景，Z7 为基准情景 2 下的 Z3 措施情景，Z6 则是高渠道衬砌、低高效节灌措施、中低程度种植结构与冬灌优化措施的组合，Z8 是各项措施的高强度组合。其影响具体分析如下。

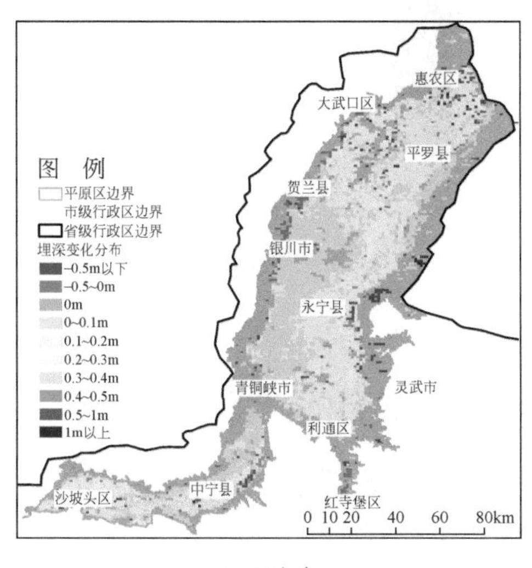

(a) Z1方案

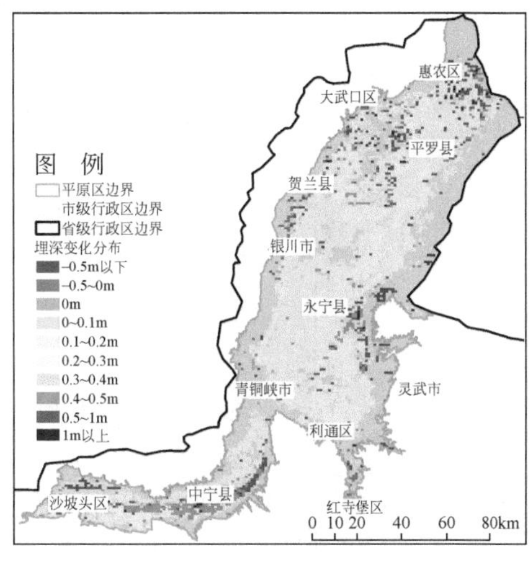

(b) Z2方案

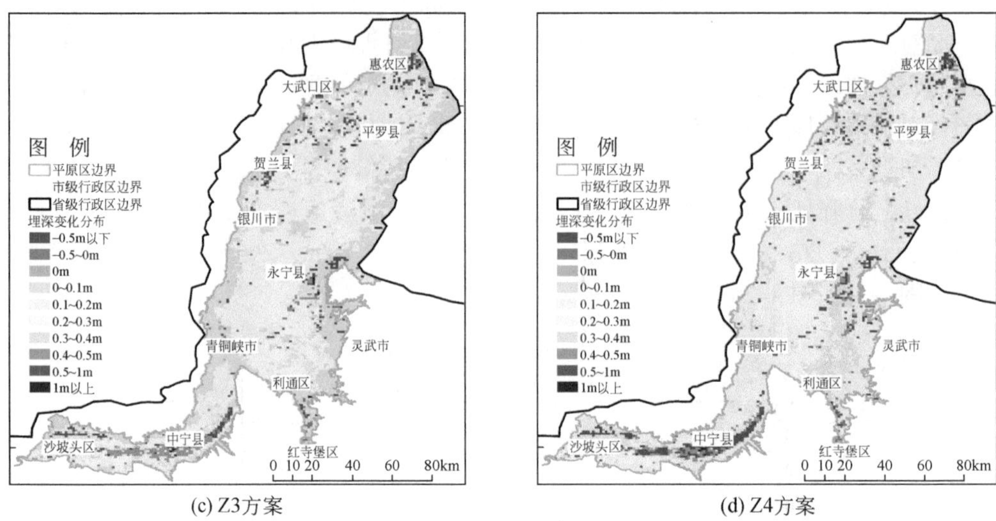

(c) Z3方案　　(d) Z4方案

图 3-29　基准情景 1 系列方案 5 月不同节水条件下地下水埋深空间变幅

1）取水节水量。与基准情景 2 相比，低强度的 Z7 方案取水节水 6.85 亿 m^3，最大强度的 Z8 方案取水节水 12.92 亿 m^3；Z5 方案表示不采用冬灌优化措施，渠系和田间则均采用高强度措施，可实现取水节水 7.89 亿 m^3；Z6 方案表示采取高渠系节水措施，以及低田间高效节灌措施，取水节水可达到 8.7 亿 m^3，如图 3-30 所示。

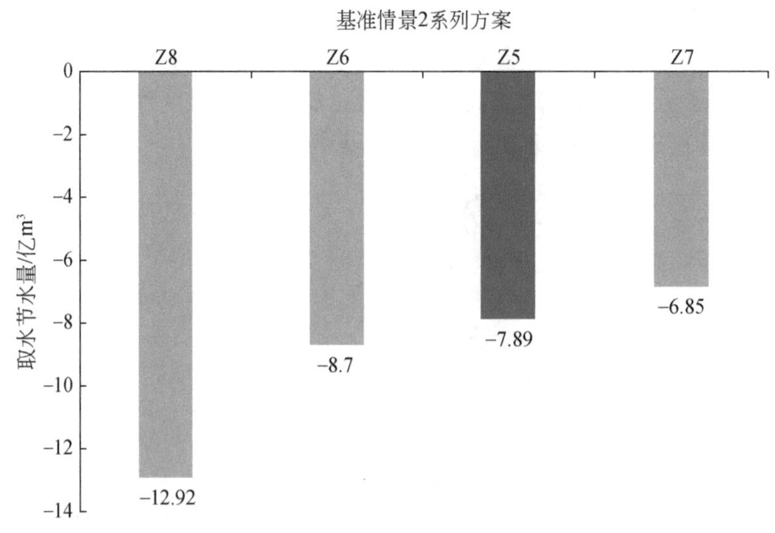

图 3-30　基准情景 2 系列方案取水节水量对比

2）资源节水量。在基准情景 2 条件下，与 Z4 方案同措施的 Z5 方案可实现资源节水量 2.12 亿 m^3，低强度的 Z7 方案和高强度的 Z8 方案分别实现资源节水量 1.14 亿 m^3、2.83 亿 m^3，如图 3-31 所示。

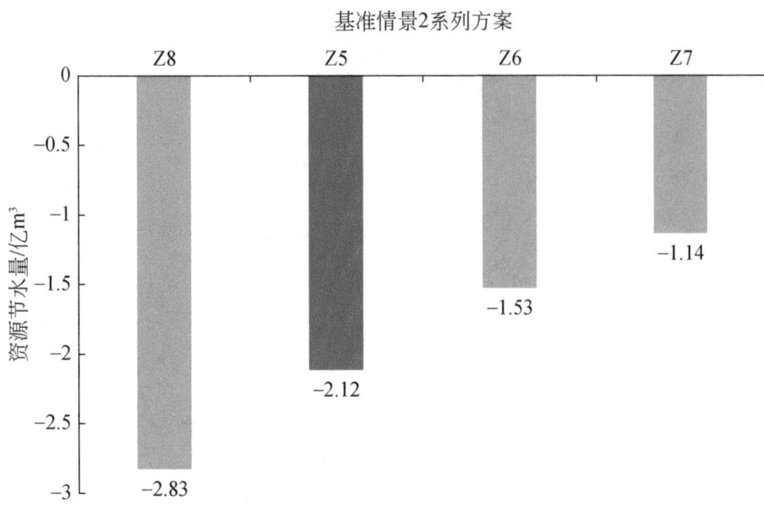

图 3-31　基准情景 2 系列方案资源节水量对比

3）对地下水及生态影响。从地下水埋深变化及其生态健康阈值来看，Z8 方案地下水埋深最大，5 月平均埋深达到 2. 65m；低强度的 Z7 方案埋深最小，埋深值为 2. 40m；Z5 和 Z7 方案的地下水埋深在水位阈值内，如图 3-32 和图 3-33 所示。

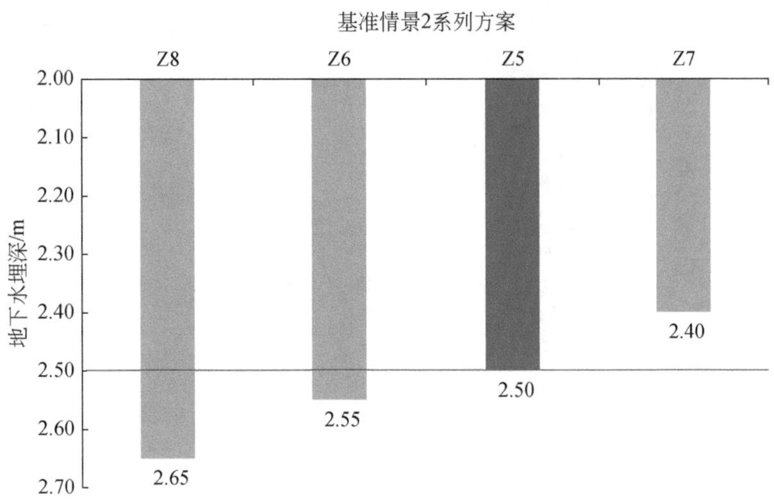

图 3-32　基准情景 2 系列方案 5 月地下水埋深对比

综上所述，宁夏引黄灌溉绿洲的节水量依赖于引黄水量基准和措施强度，但受到生态水位阈值约束显著。①在基准情景 1 引黄水量控制在 50. 83 亿 m^3 条件下，以及满足地下水生态水位阈值要求前提下，取水节水量达到 5. 40 亿 m^3，资源节水量达到 1. 40 亿 m^3，资源节水占取水节水的比例达到 25. 9%，可作为该基准情景下的推荐节水方案。②在基准情景 2 引黄水量控制在 53. 36 亿 m^3 条件下，以及满足地下水生态水位阈值要求前提下，取水节水量达到 7. 89 亿 m^3，资源节水量达到 2. 12 亿 m^3，资源节水占取水节水的比例达到 26. 9%，可作为该基准情景下的推荐节水方案。

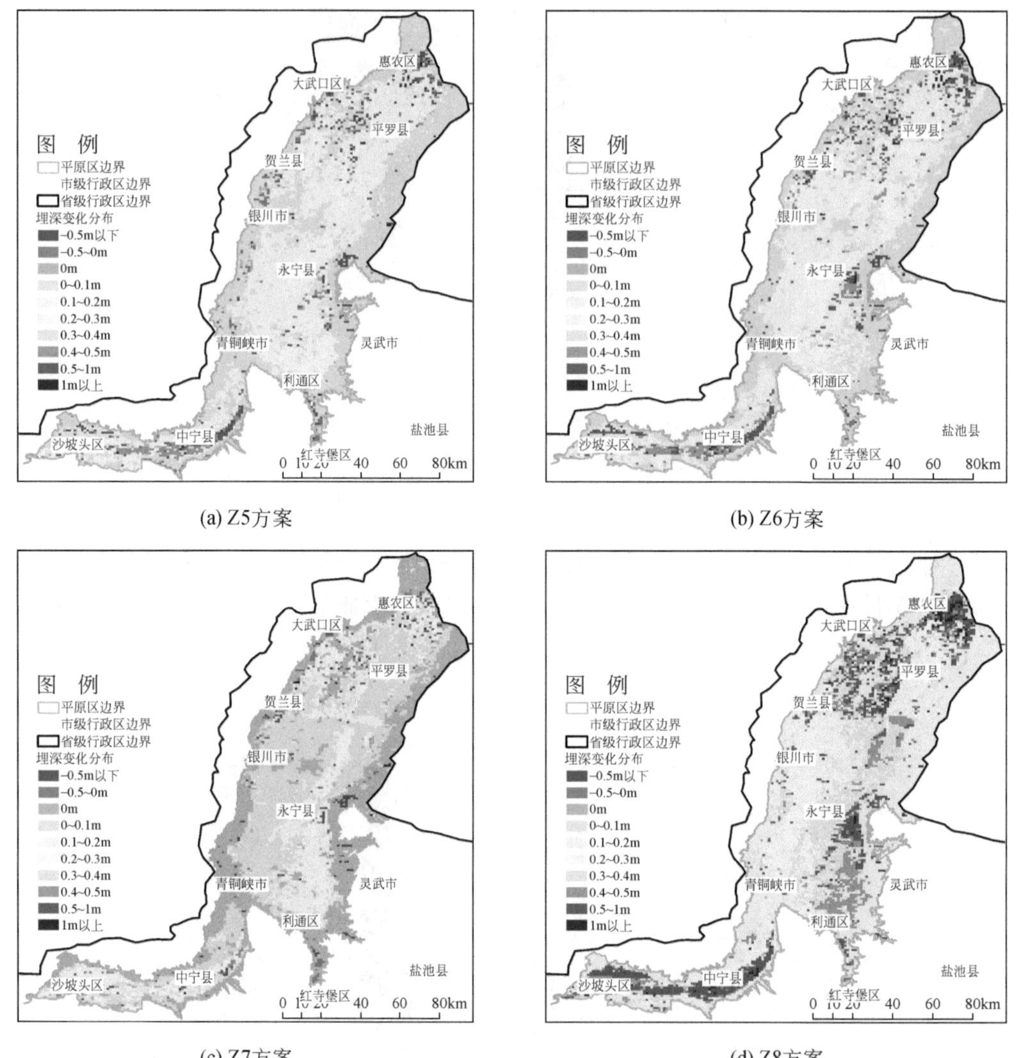

(a) Z5方案　(b) Z6方案

(c) Z7方案　(d) Z8方案

图 3-33　基准情景 2 系列方案 5 月不同节水条件下地下水埋深空间变化

第 4 章　黄河流域极限节水潜力

极限节水潜力来自极限节水措施，通过采取最大可能的措施，评估黄河流域极限取用节水潜力和资源节水潜力。在不考虑压缩经济社会规模的前提下，黄河流域内取用节水潜力约为44.5 亿 m^3，资源节水潜力约为25.4 亿 m^3。农业方面通过种植结构调整、灌溉面积压减以及最大程度实施渠系衬砌和高效节水灌溉，实现资源节水潜力约为22.6 亿 m^3；工业方面最大可能提高工业用水重复利用率和降低供水管网漏损率，实现资源节水潜力约为2.2 亿 m^3；城镇生活方面最大可能降低供水管网漏损率，实现资源节水潜力约为0.6 亿 $m^3$①。

4.1　极限节水潜力内涵

极限节水潜力指在维持生活良好、生产稳定和生态健康的前提下，基于可预知的技术水平，通过挖掘工程和非工程节水措施的极限潜力，在同等用户规模下未来预期水资源需求比现状用水最大可能减少的量。评估范围主要针对现状农业、工业、生活等存量用水户，不包括新增取用水户；节水措施选择重点考量未来可实现的技术水平，同时兼顾措施的经济性；节水措施不能影响生活、生产和生态正常状态；节水潜力分取用节水量和资源节水量，重点关注资源节水量。

资源节水潜力是从区域水资源系统整体出发，考虑水资源在系统中的消耗规律，通过各种可能节水措施所能够减少的耗水量，体现了区域真实的节水能力。资源节水潜力可以直接反映区域采取节水措施后能够减少的耗水资源量，减少的这部分耗水量可以作为区域新增水资源量被其他用水部门利用消耗。

评价区域资源节水潜力对认识区域所采取节水措施的节水效果、分析区域水资源总体开发潜力有重要作用，也是认识区域水资源承载能力的重要基础，并且对黄河流域来说，资源节水潜力与流域可供水量分配指标以及流域外调入水量是相对应的，具有等同的分析和比较基础。

4.2　农业极限节水潜力

4.2.1　节水措施

影响农业节水潜力的主要因素包括种植结构调整、技术措施以及工程措施。种植结构

① 本章基础数据主要基于黄河勘测规划设计研究院有限公司《黄河上中游地区及下游引黄灌区节水潜力深化研究》报告成果。

调整主要体现在降低高耗水作物占比，降低亩均灌溉定额；技术措施主要体现在依靠农业技术进步，采取生物、农艺以及研发痕量灌溉、微润灌溉等先进灌水技术，推广科学灌溉制度，提高灌溉水利用效率；工程措施主要体现在通过渠系衬砌提高渠系水利用系数，通过喷灌、微灌、低压管灌等高效节水灌溉措施提高田间水利用系数。农业节水潜力最终体现在通过种植结构调整和技术措施促进综合用水定额降低；通过工程措施提高渠系和田间水利用系数。

种植结构调整是促进节水的重要路径，可直接改变作物灌溉定额和灌水方式，从而影响区域综合灌溉定额，但种植结构调整与市场导向及农民意愿关系密切，在实际管理过程中需强化国家有关政策的调控和引导，使种植结构由高耗水作物逐步转向低耗水作物。技术措施主要是降低作物净需水量，根据现状年统计数据，流域内和下游引黄灌区农林牧实灌净定额分别为 190m^3/亩和 151m^3/亩，低于满足作物正常生长需求的 212m^3/亩和 167m^3/亩净灌溉定额需求，属于亏缺灌溉，实际净灌溉水量小于作物需水量，定额降低潜力较小，因此不再考虑技术措施对农业节水潜力的影响。另外，灌溉面积的压缩也是实现节水的有效方式，可直接降低取用水量。本研究的重点是分析种植结构调整、灌溉面积减少和工程措施叠加的极限节水潜力。

根据黄河勘测规划设计研究院有限公司《黄河上中游地区及下游引黄灌区节水潜力深化研究》报告，目前黄河流域粮食作物和经济作物占比分别为 67% 和 33%，规划经济作物逐步提高到 59%，同时宁夏水稻面积由现状 120 万亩压减至 100 万亩。对灌溉面积进行适度压缩，较现状减少 5%，总量减少约 568 万亩。黄河流域内和下游引黄灌区灌溉现状节灌率分别为 62.0% 和 37.8%，高效节灌率分别为 29.0% 和 18.4%，对应农田灌溉水有效利用系数分别为 0.54 和 0.51。在工程可达、管理可控、经济可行的前提下，最大程度实施渠系衬砌和高效节水灌溉，挖掘渠系和田间输水效率。根据各省（自治区）现状种植结构状况，考虑高效节水灌溉措施的适应性，经济作物全部实施高效节水灌溉，大田作物适应性发展高效节水灌溉，流域内和下游引黄灌区未来高效节灌率最高将达到 40.7% 和 35.2%，全流域节水灌溉率达到 100%，见表 4-1。

表 4-1 黄河流域内及下游引黄灌区节灌率

分区		现状年				规划年			
		渠道防渗/万亩	高效节灌面积/万亩	高效节灌率/%	节灌率/%	渠道防渗/万亩	高效节灌面积/万亩	高效节灌率/%	节灌率/%
流域内	青海	119	30	11.7	58.0	191	66	25.7	100
	甘肃	450	102	13.1	71.0	550	229	29.4	100
	宁夏	385	263	29.0	71.4	472	435	48.0	100
	内蒙古	1083	670	29.2	76.4	1359	937	40.8	100
	陕西	588	391	21.6	54.1	1251	562	31.0	100
	山西	208	643	41.6	55.0	637	910	58.8	100

续表

分区		现状年				规划年			
		渠道防渗/万亩	高效节灌面积/万亩	高效节灌率/%	节灌率/%	渠道防渗/万亩	高效节灌面积/万亩	高效节灌率/%	节灌率/%
流域内	河南	195	363	29.6	45.6	835	388	31.7	100
	山东	53	245	47.2	57.4	247	272	52.4	100
	小计	3081	2707	29.0	62.0	5542	3799	40.7	100
下游引黄灌区	河南	43	107	15.0	21.0	402	312	43.6	100
	山东	617	520	19.3	42.3	1804	887	33.0	100
	小计	660	627	18.4	37.8	2206	1999	35.2	100

4.2.2 节水潜力

(1) 取用节水潜力

结合种植结构调整方案，考虑增加经济作物播种面积，分析现状年种植结构调整后灌溉定额；同时通过工程节水措施，提高灌溉水有效利用系数，对应现状年实灌面积，计算对应现状年实灌面积灌溉用水量直接减少的数量，即种植结构调整后对应取用节水潜力。

$$\Delta W_{农} = A_0 \cdot \left(\frac{I_{农净0}}{\eta_0} - \frac{I_{农净1}}{\eta_1}\right) \tag{4-1}$$

式中，$\Delta W_{农}$ 为农业取用节水潜力（亿 m^3）；$I_{农净0}$ 为各分区现状年实际净灌溉定额（m^3/亩）；$I_{农净1}$ 为考虑种植结构调整后灌溉定额（m^3/亩）；A_0 为各分区现状年实灌面积（万亩）；η_0、η_1 为各分区现状年、未来水平年灌溉水有效利用系数。

其中田间节水潜力和渠系节水潜力计算公式分别为

$$\Delta W_{田间} = A_0 \cdot I_{农净0}\left(\frac{1}{\eta_{田0}} - \frac{1}{\eta_{田1}}\right) \tag{4-2}$$

$$\Delta W_{渠系} = \Delta W_{农} - \Delta W_{田间} \tag{4-3}$$

式中，$\Delta W_{田间}$ 为田间节水潜力（亿 m^3）；$\Delta W_{渠系}$ 为渠系节水潜力（亿 m^3）；$\eta_{田0}$、$\eta_{田1}$ 为各分区现状年、规划水平年田间水利用系数，其他符号同前。

在最高潜在高效节灌率模式下，流域内和下游引黄灌区灌溉水有效利用系数分别可提高到 0.61 和 0.57，计算得出黄河流域农业取用节水量为 59.74 亿 m^3，其中流域内取用节水量为 44.50 亿 m^3，下游引黄灌区取用节水量为 15.24 亿 m^3。从水源节水分析，地表水和地下水取用节水量分别为 46.25 亿 m^3 和 13.49 亿 m^3。其中流域内地表水和地下水取用节水量分别为 35.15 亿 m^3 和 9.35 亿 m^3，下游引黄灌区分别为 11.10 亿 m^3 和 4.14 亿 m^3。从输水和用水过程分析，渠系和田间节水量分别为 37.01 亿 m^3 和 22.73 亿 m^3。其中流域内渠系和田间节水量分别为 28.00 亿 m^3 和 16.50 亿 m^3，下游引黄灌区分别为 9.01 亿 m^3

和6.23亿m³，见表4-2和图4-1。

表4-2　黄河流域及下游引黄灌区农业灌溉取用节水潜力

分区		灌溉面积/万亩	净定额/(m³/亩)	灌溉水有效利用系数		取用节水量/亿m³				
				现状	节水	水源		环节		小计
						地表水	地下水	渠系	田间	
流域内	青海	206.2	270.5	0.55	0.63	1.87	0.04	0.90	1.01	1.91
	甘肃	586.4	227.2	0.56	0.63	3.54	0.34	1.62	2.26	3.88
	宁夏	826.2	344.5	0.51	0.57	8.42	0.08	4.57	3.93	8.50
	内蒙古	1 993.3	188.4	0.48	0.56	11.59	3.18	10.59	4.18	14.77
	陕西	1 430.7	143.0	0.57	0.63	3.90	1.60	4.01	1.49	5.50
	山西	1 248.3	146.3	0.60	0.67	2.48	2.10	3.35	1.23	4.58
	河南	1 005.1	146.0	0.56	0.61	2.19	1.34	1.77	1.76	3.53
	山东	455.1	181.3	0.62	0.68	1.16	0.67	1.19	0.64	1.83
	小计	7 751.3	189.7	0.54	0.61	35.15	9.35	28.00	16.50	44.50
下游引黄灌区	河南	623.4	141.1	0.50	0.58	2.16	1.07	1.63	1.60	3.23
	山东	2 414.1	153.7	0.51	0.57	8.94	3.07	7.38	4.63	12.01
	小计	3 037.5	151.1	0.51	0.57	11.10	4.14	9.01	6.23	15.24
黄河流域		10 788.8	178.4	0.51	0.60	46.25	13.49	37.01	22.73	59.74

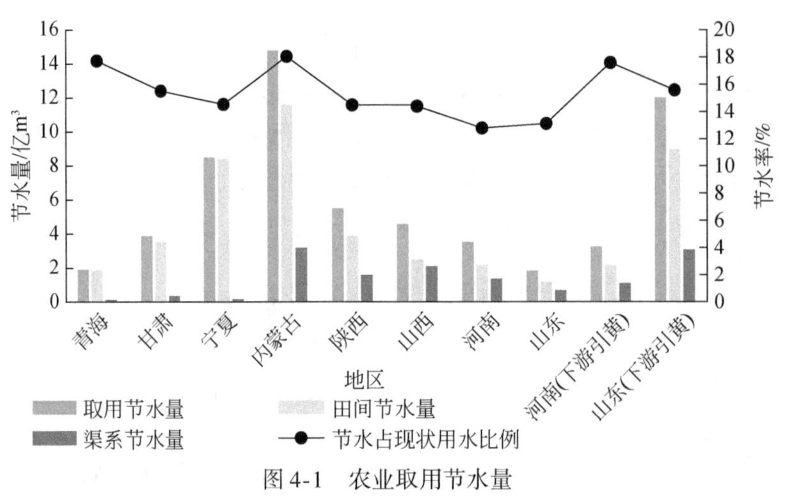

图4-1　农业取用节水量

（2）资源节水潜力

农田灌溉兼有维持周边生态环境的功能，尤其是渠系输水阶段。渠系输水损失去向主要分为四类，一是水面蒸发量；二是补充包气带的土壤水并最终形成的潜水无效蒸发；三是补给地下水被重新利用；四是滋养周边植被起到生态补水作用。第三项是水循环的重要环节，第四项是灌溉绿洲生态健康的重要补给，因此从区域宏观角度来讲，渠系漏损水量中第三项和第四项属于有效用水。田间灌溉用水去向主要分三类，一是满足作物生长用水需求，二是补给地下水被重新利用，三是通过作物棵间蒸发形成无效蒸发。田间节水重点是减少棵间无效蒸发。资源节水潜力就是采取节水措施后灌区无效用水的减少量，包括渠系输水过程中的水面蒸发量、潜水无效蒸发量以及田间无效蒸发。

根据资源节水潜力的概念，农业灌溉资源节水潜力分析需在掌握灌区水面蒸发、潜水蒸发和作物蒸散发等各环节耗水机制的基础上，计算采取节水措施后灌区无效用水的减少量，包括渠系输水过程中的水面蒸发量、潜水无效蒸发量以及田间无效蒸发。计算公式为

$$\Delta W_{农净}=\Delta W_{渠系}\cdot\alpha_{水面蒸发}+\Delta W_{渠系}\cdot\alpha_{潜水蒸发}+\Delta W_{田间}\cdot\alpha_{棵间蒸发} \tag{4-4}$$

式中，$\Delta W_{农净}$为资源节水潜力（亿 m^3）；$\alpha_{水面蒸发}$为渠系输水过程水面蒸发损失系数；$\alpha_{潜水蒸发}$为渠系输水过程潜水无效蒸发系数；$\alpha_{棵间蒸发}$为作物棵间蒸发占田间用水量的比例。

根据相关实验成果，在渠系输水过程漏损水中，水面蒸发约占 10%，潜水蒸发约占 12%，补充地下水约占 65%，补给河道周边生态约占 13%，其中水面蒸发和潜水蒸发的节水为有效节水，田间节水量都视为有效节水，则黄河流域资源节水量为 37.89 亿 m^3，其中流域内资源节水量为 22.65 亿 m^3，占取用节水量的 59.8%，下游引黄灌区由于引水无法回归到黄河流域，资源节水量等于取用节水量，为 15.24 亿 m^3。黄河流域内，按水源分析，地表水和地下水资源节水量分别为 18.22 亿 m^3 和 4.43 亿 m^3；按供用水环节分析，田间无效蒸发节水 16.49 亿 m^3，渠系水面蒸发节水 2.81 亿 m^3，渠系潜水蒸发节水 3.35 亿 m^3，见表 4-3 和图 4-2。

表 4-3　黄河流域及下游引黄灌区农业资源节水潜力　（单位：亿 m^3）

分区		水源		环节			资源节水量
		地表水	地下水	田间（无效蒸发）	渠系（水面蒸发）	渠系（潜水蒸发）	
流域内	青海	1.18	0.02	1.01	0.09	0.10	1.20
	甘肃	2.39	0.23	2.26	0.16	0.20	2.62
	宁夏	4.89	0.04	3.92	0.46	0.55	4.93
	内蒙古	5.11	1.40	4.18	1.06	1.27	6.51
	陕西	1.68	0.69	1.49	0.40	0.48	2.37
	山西	1.07	0.90	1.23	0.34	0.40	1.97
	河南	1.33	0.82	1.76	0.18	0.21	2.15
	山东	0.57	0.33	0.64	0.12	0.14	0.90
	小计	18.22	4.43	16.49	2.81	3.35	22.65
下游引黄灌区	河南	2.16	1.07	1.60	0.16	1.47	3.23
	山东	8.94	3.07	4.63	0.74	6.64	12.01
	小计	11.10	4.14	6.23	0.90	8.11	15.24
黄河流域		29.32	8.57	22.72	3.71	11.46	37.89

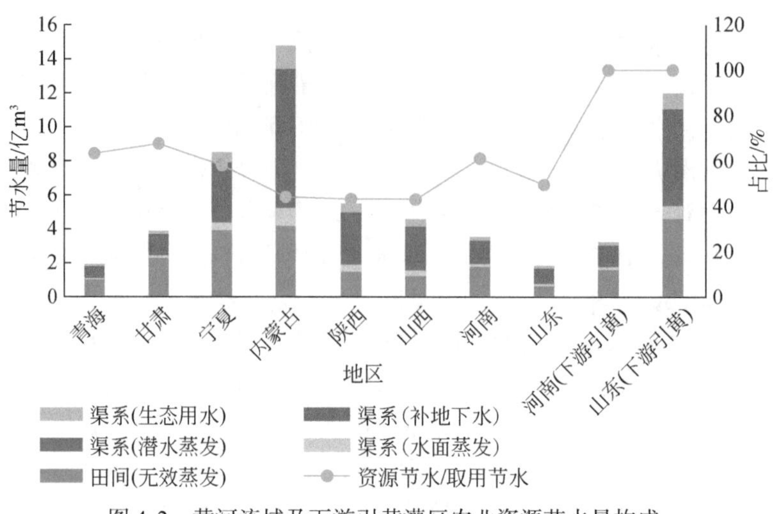

图 4-2 黄河流域及下游引黄灌区农业资源节水量构成

4.3 工业节水潜力

4.3.1 节水措施

影响工业节水潜力的主要因素包括产业结构调整、技术节水措施、工程节水措施、管理节水措施等。产业结构调整主要体现在通过合理调整工业布局和工业结构，限制高耗水项目、淘汰高耗水工艺和高耗水设备，形成“低投入、低消耗、低排放、高效率”的节约型增长方式，降低用水定额；技术节水措施主要体现在通过研制应用节水技术开发和节水设备、器具，推广先进节水技术和节水工艺，提高工业用水重复利用率，降低新水取用量；工程节水措施主要体现在强化输配水环节改造，降低供水管网漏损率，提高输水效率；管理节水措施主要体现在加强用水定额管理，逐步建立行业用水定额参照体系，强化企业计划用水，建立三级计量体系，开展达标考核工作，提高企业用水和节水管理水平。工业节水潜力最终体现在通过产业结构调整管理措施促进综合用水定额的降低；通过工程节水措施降低供水管网漏损率；通过技术节水措施提高用水重复利用率。由于产业结构调整涉及地区总体规划，难以量化对综合定额的影响，本研究不考虑该因素。

本研究工业节水潜力最终体现在供水管网漏损率和工业用水重复利用率两方面。根据工业各行业协会提供的数据资料，目前钢铁、石化、化工等行业工业用水重复利用率的国际先进值已经达到93%以上，纺织、皮革、造纸等行业由于生产工艺及水质要求，重复利用率相对较低，纺织染整仅为40%左右，见表4-4。综合考虑黄河流域内各省（自治区）产业结构状况，确定各省（自治区）工业用水重复利用率可达到的极限水平，各省（自治区）介于85%~95%，见表4-5。工业供水管网漏损率与管网年限、材质、管理水平有关，综合考虑各省（自治区）现状工业供水管网漏损状况，在考虑经济合理的状况下，各省（自治区）工业供水管网漏损率极限值介于8.0%~9.5%，见表4-5。

表 4-4　典型行业用水重复利用率

序号	行业	先进值
1	钢铁	98%
2	石化	93.8%
3	化工	93.3%
4	纺织	纺纱织造 85%
		纺织染整 40%
5	皮革	64%
6	造纸	纸浆 75%
		纸及纸板 90%

表 4-5　黄河流域工业节水潜力计算

地区	重复利用率/%		管网漏损率/%		重复利用率提高节水潜力/万 m^3	降低管网漏损率节水潜力/万 m^3	工业取用节水潜力/万 m^3
	现状	节水方案	现状	节水方案			
青海	50.1	85.0	15.3	9.5	0.40	0.05	0.45
四川	72.3	88.0	13.3	9.5	0.01	0.00	0.01
甘肃	94.3	95.0	8.2	8.0	0.04	0.01	0.05
宁夏	93.2	95.0	10.1	8.5	0.08	0.05	0.13
内蒙古	88.0	93.0	15.9	9.5	0.80	0.35	1.15
陕西	89.4	95.0	13.1	9.5	1.39	0.33	1.72
山西	86.8	92.0	10.4	9.5	0.40	0.05	0.45
河南	94.2	95.0	16.6	9.5	0.16	0.57	0.73
山东	91.1	95.0	12.2	9.5	0.10	0.06	0.16
黄河流域	88.4	92.5	—	—	3.38	1.47	4.85

4.3.2　节水潜力

工业取用节水潜力为提高工业用水重复利用率的节水潜力和降低工业供水管网漏损的节水潜力之和，相应工业取用节水潜力计算如下：

$$\Delta W_{工} = \Delta W_{工1} + \Delta W_{工2} \tag{4-5}$$

$$\Delta W_{工1} = W_{工0} \cdot (r_1 - r_0) \tag{4-6}$$

$$\Delta W_{工2} = W_{工0} \cdot \delta \cdot (l_1 - l_0) \tag{4-7}$$

式中，$\Delta W_{工}$为工业取用节水量（亿 m^3）；$\Delta W_{工1}$为提高工业用水重复利用率节水量（亿

m^3)；$\Delta W_{工2}$为降低管网漏损率节水量（亿 m^3）；$W_{工0}$为现状年工业用水量；r_0、r_1 为现状、未来工业用水重复利用率（%）；δ 为工业用水量中公共供水管网供水量占比；l_0、l_1 分别为现状、未来工业供水管网漏损率（%）。

工业资源节水潜力计算公式为

$$\Delta W_{工净} = \Delta W_{工} \cdot \beta_{工} \tag{4-8}$$

式中，$\Delta W_{工净}$为工业资源节水量（亿 m^3）；$\beta_{工}$为工业综合耗水系数。

在预期的工业用水重复利用率和工业供水管网漏损率条件下，估算黄河流域工业最大可能取用节水潜力为 4.85 亿 m^3，其中由于提高工业用水重复利用率而产生的节水潜力为 3.38 亿 m^3，因管网漏损率降低而产生的节水潜力为 1.47 亿 m^3，见表 4-5。

工业资源节水潜力为在工业取用节水潜力的基础上乘以工业综合耗水系数。黄河流域各省（自治区）工业耗水率在 20.3%~63%，结合工业取用节水量及工业耗水率，计算得出黄河流域工业资源节水量 2.16 亿 m^3，其中地表水节水量 1.13 亿 m^3，地下水节水量 1.03 亿 m^3，如图 4-3 所示。

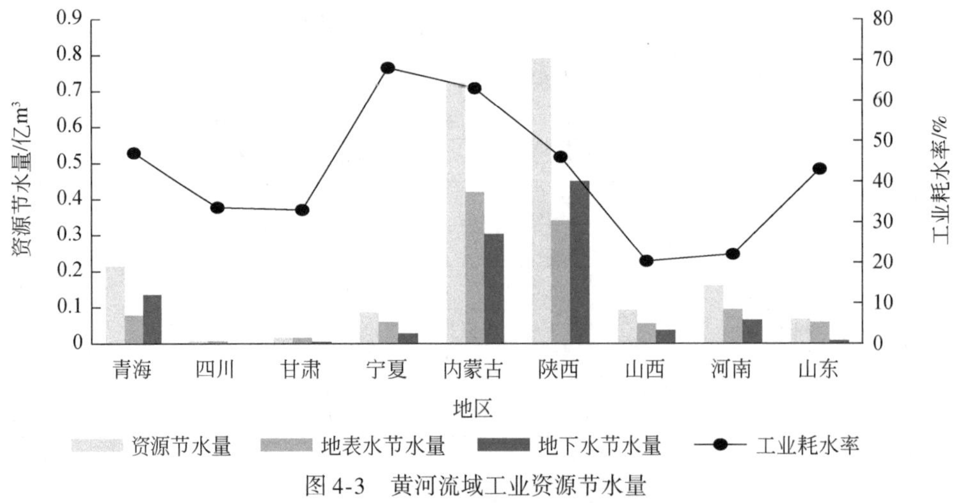

图 4-3　黄河流域工业资源节水量

4.4　生活节水潜力

4.4.1　节水措施

影响生活节水潜力的主要因素包括城镇化率变化、工程节水措施以及管理节水措施。城镇化率变化主要体现在随着城镇化水平的提升，农村人口向城镇转移，伴随生活水平提升，人均用水量增加，限制节水潜力提升。工程节水措施主要体现在通过城市供水管网改造，加大城市公共供水管网和居民室内供水管网改造力度，降低城市供水管网漏损率，提高输配水效率和供水效益；加大生活节水器具普及，在不降低居民生活标准的前提下，逐步淘汰更新现有不符合节水标准的用水器具。管理节水措施主要体现在加强用水计量管理，按照分户计量收费的要求，对生活用水计量设施进行分户改造，推广使用智能型水表。生活节水潜力最终体现为：在城镇化率变化、节水器具普及、管理节水措施的综合作用下，居民生活用水定额的变化；在工程节水措施下，供水管网漏损率的下降。随着城镇化水平的提高，未来居民生活用水定额将呈增长趋势，该问题将在缺水分析中考量，节水潜力分析不再考虑定额变化。

本研究中生活极限节水的核心是分析在城镇供水管网漏损率极限条件下可实现的生活节水量。城镇供水管网漏损率与管网年限、材质、管理水平有关，目前有研究认为，对于中型城市，在考虑投资经济性条件下，合理的漏损率水平为 8.5%，若进一步降低漏损率，则投入将显著增加；根据《全球主要城市供水管网漏损率调研结果汇编》成果，高收入国家供水管网漏损率普遍较低，中值介于 8%～12%；根据《城镇供水管网漏损控制及评定标准》，城镇供水管网基本漏损率分为两级，一级为 10%，二级为 12%。综合考虑各省（自治区）现状供水管网漏损状况、城镇化水平状况，在经济合理的状况下，各省（自治区）供水管网漏损率极限值介于 8.5%～10.0%，见表 4-6。

表 4-6　黄河流域城镇生活节水潜力

地区	城镇生活用水量/亿 m^3	供水管网漏损率/%		城镇生活节水潜力/亿 m^3
		现状	节水方案	
青海	1.78	15.8	10.0	0.10
四川	0.03	13.8	10.0	0.00
甘肃	4.57	8.7	8.5	0.01
宁夏	2.51	10.6	9.0	0.04
内蒙古	3.53	16.4	10.0	0.23
陕西	9.57	13.6	10.0	0.34
山西	6.85	10.9	10.0	0.06
河南	4.19	17.1	10.0	0.30
山东	2.04	12.7	10.0	0.06
合计	35.07	—	—	1.14

4.4.2 节水潜力

通过提高供水管网漏损率实现城镇生活节水，相应生活取用节水潜力计算方法如下：

$$\Delta W_{生} = W_{生} \cdot (l_1 - l_0) \tag{4-9}$$

式中，$\Delta W_{生}$为城镇生活取用节水量（亿 m^3）；$W_{生}$为现状城镇生活用水量（包括建筑业和第三产业)(亿 m^3);l_0、l_1 分别为现状、未来城镇供水管网漏损率(%)。

生活资源节水潜力计算公式为

$$\Delta W_{生净} = \Delta W_{生} \cdot \beta_{生} \quad (4\text{-}10)$$

式中,$\Delta W_{生净}$ 为生活资源节水量(亿 m^3);$\beta_{生}$ 为生活综合耗水系数。

在考虑城镇供水管网漏损率可达的极限状态下,估算黄河流域城镇生活取用节水潜力为 1.14 亿 m^3,其中陕西城镇生活节水潜力最大为 0.34 亿 m^3,其次是河南为 0.30 亿 m^3,第三位是内蒙古为 0.23 亿 m^3,见表 4-6。

生活资源节水潜力为在生活取用节水潜力的基础上乘以生活综合耗水系数。黄河流域各省(自治区)生活耗水率在 48%~67%,结合生活取用节水量及生活耗水率,计算得出黄河流域生活资源节水量为 0.63 亿 m^3,其中地表水节水量为 0.26 亿 m^3,地下水节水量为 0.37 亿 m^3,如图 4-4 所示。

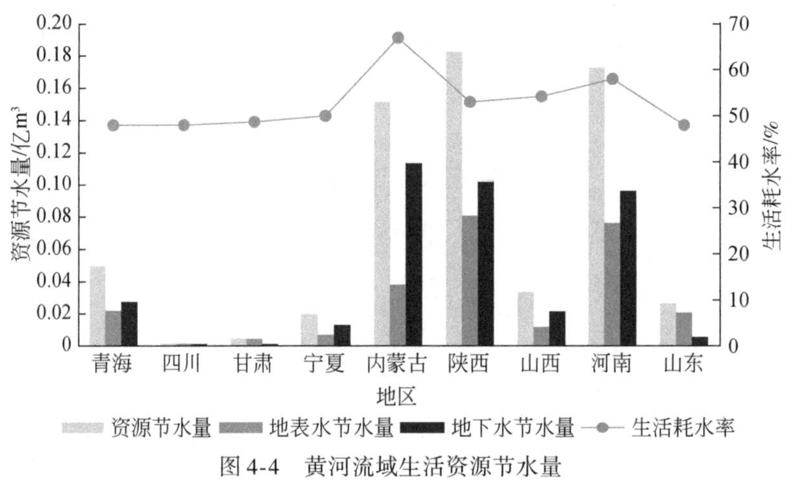

图 4-4 黄河流域生活资源节水量

4.5 综合节水潜力

本次分析黄河流域取用节水潜力为 65.73 亿 m^3,其中流域内取用节水潜力为 50.49 亿 m^3,下游引黄灌区取用节水潜力 15.24 亿 m^3。流域内取用节水潜力中,其中农业灌溉取用节水潜力为 44.50 亿 m^3,工业取用节水潜力为 4.85 亿 m^3,城镇生活取用节水潜力为 1.14 亿 m^3;下游引黄灌区农业取用节水潜力为 15.24 亿 m^3。黄河流域资源节水潜力为 40.68 亿 m^3,其中流域内资源节水潜力为 25.44 亿 m^3,下游引黄灌区资源节水潜力 15.24 亿 m^3。黄河流域内资源节水潜力中,其中农业灌溉资源节水潜力为 22.65 亿 m^3,工业资源节水潜力为 2.16 亿 m^3,城镇生活资源节水潜力为 0.63 亿 m^3;下游引黄灌区农业资源节水潜力为 15.24 亿 m^3,见表 4-7。

表 4-7　黄河流域综合节水潜力　　（单位：亿 m^3）

分区		取用节水潜力				资源节水潜力					
						按用户分			按水源分		小计
		农业	工业	生活	小计	农业	工业	生活	地表水	地下水	
流域内	青海	1.91	0.45	0.10	2.46	1.20	0.21	0.05	1.27	0.19	1.46
	四川	—	0.01	0.00	0.01	—	0.00	0.00	0.00	0.00	0.00
	甘肃	3.88	0.05	0.01	3.94	2.62	0.02	0.00	2.41	0.23	2.64
	宁夏	8.50	0.13	0.04	8.67	4.93	0.09	0.02	4.95	0.09	5.04
	内蒙古	14.77	1.15	0.23	16.15	6.51	0.72	0.15	5.56	1.82	7.38
	陕西	5.50	1.72	0.34	7.56	2.37	0.79	0.18	2.10	1.24	3.34
	山西	4.58	0.45	0.06	5.09	1.97	0.09	0.03	1.13	0.96	2.09
	河南	3.53	0.73	0.30	4.56	2.15	0.17	0.17	1.51	0.98	2.49
	山东	1.83	0.16	0.06	2.05	0.90	0.07	0.03	0.65	0.35	1.00
	小计	44.50	4.85	1.14	50.49	22.65	2.16	0.63	19.58	5.86	25.44
下游引黄灌区	河南	3.23	—	—	3.23	3.23	—	—	2.16	1.07	3.23
	山东	12.01	—	—	12.01	12.01	—	—	8.94	3.07	12.01
	小计	15.24	—	—	15.24	15.24	—	—	11.10	4.14	15.24
黄河流域		59.74	4.85	1.14	65.73	37.89	2.16	0.63	30.68	10.00	40.68

通过分析发现，黄河流域节水潜力主要在农业，流域内取用节水量 50.49 亿 m^3，其中农业占 88.1%，工业和生活分别占 9.6% 和 2.3%；流域内资源节水量 25.44 亿 m^3，其中农业占 89.0%，工业和生活分别占 8.5% 和 2.5%，如图 4-5 所示。从资源节水量水源结构来看，地表水节水量为 19.58 亿 m^3，占资源节水量的 77%，地下水节水量为 5.86 亿 m^3，

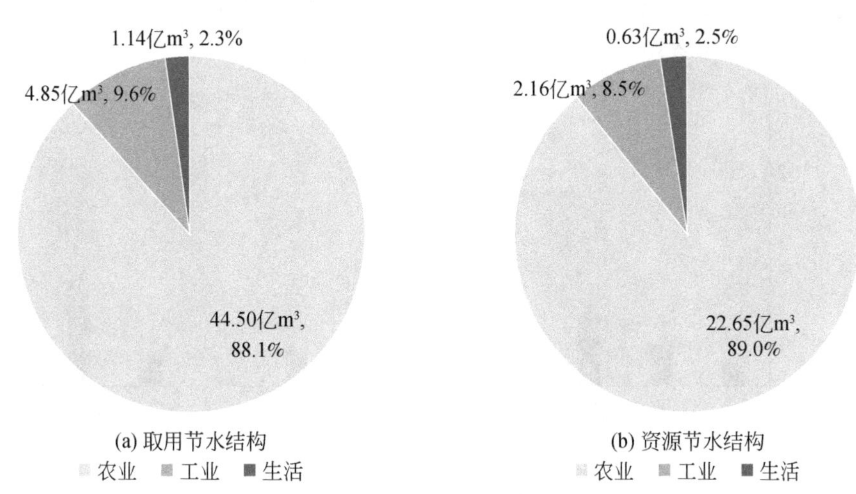

图 4-5　黄河流域内节水潜力结构

占资源节水量的23%，如图4-6所示。从资源节水量和取用节水量关系来看，流域内资源节水量占取用节水量的50.4%，农业、工业、生活资源节水量分别占各自取用节水量的50.9%、44.5%和55.3%。

下游引黄灌区全部为农业节水，由于引水无法回归到流域内，取用节水量全部视为资源节水量，为15.24亿m^3。

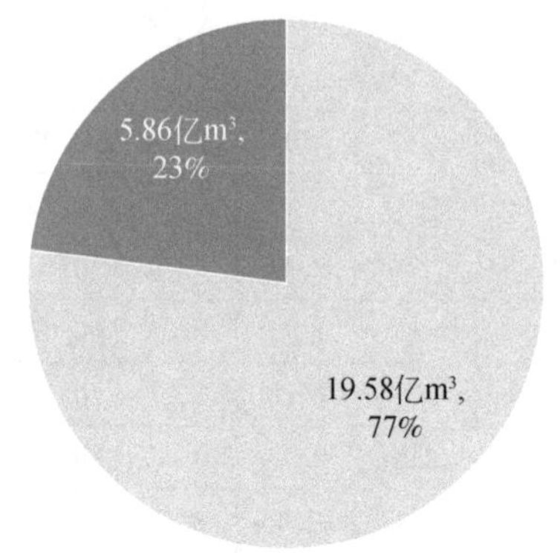

图4-6 黄河流域内资源节水潜力水源构成

农业节水主要体现在渠系和田间两大环节，以取用节水口径分析，流域内农业总节水量44.50亿m^3，其中田间节水和渠系节水分别占37.1%和62.9%；下游引黄灌区农业总节水量15.24亿m^3，其中田间节水和渠系节水分别占40.9%和59.1%，流域内和下游引黄灌区均为渠系节水潜力更大。在农业各节水环节中，渠系输水起到补充地下水和补给生态的作用，分别占渠系输水损失的65%和13%，属于有效用水，因此资源节水量包括渠系输水面蒸发和潜水蒸发节约量、田间节水量，流域内农业资源节水量22.65亿m^3，占农业取用节水量的50.9%，如图4-7所示。资源节水量中田间节水和渠系节水分别占72.8%和27.2%，田间节水占资源节水量的绝大部分。

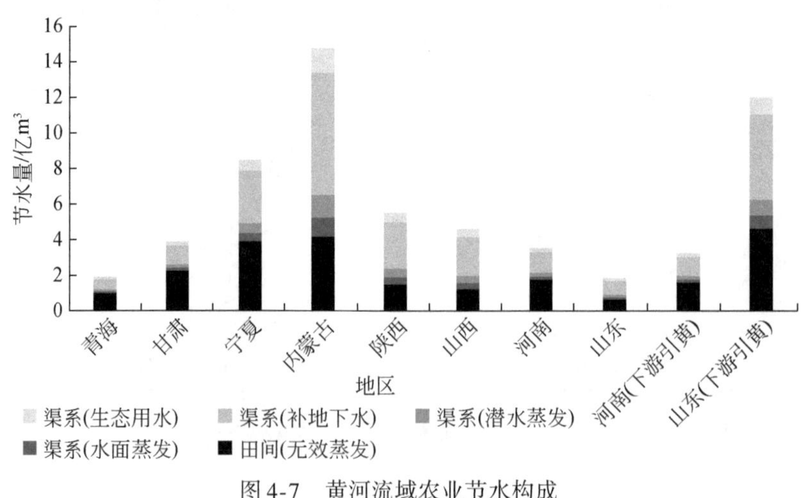

图4-7 黄河流域农业节水构成

4.6 节水影响分析

4.6.1 经济影响

近年来随着大中型灌区续建配套及节水改造、规模化高效节水灌溉项目的实施，农业节水潜力逐步被挖掘。一般来讲，大型骨干工程和规模化节水工程，单位投入带来的节水效果显著，随着节水潜力的逐步挖掘，渠系工程投资的边际节水效果越来越低。根据本次测算，黄河流域内灌溉面积全部配套节水设施，预期需投入 1044.4 亿元，单位取用节水投资 33.2 元，单位资源节水投资将达到 73.0 元；工业节水预期投入 144.4 亿元，单位取用节水投资和单位资源节水投资分别为 29.7 元和 66.9 元；生活节水预期投入 31.8 亿元，单位取用节水投资和单位资源节水投资分别为 27.9 元和 49.6 元；综合农业、工业、生活投资，流域内单位取用节水投资和资源节水投资分别为 32.6 元和 71.3 元，见表 4-8。

表 4-8 黄河流域单位节水投资

部门	节水投资/亿元	节水量/亿 m^3		单位节水投资/(元/m^3)	
		取用节水量	资源节水量	取用节水	资源节水
农业	1044.4	31.5	14.3	33.2	73.0
工业	144.4	4.9	2.2	29.7	66.9
生活	31.8	1.1	0.6	27.9	49.6
综合	1220.6	37.5	17.1	32.6	71.3

4.6.2 产量影响

从区域资源性节水来看，黄河流域内田间资源节水占农业资源节水的绝大比例，达到了 70.8%，因此未来农业节水重点是田间节水，除大力发展高效节水灌溉外，管理和农艺节水也是重点方向。

结合京津冀地区典型试验成果，作物产量与灌溉水量呈正相关关系，随着灌溉水量的增加，作物产量也保持增长，但达到经济灌溉水量后，虽然作物产出总量仍随灌溉水量增加呈增长趋势，此时单位灌溉水量的边际产出已经呈下降趋势，如图 4-8 所示。根据实际灌溉水量与作物生长需水的关系，大部分省（自治区）已经属于亏缺灌溉状态，在流域内节水过程中，应从节水经济性考虑，控制在灌溉水分生产率最大的区间，既能促进节水，也能避免对作物产出造成较大影响。

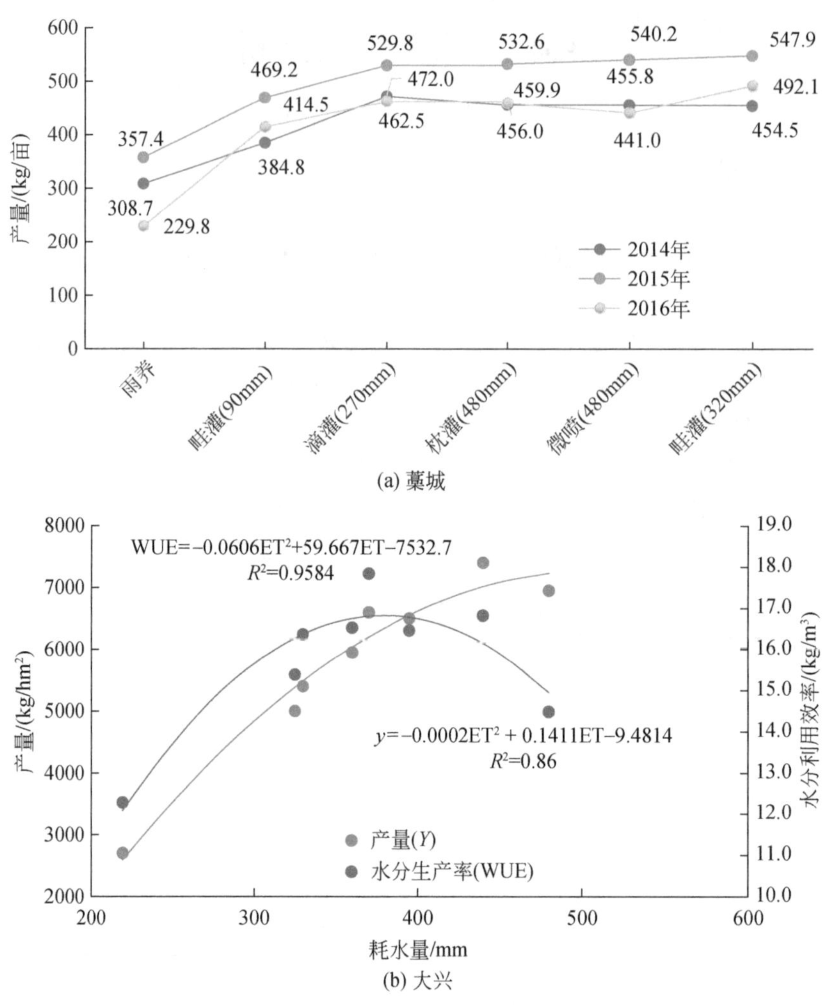

图 4-8　典型灌区水量与小麦产量典型试验成果

4.6.3　生态影响

黄河流域上中游地区的主要生态问题是土地退化，包括土地沙化、水土流失和土壤盐碱化。水资源短缺是黄河流域上中游区生态环境保护和改善的主要制约因素，区内生态建设和环境保护最重要的任务是解决水问题。要维持荒漠绿洲的有限生存环境，保持生态平衡，必须向生态补还必需的水量，农业灌溉兼有生态补水功能，发展农业节水，减少农业用水过程中的无效消耗的同时，也改变了原有灌溉制度下灌区的生态环境，对生态环境中的土壤、气候、地下水位、植被等产生潜在影响。

（1）造成地下水位下降

地下水埋深的年际年内变化与灌溉引水过程关系密切。以黄河流域上中游青铜峡灌区为例，随着农业节水的推进，灌区灌溉用水量由 20 世纪 90 年代的 70 亿 m^3 左右下降到现状年的 40 亿 m^3 左右，对应 8 月地下水平均埋深从 1.0m 左右下降到 1.9m；2 月地下水平均埋深从 2.2m 左右下降到 2.7m，已经接近生态埋深阈值，如图 4-9 所示。

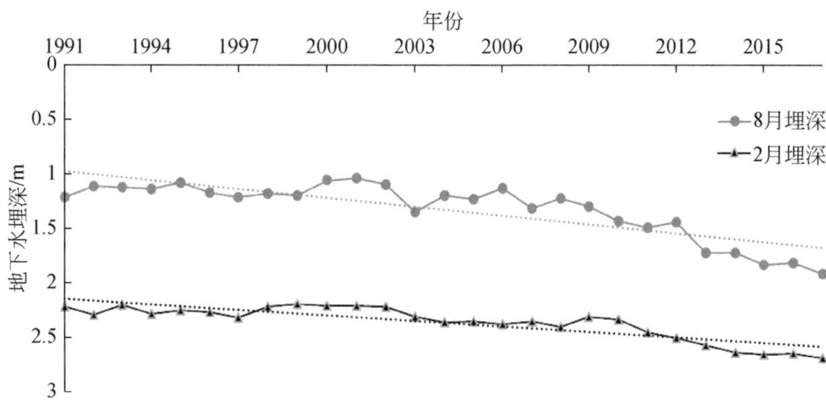

图 4-9　青铜峡灌区地下水埋深变化

(2) 影响湖泊湿地补水量

农业节水工程的实施还会对湖泊湿地系统带来影响。黄河流域许多湖泊湿地分布于灌区下游，主要依赖于灌区排水补给和地下水入渗补给来维持其水量消耗。节水强度提升后，灌区引水量减少，灌区排水量和地下水埋深都会随之下降，从而减少了对湖泊湿地的补给能力，降低了湖泊湿地系统的生态服务功能。根据河套灌区观测数据，随着农业节水推进，促进农业灌溉水量减少，导致生态补水减少，5 月地下水埋深大于 2.5m 的面积占比逐步增加，湖泊湿地面积萎缩 20% 以上，排入乌梁素海的水量减少约 0.8 亿 m^3，如图 4-10所示。

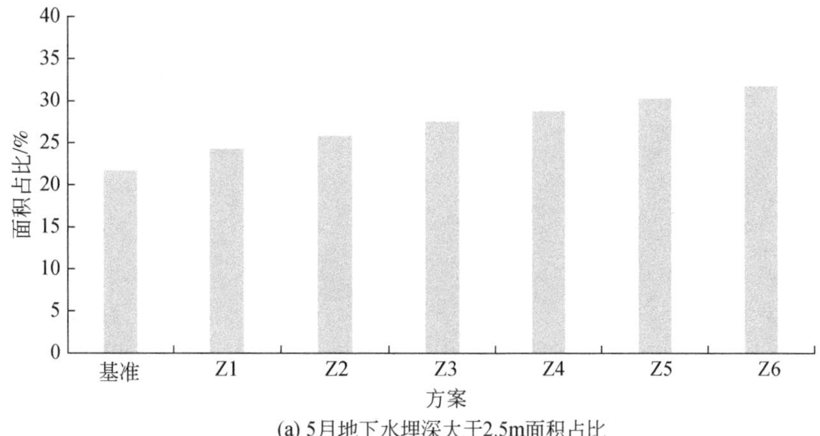

(a) 5月地下水埋深大于2.5m面积占比

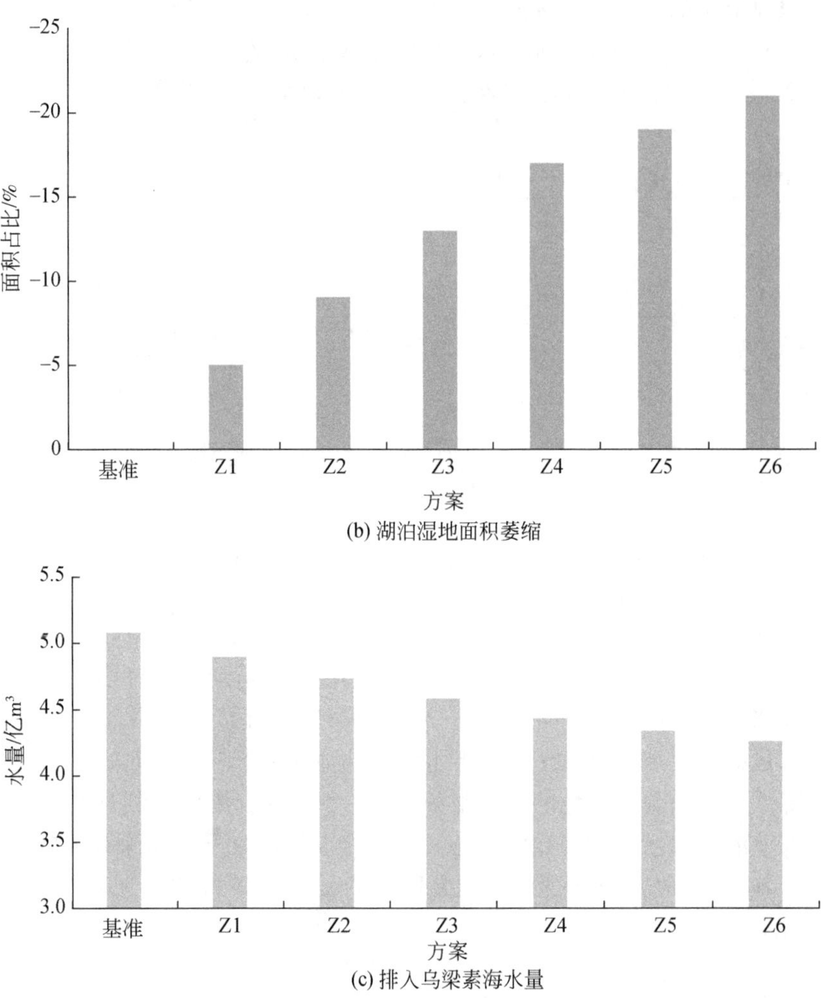

(b) 湖泊湿地面积萎缩

(c) 排入乌梁素海水量

图 4-10　河套灌区随农田灌溉水量减少生态变化

第二篇

黄河流域缺水识别

第 5 章 黄河流域现状缺水识别

通过实施严格的流域统一调度管理，“黄河断流”这样刺激性、标志性缺水现象得到根治，但却把缺水矛盾由干流转移到支流、由河道转移到陆面、由地表转移到地下、由集中性破坏转移到流域均匀性破坏。黄河流域农业缺水主要表现在有效灌溉面积无水可灌和灌溉定额无法满足作物正常需求，导致受旱减产，据此评价现状农业缺水 51.0 亿 m^3。工业缺水主要表现在正常的规划发展由于缺乏水源而无法顺利开展，以及现有工业生产过量利用地表水和地下水，据此评价现状工业缺水 8.22 亿 m^3。生活缺水主要表现在生活用水标准达不到适宜生活条件以及饮水安全不达标等方面，据此评价现状生活缺水 3.6 亿 m^3。生态缺水主要表现在地下水过量开采、湖泊湿地缺水萎缩、河道生态水量不足等方面，据此评价现状生态缺水 51.1 亿 m^3。综上，现状黄河流域缺水总量为 113.92 亿 m^3，其中刚性缺水 62.92 亿 m^3，弹性缺水 51.00 亿 m^3。

5.1 缺水内涵与基本认识

5.1.1 缺水内涵

缺水是一个相对的状态，对于区域水资源短缺来说，它所描述的是一定经济技术条件下，区域可供水资源量和质的时空分布不能满足现实标准下的区域内人口、社会经济、生态环境等系统对水资源需求时的状态。从表征上来看，地区缺水可以分为三种类型，分别为转嫁性缺水、约束性缺水、破坏性缺水，这三种类型往往具有一定的承接关系。

(1) 转嫁性缺水

转嫁性缺水是指处于用水竞争性上级的用水户利用其“社会”或“经济”的优势，而将自身的缺水转嫁给下一层用水户的现象，最常见的转嫁性缺水表现为城市用水、工业用水占用传统的农业水源，或是挤占河道内基本生态用水，或是超采地下水。转嫁性缺水是一种隐性缺水，处于用水竞争性高端的用水户往往难以感受到缺水的压力。

(2) 约束性缺水

约束性缺水是指某一用水户发展的用水需求增量不能得到满足的现象，突出表现为区域新增工业项目不能“上马”，中低产田改造缺乏水源、城市化缺乏新水源保障等。目前黄河流域许多地区约束性缺水表现得十分明显，如黄河中上游能源重化工基地显著受到约束性缺水的制约，必须通过水权转换来予以化解。

(3) 破坏性缺水

破坏性缺水是指现在用水户实现其特定的社会经济和生态环境服务功能必需的存量遭

到破坏的现象。这种现象在黄河流域表现也非常突出，包括饮水不安全、农业经济灌溉水量不足、城市供水限水停水、基本生态用水不能保障等。

5.1.2 黄河流域现状缺水的认识

(1) 从内在因果讲，黄河干流断流问题只是转移和缓解，而并未真正消失

黄河断流始于1972年，在1972～1996年，有19年出现河干断流，平均4年3次断流。1987年后几乎连年出现断流，其断流时间不断提前，断流范围不断扩大，断流频次、历时不断增加。1997年下游最长断流日数曾高达226天，造成严重影响。随着黄河水量统一调度和管理，以及小浪底水库2001年建成运行，黄河干流开始实现连续多年不断流。

但从供需关系看，黄河流域一方面水资源量衰减显著，另一方面经济社会迅速发展，人口产业规模不断扩大，用水需求也在不断增大。因此，黄河流域水资源供需矛盾并未缓解，而是在不断加剧，黄河干流断流问题只是转移和缓解而并未消失。黄河作为全世界唯一一条实施统一调度和管理的大江大河，既是中国水利管理的伟大创举，也是面对流域水资源供需严峻情势的无奈之举。

尤其需要注意的是，在黄河干流实现不断流的同时，黄河主要支流径流量开始大幅衰减，黄河缺水开始大范围向支流转移。相比1956～1990年，2000年以来渭河、窟野河、秃尾河、无定河、三川河的径流量减幅达到27.2%～56.5%。对于一些小流域，水量减幅则更加明显，2000年以来清涧川、皇甫川、大理河、延河、马莲河的径流量减幅达到37%～98%。

(2) 从外在表现看，黄河流域缺水如同华北地区一样，以转嫁性缺水为主

如同海河流域一样，黄河流域的缺水首先转嫁给生态和农业，依靠着长期大规模袭夺生态用水和农业用水，才勉强支撑了当地经济社会的正常发展。缺水主要体现在生态破坏和农业正常发展受限上。

与最基本的生态用水需求相比，黄河流域生态缺水量达到51.1亿m^3。以湖泊湿地为例，根据1980～2016年的卫星遥感数据，过去数十年流域湿地面积总体呈萎缩趋势。1980年黄河流域内的湖泊面积为2702km^2，而2016年则下降到2364km^2，降幅达到13%。湖泊湿地的不断萎缩也对水生生物产生明显影响。

5.2 农业缺水识别

农业用水处于经济用水竞争性的最底端，其用水需求经常被城市用水或工业用水挤占，属于典型的破坏性缺水，因此是缺水识别的重点对象。我国农业种植主要包括旱作农业和灌溉农业两种类型，受气候条件与水资源状况制约，黄河流域农业种植在很大程度上要依赖于灌溉，而缺水则直接制约着黄河流域的种植规模和作物产量。

5.2.1 农业缺水表象

黄河流域的农业缺水具体表现在三个方面。

(1) 大量农田无法得到有效灌溉

2016 年，黄河流域农田有效灌溉面积和实际灌溉面积分别为 8364 万亩和 7182 万亩，即流域内有 1183 万亩高水平农田缺乏灌溉水源，这部分面积约占流域农田总面积的 15%。灌溉是保证黄河流域农业高产稳产的重要手段，根据《黄河流域水资源综合规划》，流域内灌溉地粮食亩产约为 378kg，而旱地则为 115kg，旱地产量不足灌溉地的 1/3。这意味着由于灌溉水源不足，黄河流域粮食产量减少了 311 万 t，占黄河流域粮食总产量的 6.3%。

(2) 灌溉定额难以满足作物正常需求

由于农业节水工作的不断推进，黄河流域灌溉定额过去 30 年来不断降低，流域平均灌溉定额从 1980 年的 542m^3/亩下降到现状年的 368m^3/亩，降幅达到了 32%。然而，各区域灌溉定额与气候条件、作物种植结构及农业科技水平密切相关。即使采用较为节水的非充分灌溉制度，宁夏、内蒙古、陕西、山西和河南 5 省（自治区）的现状灌溉定额也没有达到相应作物需求。根据灌区设计灌溉定额及作物生长需求，在 50% 来水频率下黄河流域平均非充分灌溉定额应保持在 397m^3/亩才能保证作物稳产高产（图 5-1）。

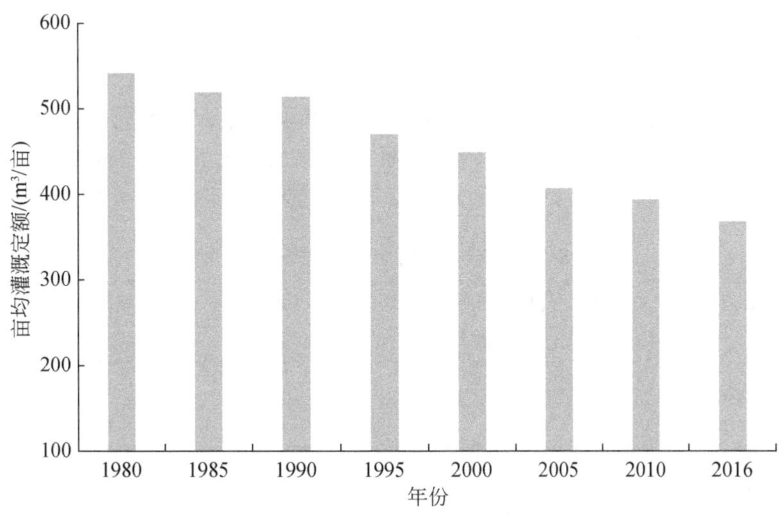

图 5-1 黄河流域亩均灌溉定额

(3) 农业干旱频发重发

受气候条件制约，黄河流域干旱频发重发，给流域农业生产带来严重影响。根据 2006～2016 年《中国水旱灾害公报》，2006～2016 我国年平均因旱受灾面积为 2.2 亿亩，其中黄河流域所在的 8 个主要省（自治区）年平均因旱受灾面积则为 0.3 亿亩，占全国总量的 14%；我国年平均因旱绝收面积为 0.25 亿亩，其中黄河流域所在的 8 个主要省（自治区）年平均因旱绝收面积则为 0.04 亿亩，占全国总量的 16%，可以说黄河流域是过去十年我国受旱最严重的区域之一。为了在干旱缺水的条件下进行农业生产，流域内居民甚至发明了“穴灌”的灌溉方式进行压砂瓜种植。

专栏 1　黄河流域农业缺水典型案例——压砂瓜

中卫市位于宁夏西部，属草原化荒漠地带，年均降水量为250mm，而年均蒸发量则高达2300mm，且降水时空分布不均，多集中在7～9月，春秋两头旱，盛夏多洪涝。尽管黄河穿境而过，但黄河受分水方案限制，中卫市可利用水量十分有限。为了在艰苦的自然条件下发展农业生产，中卫市人民依据当地的天气和地形条件，创造了砂石覆盖，极端节水的压砂瓜旱作栽培方式。由于在西瓜出苗时中卫降水极少，为了解决灌溉问题，当地居民往往用水车从供水点拉水，一勺一勺地给已经挂果的压砂瓜浇水，这种灌水方法在当地叫作“穴灌”。一般压砂瓜生育期补灌水量仅为50～60m^3/亩，产量能达3500～4000kg/亩。

尽管耗水量小，但水依然是压砂瓜生产的瓶颈，为解决水的问题，必须打井取水。然而在部分地区，高矿化度的地下水虽然解了燃眉之急，但也加速了土壤盐碱化，带来了土壤板结、土地肥力退化等新的问题。

5.2.2　农业缺水量计算

鉴于旱作农业的空间分布、种植结构等信息难以准确收集，本研究只计算灌溉农业的缺水量。根据相关数据测算，2016年黄河流域灌溉农业缺水量为51.0亿m^3，其中由于灌溉水源不足导致的缺水量为35.5亿m^3，由灌溉定额不足导致的缺水量为15.5亿m^3，见表5-1。

表 5-1　基准年黄河流域农业缺水分析

地区	农田有效灌溉面积/万亩	农田实际灌溉面积/万亩	规划农田灌溉定额/（m^3/亩）	灌溉水源不足导致的缺水量/亿m^3	灌溉定额偏低导致的缺水量/亿m^3	农业总缺水量/亿m^3
青海	211	172	372	1.2	0.0	1.2
四川	0	0	0	0.0	0.0	0.0
甘肃	720	559	389	5.2	0.0	5.2
宁夏	784	747	722	2.2	1.0	3.2
内蒙古	1952	1754	493	8.1	3.5	11.6
陕西	1624	1318	288	7.3	3.1	10.4
山西	1419	1185	282	5.5	2.7	8.2
河南	1167	1000	369	5.1	5.2	10.3
山东	487	447	273	0.9	0.0	0.9
黄河流域	8364	7182	397	35.5	15.5	51.0

5.3 工业缺水识别

工业用水处于经济用水竞争性的高端，供水保证率在 95% 以上，其缺水往往难以察觉。然而在黄河流域，由于现状水资源供需矛盾十分突出，工业发展用水增量必须通过存量节约和水权转换获得，表现出明显的约束性缺水特征。

5.3.1 工业缺水表象

由于黄河流域水资源现状供需矛盾十分突出，现状工业发展用水增量已经必须通过存量节约和水权转换获得。此外，水资源短缺造成水环境的先天缺陷，使得水体纳污能力极为有限。而工业生产以及与其配套的公路铁路等基础设施建设均会对水环境造成较大影响，进一步造成水体污染、水土流失、湿地萎缩、生物多样性减少，使原本脆弱的水生态环境进一步恶化。根据中国科学院地理科学与资源研究所的研究成果，由于工业用水需求的快速增加，沿黄各省（自治区）会过度消耗黄河支流的水量，各支流断流频繁，从而导致黄河干流水量不断衰减。过去几十年，我国能源工业从东向西发展趋势明显，在能源与水资源禀赋格局先天不匹配的不利条件下，我国重点能源基地发展已面临水资源严重约束，随着北方社会经济发展与生态建设，水资源约束问题必将进一步凸显，水将成为制约黄河流域能源生产及中国能源安全的最主要因素。

专栏 2 黄河流域工业缺水典型案例——鄂尔多斯能源基地

鄂尔多斯是黄河流域能源企业较多且产业规模较大的城市。鄂尔多斯缺水十分严重，特别是煤化工产业园区集中的鄂尔多斯高原东部，该地年降水量不足 300mm，年蒸发量却超过 2500mm。黄河是鄂尔多斯仅有的过境水源，国家给鄂尔多斯分配的黄河初始水权指标只有 7 亿 m^3，工业与农业用水竞争激烈。

按照当地规划，到“十三五”末，鄂尔多斯的年产甲醇规模将达到 445 万 t，年产二甲醚 1440 万 t，煤制油 1000 万 t，煤制烯烃 250 万 t，焦炭 600 万 t；此外，鄂尔多斯在建煤制甲醇、煤制烯烃、化肥、乙二醇和精细化学品产能达 600 万 t，以上项目水资源缺口将达到约 3 亿 m^3。另外，鄂尔多斯已获国家发展和改革委员会“路条”或被允许开展前期工作的企业共有 6 家，预计年煤制天然气产能为 436 亿 m^3，保守计算这些项目，年消耗水资源也将达到 3 亿 m^3，缺水给鄂尔多斯工业发展带来的直接产值损失约为 5031 亿元。

5.3.2 工业缺水量计算

黄河流域现状工业缺水为转嫁性的隐性缺水。根据作者在黄河流域各省（自治区）调研情况，现状年黄河流域工业缺水约为 8.2 亿 m^3，其中内蒙古、陕西、宁夏等省（自治区）缺口较大，见表 5-2。

表 5-2 基准年黄河流域工业缺水分析 （单位：亿 m^3）

地区	需水量	供水量	缺水量
青海	1.41	1.41	0.00
四川	0.04	0.04	0.00
甘肃	7.31	6.35	0.96
宁夏	6.25	5.13	1.12
内蒙古	9.96	7.36	2.60
陕西	14.13	11.42	2.71
山西	9.43	9.07	0.36
河南	11.17	10.98	0.19
山东	3.26	2.98	0.28
黄河流域	62.96	54.74	8.22

5.4 生活缺水识别

生活用水包括农村生活用水和城镇生活用水两部分，由于城镇生活用水处于用水竞争的最顶端，一般情况下不存在明显的缺水问题，只有特殊情况下才会缺水，如遭遇特殊枯水年、水污染事件和供水事故等。相对于城镇生活用水来讲，农村生活用水具有取水分散、供水水平低等特殊性，因此农村生活缺水是一个十分突出的问题，特别是饮用水安全得不到保证，常表现出明显的破坏性缺水特征。

5.4.1 生活缺水表象

国家对农村饮水安全制定的标准有饮用水水质、供水水量、供水方式与方便程度和水源保证率四项指标，只要有一项低于安全值，就属于饮水不安全。①饮用水水质，应符合国家《生活饮用水卫生标准》（GB 5749—2006）的要求，水源缺乏地区应符合《农村实施〈生活饮用水卫生标准〉准则》Ⅲ级以上的各项标准。②供水水量，根据有关规范、标准的要求，以农民生活饮用水为主，统筹考虑饲养畜禽和第二、第三产业等用水。③供水方式与方便程度，供水方式采用自来水供水到户的方式，在经济欠发达或农民收入较低的地区，供水系统可考虑暂时先建到公共给水点，但必须保证各户来往集中供水点的取水往返时间不超过20min。④水源保证率，饮用水供水水源保证率不低于95%为安全；不低于90%为基本安全。由于现实的缺水情况及长期以来的节水宣传，黄河流域居民生活用水标准普遍低于全国平均水平。2016年，全国有469万人口由于干旱面临引水困难，其中黄河流域占比就达到15%。为了解决居民生活缺水问题，“十二五”期间宁夏甚至举全区之力进行了35万人的生态移民工程。此外，黄河流域部分农村地区饮用水水质不达标，地方病现象普遍存在。目前，黄河流域城镇和农村居民的生活用水定额标准分别为102L/（人·d）和58L/（人·d），分别是全国平均水平的75%和67%。在全国十大一级流域片区中，黄河流域的城镇居民生活用水定额仅高于海河流域，而农村居民生活用水定额则位于最后一名。

专栏3　黄河流域生活缺水典型案例——饮水安全不达标

陕西定边县是全国有名的高氟地下水分布区，根据2010年当地卫生部门调查，全县各类氟病患者7.95万人，患病率达81.3%，其中氟骨症患者占18.3%。这些患者重则瘫痪失去劳动能力，生活不能自理；轻则关节疼痛，劳动受到影响。甘肃环县部分地区通过集雨水窖解决农村居民生活缺水问题，但由于当地石油开采，以及集雨水源地大量使用化肥农药，造成收集到的雨水普遍存在污染问题，其中氯化物和六价铬超标严重。靖边、吴起、志丹、安塞、盐池等地饮水安全问题也一直未能彻底解决，一些群众仍在饮用不符合卫生标准的当地水。

5.4.2　生活缺水量计算

居民的生活标准与用水水平密切相关，按照《城市给水工程规划规范》和《村镇供水工程设计规范》，如果将黄河流域城镇和农村居民生活用水定额分别提高至106L/（人·d）和67L/（人·d），那么黄河流域城镇生活将缺水1.4亿m^3，农村生活将缺水2.2亿m^3，见表5-3。

表5-3　基准年黄河流域生活缺水分析

地区	城镇生活需水定额/[L/(人·d)]	农村生活需水定额/[L/(人·d)]	城镇生活缺水量/亿m^3	农村生活缺水量/亿m^3	合计/亿m^3
青海	100	69	0.1	0.0	0.1
四川	91	66	0.0	0.0	0.0
甘肃	83	35	0.6	1.2	1.9
宁夏	108	37	0.0	0.3	0.3
内蒙古	114	74	0.0	0.0	0.0
陕西	111	73	0.0	0.0	0.0

续表

地区	城镇生活需水定额 /[L/(人·d)]	农村生活需水定额 /[L/(人·d)]	城镇生活缺水量 /亿 m³	农村生活缺水量 /亿 m³	合计 /亿 m³
山西	99	59	0.3	0.3	0.6
河南	106	54	0.0	0.4	0.4
山东	86	66	0.3	0.0	0.3
黄河流域	102	58	1.4	2.2	3.6

5.5 生态缺水识别

随着近年来退耕还林、水土保持、“三北”防护林建设等生态工程的不断推进，黄河流域生态环境不断得到改善。过去 20 年，黄河流域，特别是黄土高原已经成为世界上植被覆盖度增长最快的区域之一，新增林草面积达到 17 万 km^2，相当于整个河南省的面积。尽管生态修复成果突出，但目前黄河流域生态缺水问题仍十分严重，主要表现为部分地下水过量开采、湖泊湿地萎缩、河道生态流量不足等。生态缺水具有转嫁性缺水和破坏性缺水两种属性。一方面，工业、城市用水往往会挤占河道生态用水或超采地下水，表现出转嫁性缺水的特征。另一方面，生态用水不能保证导致生态环境服务功能遭到破坏，表现出破坏性缺水的特征。

5.5.1 生态缺水表象

(1) 地下水过量开采

1980 年，黄河流域地下水开采量为 93.3 亿 m^3，随着流域内用水不断增加，地下水

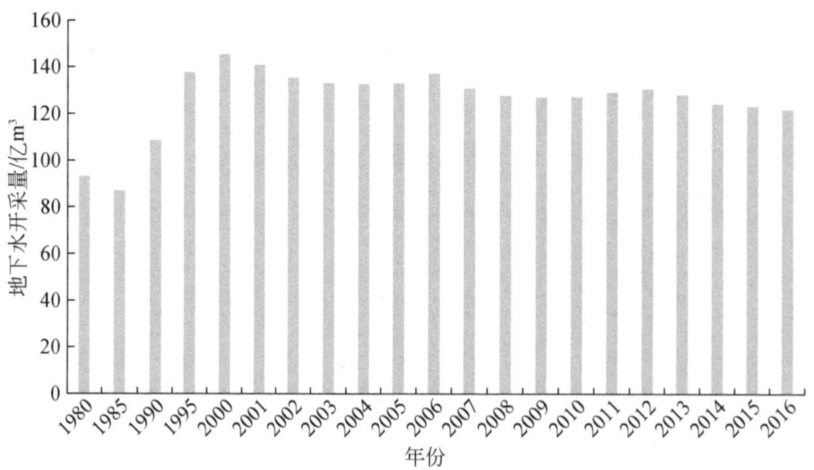

图 5-2 黄河流域地下水开采量变化

开采量呈逐渐递增趋势。目前黄河流域地下水开采量达到了 121.9 亿 m^3，较 1980 年增加了近 30 亿 m^3。根据《黄河流域水资源综合保护规划》，2016 年黄河流域地下水超采区 78 个（图 5-2），超采区面积 2.26 万 km^2，超采量达 14 亿 m^3。地下水开采会间接导致补给河流的水量减少。1980 年以来黄河流域地下水与地表水之间不重复计算量从 82 亿 m^3 增加到了 115 亿 m^3，说明目前黄河流域由地下水开采量增多影响的河川径流量至少在 30 亿 m^3 以上。

专栏 4　黄河流域地下水超采典型案例——西安地下水开采

地下水的大量开采还会直接影响地下水位及水文地质环境，以西安为例，地下水是西安主要的供水水源，供水量约占总用水需求的 50%。由于长期以来超采地下水，西安平均地下水埋深从 1986 年的 8.7m 下降到 2016 年的 13.7m，降幅达到 57.5%，部分地区最大下降幅度甚至超过了 100m（图 5-3）。根据《陕西省水资源综合规划》，地下水过度开采使得西安市部分地区地面沉降量达到 2.6m，城区地面下沉面积达 162km^2，地裂缝长度超过 200km，使 2000 余座建筑物受到不同程度破坏和损坏，大雁塔向西北方向倾斜 998mm。目前，西安所在的关中平原平均地下水埋深已达到 20m 左右，是我国地下水埋深最大的平原之一（图 5-4）。

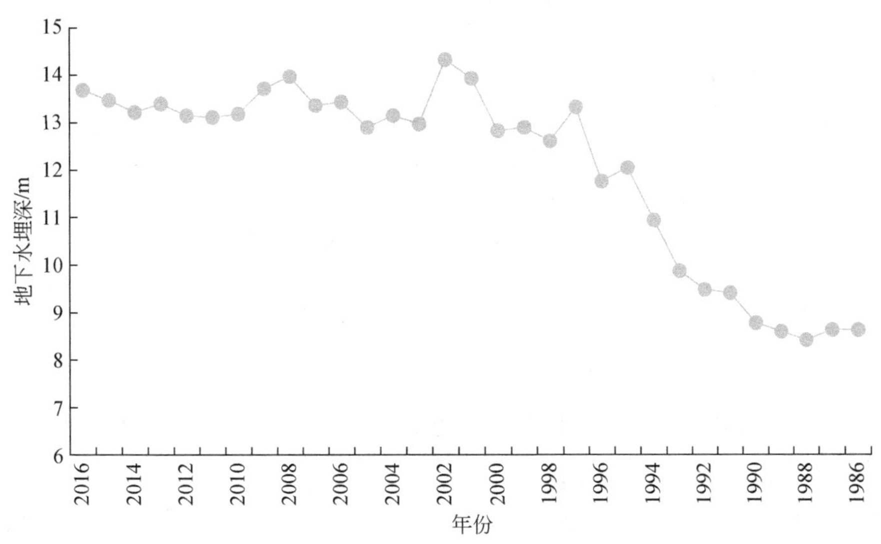

图 5-3　1986～2016 年西安市平均地下水埋深变化

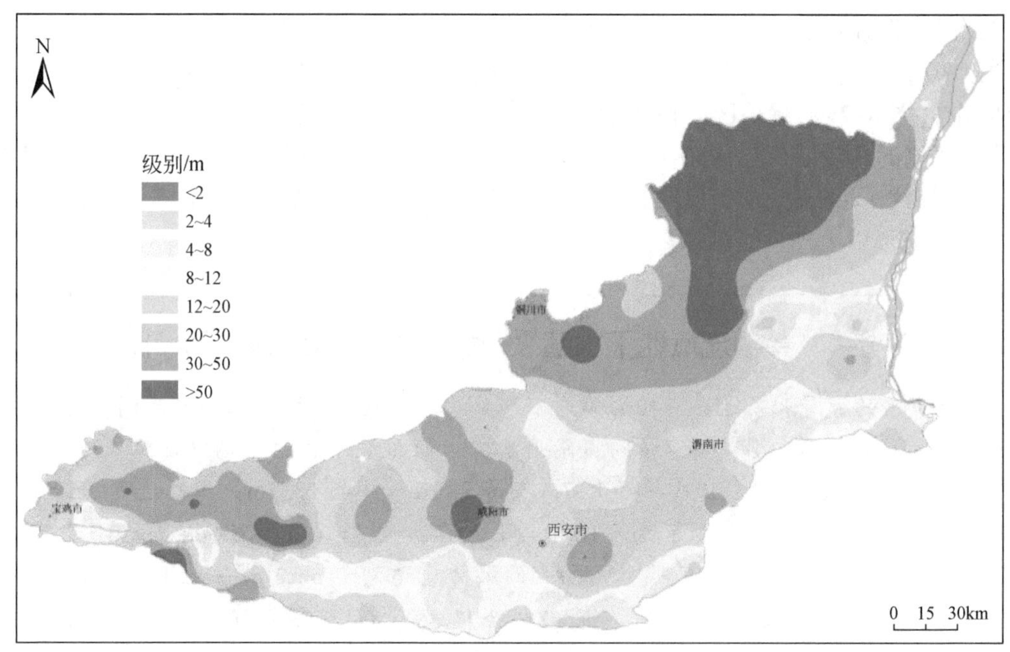

图 5-4　2016 年关中平原地下水埋深

(2) 湖泊湿地萎缩

黄河流域湖泊湿地主要分布在黄河源区、上游宁蒙河段、中下游、河口三角洲及支流大通河、洮河等。著名的湖泊湿地有三江源湿地、若尔盖湿地、宁夏平原湿地、河套平原湿地、乌梁素海、红碱淖等。根据 1980 ~ 2016 年的卫星遥感数据，过去数十年流域湿地面积总体呈萎缩趋势。1980 年，黄河流域内的湖泊面积为 2702km^2，而 2016 年则下降到 2364km^2，降幅达到了 13%。湖泊湿地的不断萎缩也对水生生物产生明显影响。相比于我国其他流域，黄河流域水生生物种类和数量相对贫乏，但流域特有土著鱼类、珍稀濒危涉水动物是国家水生生物保护和物种资源保护的重要组成。根据中国水产科学研究院的研究成果，黄河水系曾有鱼类 190 多种，但随着黄河流域水生态环境日益脆弱，数十年来已经有 1/3 水生生物物种濒危绝迹。

专栏 5　黄河流域湖泊湿地萎缩典型案例——红碱淖

位于陕北神木的红碱淖是我国最大、最年轻的沙漠淡水湖，也是我国北方重要的鸟类过冬基地。自每年 10 月下旬开始，天鹅、红头潜鸭、骨顶鸡等 2 万 ~3 万只候鸟会在此过冬。每年春夏在此繁殖的水禽有 15 种以上，其中国家一级保护动物遗鸥的数量占到全球总量的 50%。然而，由于近年来入湖水量的减少，红碱淖的水面面积从 1969 年的 67km^2 下降到 2016 年的 31km^2，减幅超过一半。与此同时湖区水位下降了 5 ~6m，水位的下降使得湖区盐碱地大量出现，导致湖区水体的 pH 上升，湖中的鱼类几乎绝迹，候鸟生存环境几乎丧失（图 5-5）。

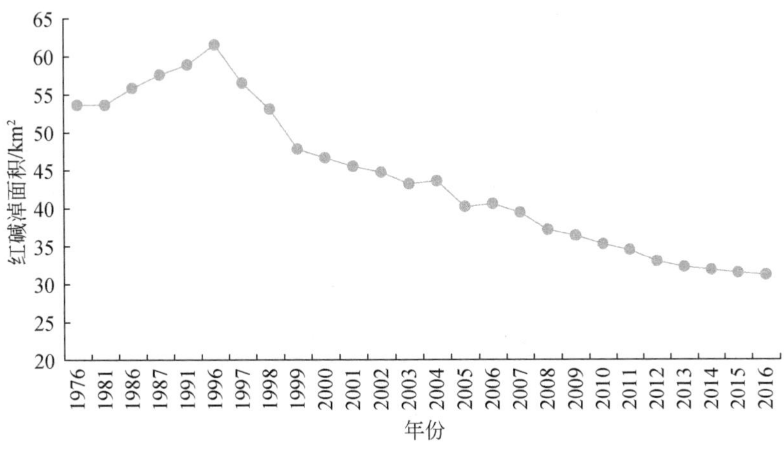

图 5-5　1976 ~ 2016 年红碱淖面积变化

(3) 河道生态水量不足

根据《黄河流域水资源保护规划》调查成果，2016 年黄河流域生态基流满足程度达到优和良的断面仅占调查总数的 25%，大部分断面都存在生态水量不足的问题。在黄河主要支流中，已有汾河、延河、无定河、窟野河、石川河等河流先后出现季节性断流。此外，受水电站开发影响，湟水、大通河、洮河、伊洛河、沁河河道脱流现象严重，河流水流连续性被破坏。

专栏 6　黄河流域生态水量不足典型案例——渭河

渭河是黄河的最大的一条支流，也是陕西的母亲河。历史上渭河的曾有航运、灌溉、供水、泄洪、景观、娱乐等多种功能。直到 20 世纪 60 年代三门峡水库修建以前渭河仍可通航，是潼关进入关中腹地的重要水道。由于近年来渭河两岸用水量的增加，加之 20 世纪 90 年代以来渭河流域进入干旱少雨枯水期，其灌溉、供水和泄洪、纳污等主要功能逐渐衰减，甚至丧失。近年来，渭河下游排泄水量多为汛期的几场洪水量，历时很短，必要的基流和自净能力的水量被生活、农灌所挤占，无法满足河道内的生态用水，致使河道萎缩，水污染加剧造成水质性缺水，部分河段丧失河流功能。据水利部黄河水利委员会研究成果，渭河干流咸阳断面非汛期的最低限河道的自净流量为 $15m^3/s$。但目前咸阳断面冬季实测基流量仅为 $1.5 \sim 6m^3/s$，远远低 $15m^3/s$ 的最低要求，很难维持河道应有的最基本的生态功能。

根据《陕西省水资源综合规划》，1976 年至今，渭河一级支流石川河富平段每年均有断流发生，断流河段长 36.4km，发生次数达 360 次。石川河断流的主要原因是上游水库修建，河道两岸灌区大量引水及开采地下水。渭河一级支流漆水河也基本全年断流，断流长度约 40km。漆水河断流的主要原因是上游修建水库，以及中下游乾县、杨陵、武功等地对地下水的过量开采。

5.5.2 生态缺水量计算

黄河流域的生态缺水可以分为河道外和河道内两部分，其中河道外生态缺水主要体现在平原区地下水严重超采，河湖湿地补水量不足，生态防护林灌溉水短缺，城镇绿化供水不足等方面（表5-4）；河道内生态缺水主要体现在生态水量不足（表5-5）。目前，黄河流域生态缺水量达到51.1亿m^3，其中主要缺口是河道内的生态缺水。

表5-4 现状年黄河流域河道外生态缺水分析 （单位：亿m^3）

地区	地下水超采	河湖湿地补给缺水	防护林灌溉缺水	城镇绿化缺水	缺水量合计
青海	0.41	—	0.06	0.02	0.49
四川	0.01	—	—	0.00	0.01
甘肃	0.36	—	0.44	0.08	0.54
宁夏	0.13	0.63	0.14	0.06	0.96
内蒙古	3.32	0.18	0.13	0.09	3.72
陕西	1.61	—	—	0.17	1.78
山西	2.02	0.8	—	0.15	2.97
河南	3.65	—	—	0.09	3.74
山东	2.48	—	—	0.06	2.54
黄河流域	13.99	1.61	0.77	0.72	17.09

表5-5 现状年主要河流河道内生态缺水分析

河流名称	重要断面	非汛期生态流量理论值/（m^3/s）	敏感期生态流量理论值/（m^3/s）	缺水量合计/亿m^3
黄河	利津	75	4～6月：250	34.01
湟水河	民和	10	5～6月：18 7～10月：50	—
大通河	享堂	10	5～6月：39	—
洮河	红旗	32	5～6月：70 7～10月：140	2.44
无定河	白家川	4	—	—
汾河	河津	5	—	0.23
渭河	华县	20	4～6月：80	—
北洛河	栎头	3	—	0.09
伊洛河	黑石关	14	4～6月：28	0.12

注：2015年10月，经国务院批准，撤销华县，设立华州区。

5.6 综合缺水分析

长期缺水已经给黄河流域造成了深刻的经济社会和生态影响，如农业产量受限，工业发展用水遇到“天花板”，生态仅能维持低水平。

根据本章计算结果，黄河流域现状年总缺水量为 113.92 亿 m^3，其中农业和生态缺水分别占缺水总量的 44.7% 和 44.8%。缺水可以分为刚性缺水和弹性缺水两部分，其中刚性缺水是指会对经济社会发展和流域生态保护修复构成较大制约和破坏的缺水；在此层次，水资源成为限制因素，不满足需水则面临生存威胁。在不受资源和工程条件的制约下，刚性缺水应全部满足。弹性缺水是指会对农业生产潜力发挥和生态环境高标准建设构成制约的缺水。基于上述原则，现状年黄河流域刚性缺水为 62.92 亿 m^3，弹性缺水为 51.00 亿 m^3。从缺水类型上看，现状年黄河流域经济社会缺水 62.92 亿 m^3，河道外生态缺水 17.09 亿 m^3，河道内生态缺水 34.01 亿 m^3（图 5-6）。

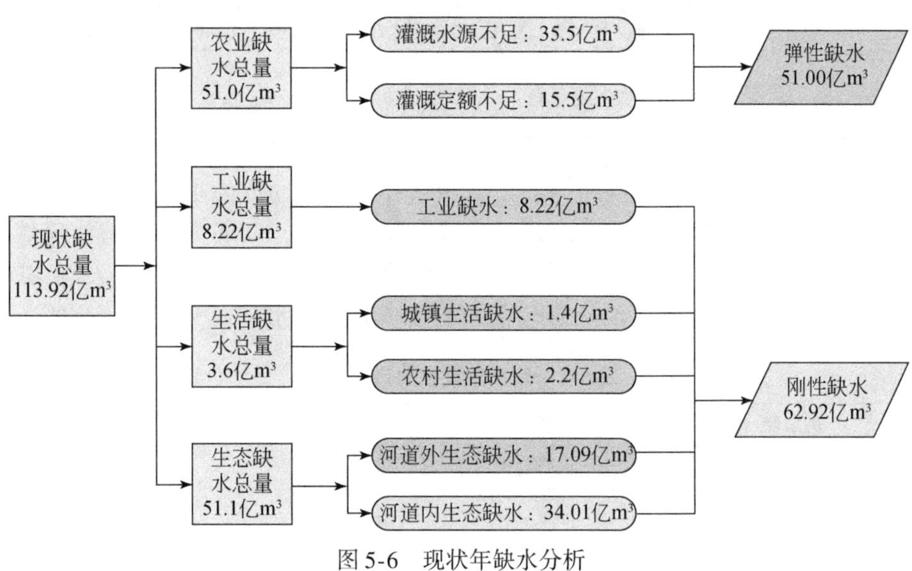

图 5-6　现状年缺水分析

第 6 章　新时期黄河流域需水发展趋势研判

近年来黄河流域用水总量出现零增长甚至是负增长，黄河流域需水增长的动力还在不在？基于国内外经济社会发展和用水变化规律，研究认为仅从经济社会发展需求驱动角度来讲，黄河流域用水需求动力仍将保持一个时期。现状用水呈现总体平稳状态，主要是由于遇到水资源供给“天花板”，付出的代价表现在两个方面，一是表现为约束性缺水特征，经济社会整体仍然处于低水平发展阶段，但增长速度却被动放缓低于全国平均水平；二是出现转嫁性缺水特征，为了维持过去一个时期经济社会正常发展，袭夺正常的农业和生态用水。

6.1　国内外用水总量发展及其影响因素

区域用水总量及其发展主要受到经济社会发展驱动，以及水资源与环境因素的制约。在水资源条件和环境容量成为制约因素之前，区域用水总量主要受到经济社会发展的驱动，当用水总量达到一定规模以后，资源和环境的制约成为主导因素。本研究选取如表 6-1 所示的主要指标，结合国内外用水情况进行分析，以期为研究黄河流域用水总量未来发展趋向提供启示。表征经济发展水平的指标包括人口规模、人均 GDP 以及 GDP 增速等；表征水资源条件的指标包括人均水资源量、水资源开发利用率等。

表 6-1　用水总量发展影响因素

<table>
<tr><th>序号</th><th>因素层</th><th>指标层</th><th>驱动方向</th><th>包含指标</th></tr>
<tr><td>1</td><td rowspan="3">经济发展水平</td><td>人口规模</td><td>正向</td><td></td></tr>
<tr><td>2</td><td>人均 GDP</td><td rowspan="2">倒 U 形</td><td rowspan="2">产业结构</td></tr>
<tr><td>3</td><td>GDP 增速</td></tr>
<tr><td>4</td><td rowspan="2">水资源条件</td><td>人均水资源量</td><td>正向</td><td rowspan="2">水资源可利用量</td></tr>
<tr><td>5</td><td>水资源开发利用率</td><td>负向</td></tr>
</table>

6.1.1　人口规模对用水总量的正向驱动

1900 年以来的全球范围用水量与人口的分析表明，虽然全球各国的水资源条件、经济发展阶段、用水总量相差悬殊，但全球范围内用水量增长与人口增长具有很好的同步性和相关性（图 6-1）。同样，中国经济社会用水量与人口也具有非常好的相关关系（图 6-2）。

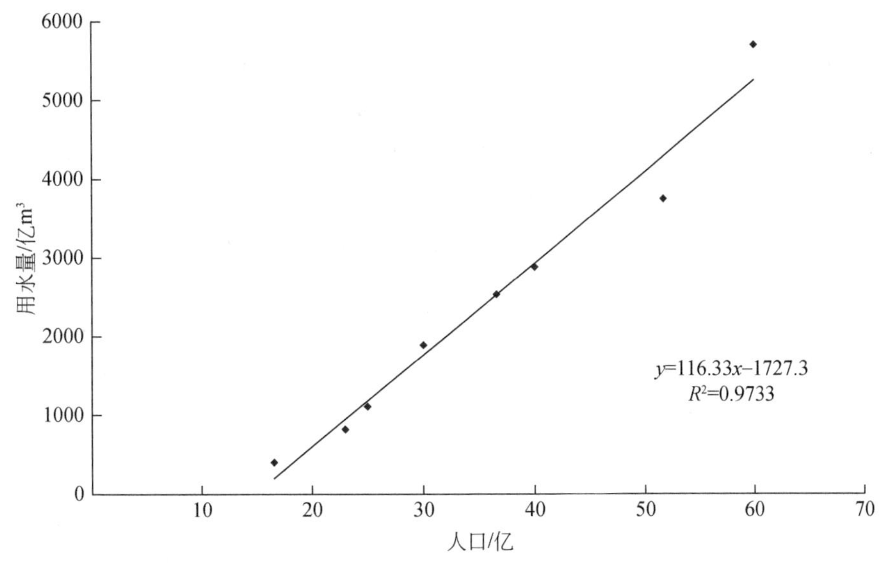

图 6-1　世界人口与用水量关系

资料来源："社会水循环系统演化机制与过程模拟研究——以海河流域为例" 项目报告

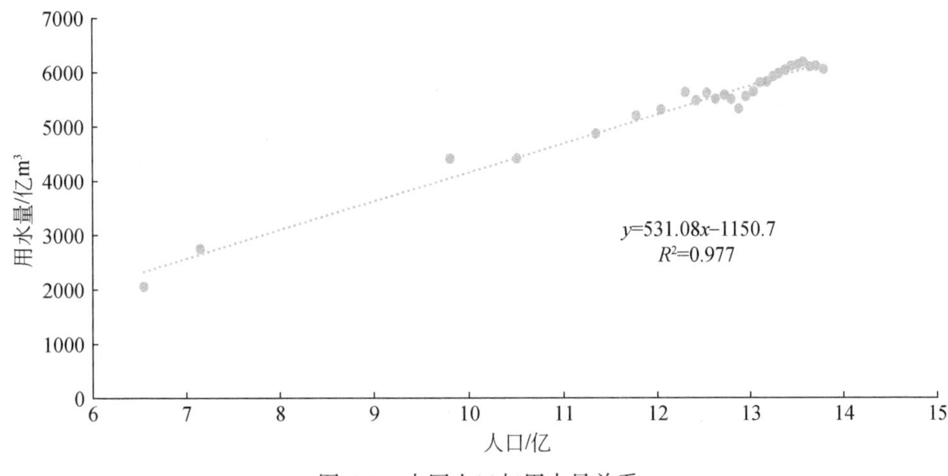

图 6-2　中国人口与用水量关系

资料来源：2000～2016 年《中国统计年鉴》《中国水资源公报》

6.1.2　经济发展水平对用水总量的倒 U 形驱动

一般来讲，当人均 GDP 较低时，区域经济处于较低水平阶段，GDP 增速相对较快，用水总量随着经济规模的快速增加而增长；当人均 GDP 达到一定水平时，区域经济结构相对合理并进一步向着更优的方向发展，用水效率不断提升，同时人口零增长甚至微弱负增长，经济规模增长速度也逐步减缓，在这些因素综合影响下，区域用水总量呈现稳定甚至是下降趋势。本研究从经济合作与发展组织（Organization for Economic Co-operation and Development，OECD）的国家中选取了具有较长系列数据的26个国家，分析其用水总量发展历程，发现这些国家大都经历了用水总量的拐点，进入了用水稳定或下降的阶段（表6-2和图6-3）。

表6-2　部分OECD国家1970～2016年用水变化分类

类型	数量	国家
下降	20	澳大利亚、比利时、加拿大、丹麦、芬兰、法国、德国、日本、卢森堡、美国、匈牙利、捷克、波兰、瑞典、瑞士、斯洛伐克、西班牙、英国、韩国、葡萄牙
稳定	3	奥地利、荷兰、希腊
增长	3	墨西哥、冰岛、土耳其

资料来源：FAO的AQUASTAT数据库。

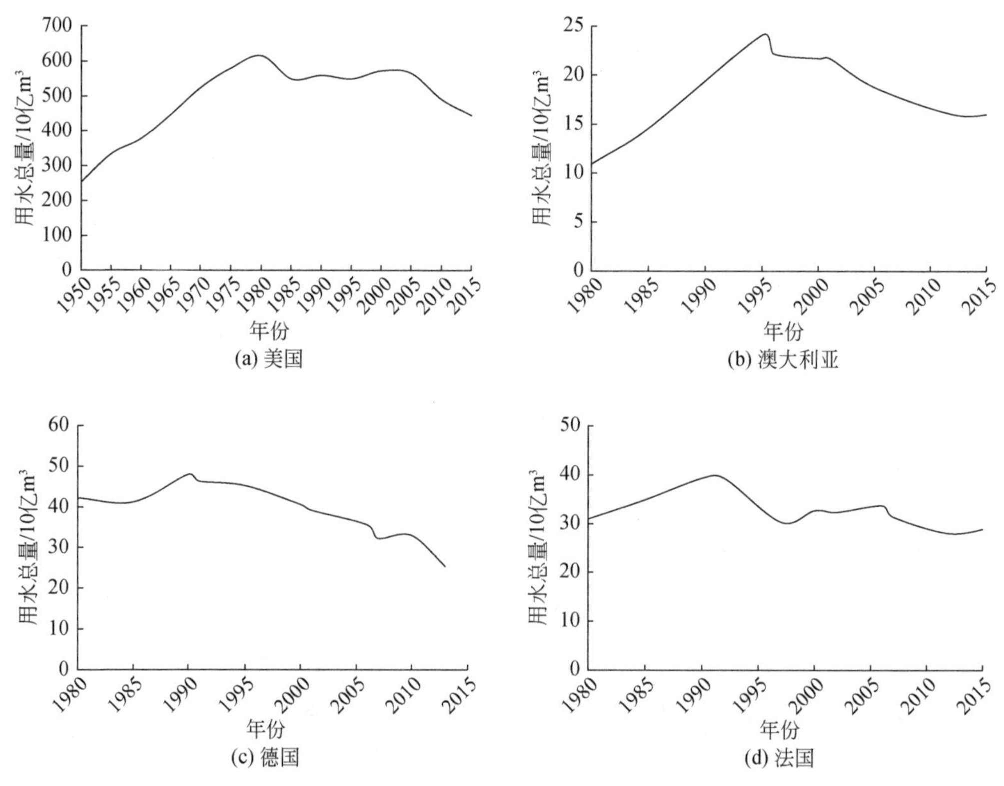

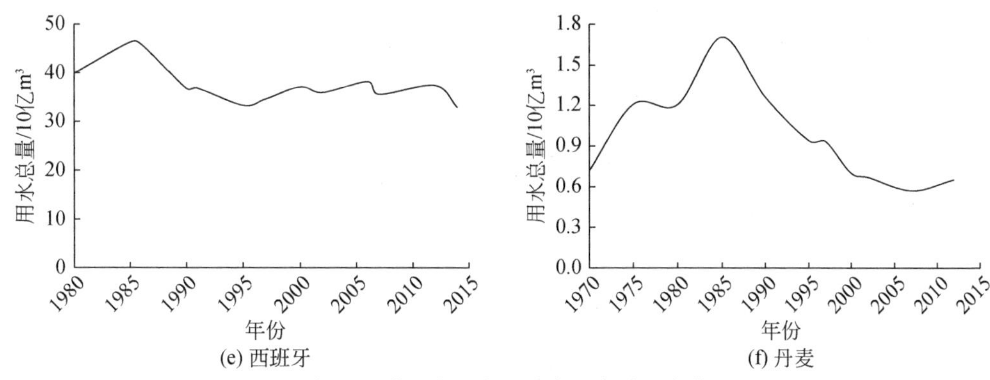

图 6-3 世界主要发达国家用水总量变化

资料来源：FAO 的 AQUASTAT 数据库

通过对发达国家的产业结构与用水总量的考察，发现 20 世纪 70 ~ 90 年代是世界发达国家用水总量达到峰值的集中时段，在这一时期，这些国家的产业结构也基本趋同，第一产业占比在 5% 左右，第二产业占比为 30% ~ 40%，第三产业占比普遍达到 60% 以上（图 6-4）。

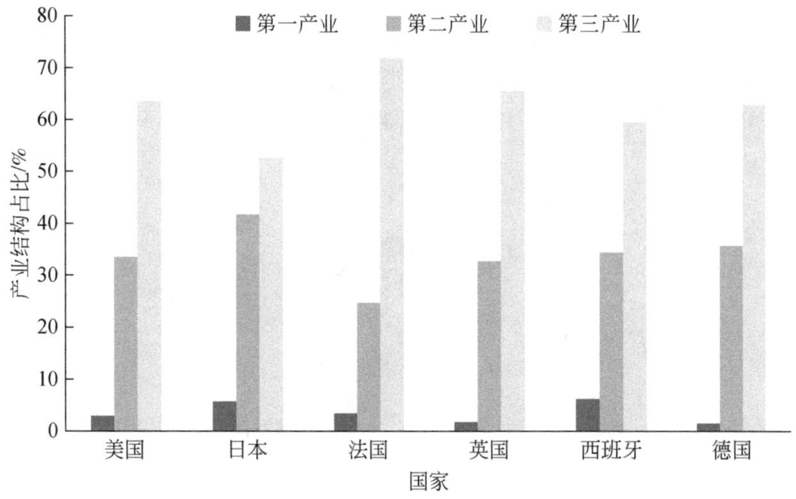

图 6-4 主要发达国家用水总量拐点对应的产业结构

资料来源：根据 OECD 网站（http：//stats. oecd. ors）统计数据整理而成

6.1.3 水资源条件对用水总量增长的制约

随着经济社会的发展与水资源开发利用率的提高，水资源本底条件对用水发展的约束作用逐渐加强。对有数据支持的 OECD 成员国中水资源开发利用率大于 5% 的国家进行分析，发现人均用水量与人均水资源量呈较好的线性相关性，水资源本底条件较差的国家人均用水量普遍偏低（图6-5）。

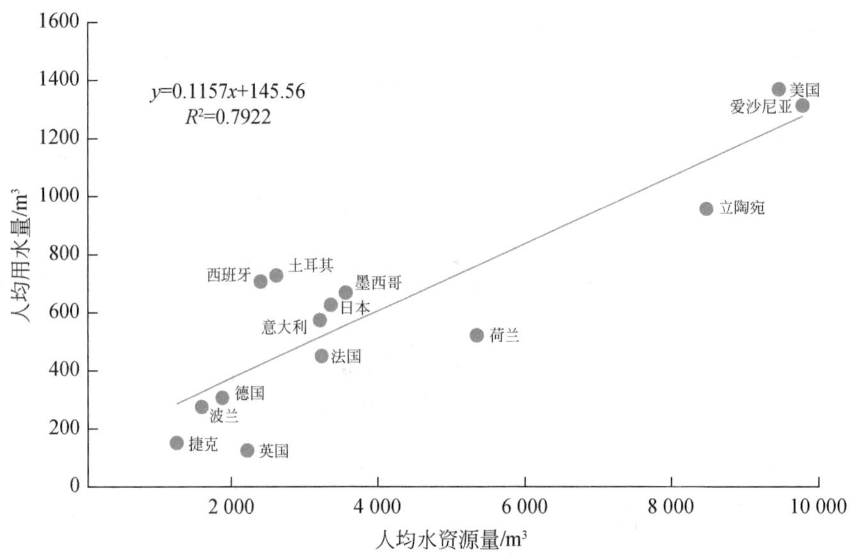

图6-5　部分OECD国家人均用水量与人均水资源量关系图

资料来源：FAO的AQUASTAT数据库

水资源条件越差，其对用水的制约性越强，相应地，越早出现用水总量的拐点。例如，日本和西班牙是分析国家中水资源开发利用程度最高的两个国家，其用水拐点出现时对应的人均GDP低于其他国家出现用水拐点时的经济水平（图6-6）。

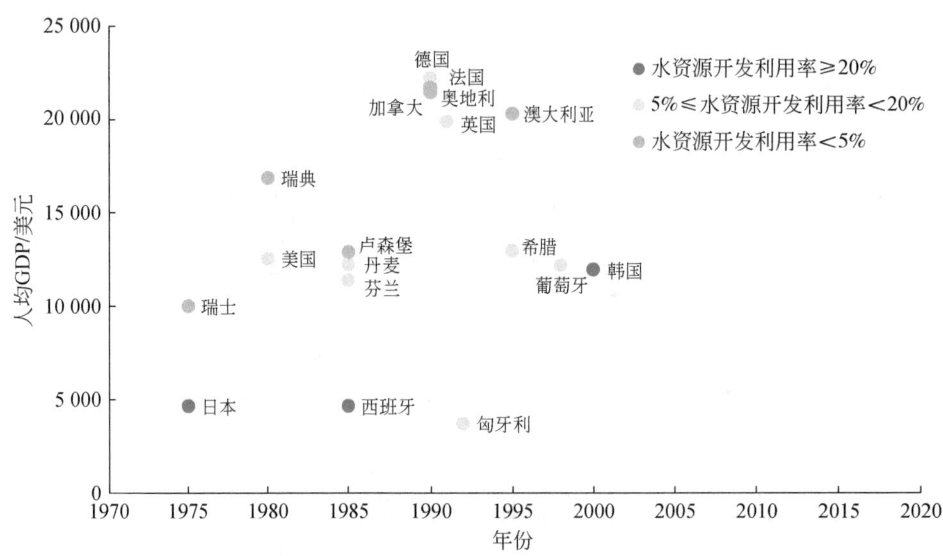

图6-6　OECD部分成员国用水总量拐点对应的人均GDP

资料来源：FAO的AQUASTAT数据库，世界银行统计数据库

6.2 黄河流域用水总量发展趋势研判

6.2.1 经济指标发展趋势

（1）人口

2002 年，黄河流域总人口为 1.09 亿人，2016 年为 1.19 亿人，增长了 1000 万人，年均增长率为 0.63%，同期全国平均年增长率为 0.48%。从总体趋势上看，黄河流域总人口未来还会有小幅增长（图 6-7）。从分区来看，黄河上游区人口年均增长率为 1.21%；中游区为 0.47%，与全国平均水平相当；而下游地区则呈现稳定态势。

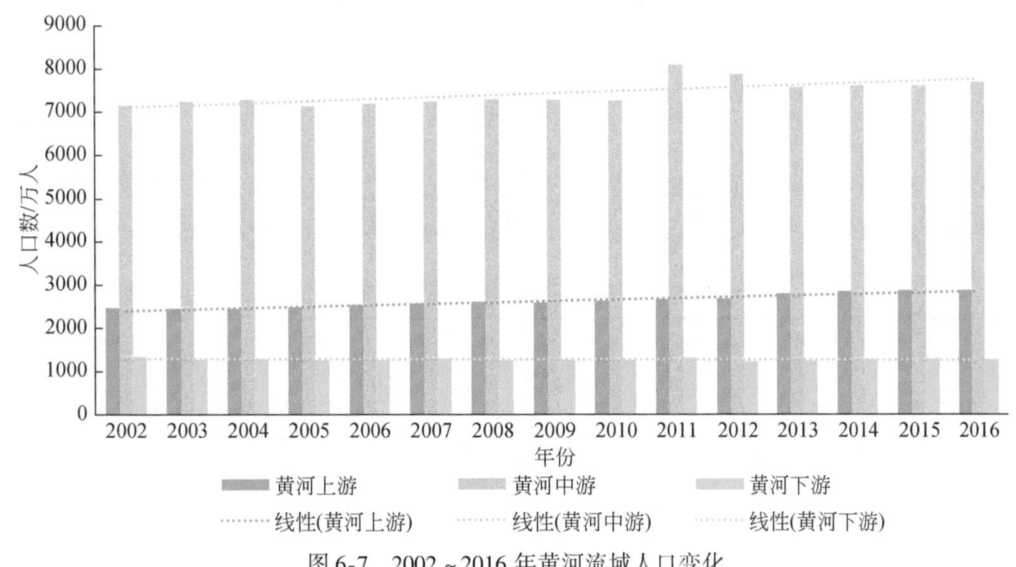

图 6-7 2002 ~ 2016 年黄河流域人口变化

资料来源：根据 2002 ~ 2016 年《中国水资源公报》推算而成

（2）经济规模

2000 年黄河流域人均 GDP 为 0.53 万元，2016 年达到 5.04 万元，年均增长率为 15.1%，上、中、下游人均 GDP 依次为 5.91 万元、4.74 万元、4.49 万元，均低于全国平均水平（5.97 万元）（图 6-8）。未来随着西部大开发、一带一路、中部崛起、区域协调发展等的实施，国家经济政策向中西部倾斜，黄河流域经济社会将得到快速发展。

（3）产业结构

近年来黄河流域产业结构在不断发生变化。2000 ~ 2016 年，所有省（自治区）第一产业占比均呈下降趋势，第二产业占比均呈先上升后下降趋势，第三产业占比呈缓慢上升趋势（表 6-3）。总的来看，黄河流域相关省（自治区）的产业结构在向更优的方向发展，但其优化升级的整体速度低于全国平均水平，2016 年，黄河流域相关省（自治区）中第

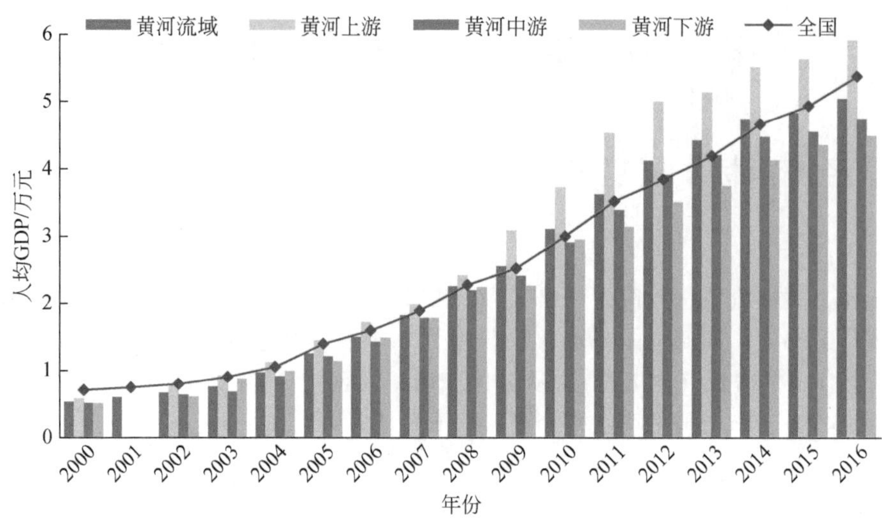

图 6-8　2000 ~ 2016 年黄河流域人均 GDP 变化
资料来源：2000 ~ 2016 年《中国水资源公报》

一产业占比低于全国平均值的省（自治区）仅有宁夏、山西、山东，第二产业占比低于全国平均值的省仅有甘肃、山西，第三产业占比高于全国平均值的省仅有甘肃、山西。

表 6-3　黄河流域相关省（自治区）产业结构情况　　　　(单位:%)

地区	第一产业占比		第二产业占比		第三产业占比	
	2000 年	2016 年	2000 年	2016 年	2000 年	2016 年
青海	15.2	8.6	41.3	48.6	43.5	42.8
甘肃	18.4	13.7	40.0	34.9	41.5	51.4
宁夏	15.6	7.6	41.2	47.0	43.2	45.4
内蒙古	22.8	9.0	37.9	47.2	39.4	43.8
陕西	14.3	8.7	43.4	48.9	42.3	42.3
山西	9.7	6.0	46.5	38.5	43.7	55.5
河南	23.0	10.6	45.4	47.6	31.6	41.8
山东	15.2	7.2	49.9	46.1	34.8	46.7
全国	15.0	8.2	45.0	42.8	39.9	49.1

资料来源：2001 年和 2017 年《中国统计年鉴》。

6.2.2　用水总量发展趋势

(1) 用水总量及其变化情况

2000 ~ 2016 年黄河流域用水总量呈现总体平稳状态（图 6-9）。上游用水总量呈现缓慢下降趋势，由 2000 年的 221.9 亿 m^3 下降到 2016 年的 189.1 亿 m^3，年均下降率为 0.99%；中游用水总量大体呈增长趋势，由 2000 年的 127.4 亿 m^3 增加到 2016 年的 162.1 亿 m^3，年均增长率为 1.52%；下游用水总量大体呈下降趋势，由 2000 年的 39.7 亿 m^3 下降到 2016 年的为 34.9 亿 m^3，年均下降率为 0.80%。

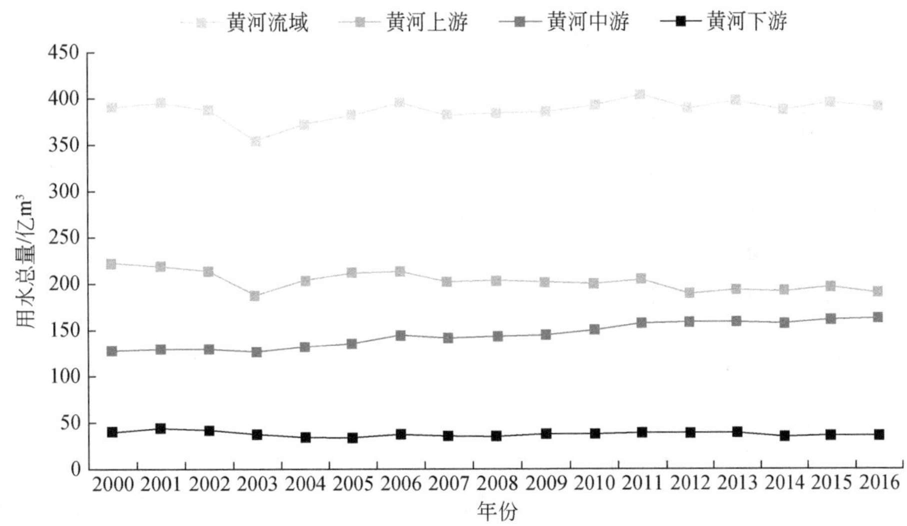

图 6-9 2000～2016 年黄河流域用水总量变化

资料来源：2000～2016 年《中国水资源公报》

(2) 经济影响因素下的用水总量发展趋向

根据前述分析不难发现，黄河流域经济社会总体还处于中低发展水平，第一产业占比仍相对较高，并没有完成工业化进程。近年来全流域用水总量呈现平稳趋势，主要是由于水资源短缺约束，所付出的代价是经济社会发展速度的被动放缓。2009 年黄河流域人均 GDP 曾反超全国平均水平，但近 5 年来黄河流域人均 GDP 的增速明显减缓，2015 年开始人均 GDP 再次低于全国平均水平。对比世界发达国家的用水发展历程，仅从经济驱动角度讲，相关经济指标（表 6-4）的变化仍会驱动黄河流域用水总量的持续增长。

表 6-4 黄河流域用水总量经济影响因素驱动

分区	人口			产业结构（第三产业占比）			人均 GDP		
	现状值/万人	未来发展	对用水总量驱动	现状值/%	未来发展	对用水总量驱动	现状值/万元	未来发展	对用水总量驱动
上游	2883	增长	增长	45	增长	增长	5.912	增长	增长
中游	7682	增长	增长	46	增长	增长	4.740	增长	增长
下游	1293	平稳	平稳	43	增长	增长	4.494	增长	增长

6.3　新时期黄河流域需水预测原则

(1) 充分遵循“节水优先”方针

按照“以水定城、以水定地、以水定人、以水定产”的思路，体现生态承载力的理念和建设节水型社会的要求。对黄河流域而言，农业严控灌溉面积和灌溉定额、工业严控高耗水产业、生态严控人工耗水景观。

(2) 国家需求和地方发展综合考量

一方面从保障国家能源安全、粮食安全、生态安全，支撑国家重大战略等宏观视角考虑黄河流域的发展方向和产业布局；另一方面从地方社会经济发展现实需求等方面考虑其城市建设、产业布局等。

(3) 经济发展同生态保护协同共进

坚持“绿水青山就是金山银山”的理念，立足黄河流域实际情况，正确把握生态环境保护和经济发展的关系，按照生态环境保护和经济发展协同推进的总体方向，科学配置生态环境保护和经济发展用水。

(4) 普遍规律和实际情况有机结合

在需水预测时，一方面要尊重普遍规律，预测结果要符合经济社会发展过程中用水规模和结构演化的一般规模；另一方面要注意体现地域的差异性，不同的资源禀赋、发展阶段和产业特点等所带来的特殊性。

(5) 已有规划和最新成果相互印证

在需水预测时，一方面要注意遵循各层面各行业已有规划目标和内容，如全国和流域水资源综合规划，以及能源、粮食等相关行业规划；另一方面要注意充分吸收最新研究成果，以更加客观地反映实际情况。

第7章　黄河流域城镇化发展进程与生活需水预测

黄河流域上中下游城镇化发展不均衡，沿黄9省（自治区）只有内蒙古城镇化率（62.7%，此处指内蒙古在黄河流域内所在地区的城镇化率，下同）高于全国平均水平（57.4%），甘肃省城镇化率仅为47.69%，其他省（自治区）城镇化率介于48%～57%。近年来以关中—天水地区、呼包鄂榆地区、太原城市群、中原经济区等为代表的城市群正成为新的城镇化增长极，未来在西部大开发战略、“一带一路”倡议、黄河生态经济带等驱动下，黄河流域城镇化进程仍将快速发展。基于公共服务均等化的发展要求，预测城镇生活用水将保持较快增长速度，到2050年，生活用水最大将达到91.33亿m^3，比现状增加40.58亿m^3。

7.1　黄河流域城镇化进程现状

改革开放以来，中国城镇化率从1980年的19.39%提高到2016年的57.35%，以每年3.06%的速度提高。这个时期中国的城镇化速度是世界上最快的，对城市人口增量的贡献超过1/4。在此过程中，黄河流域城镇化进程呈现以下几方面特点。

1）总体略低于全国平均水平，近年来增速很快。黄河流域城镇化率从1980年的17.8%增长到2016年的53.4%，年均增长率3.10%（图7-1）。尤其需要指出的是，2000年以来，黄河流域城镇化率年均增速达到了4%，大幅高于全国2.91%的水平。这也从侧面说明了1999年开始的西部大开发战略对黄河流域发展的推动作用。

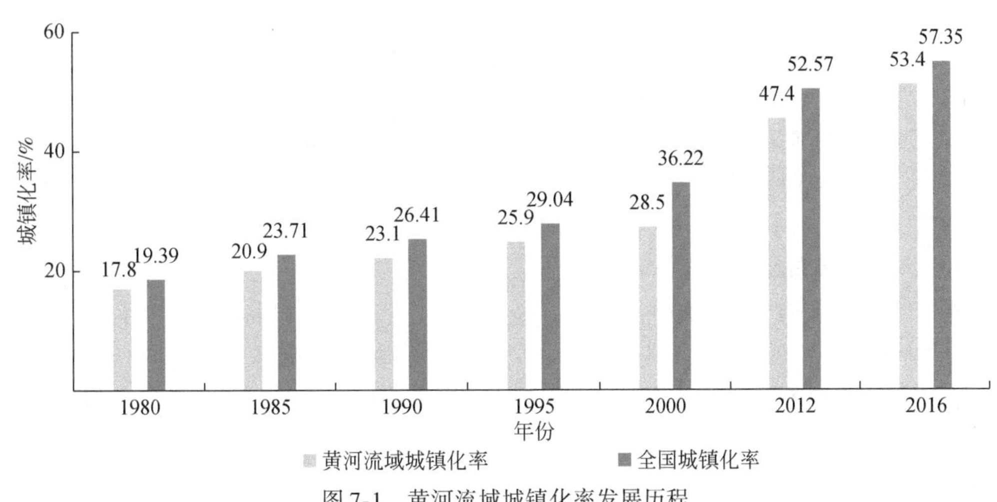

图7-1　黄河流域城镇化率发展历程

2）上下游发展不均衡，城镇化进程差别较大。从城镇化水平的空间差异来看，呈现出中下游高于上游的特点。沿黄 9 省（自治区）中只有内蒙古的城镇化率高于全国平均水平，除流域内占比极小的四川外，城镇化率最低的是位于黄河上游的甘肃，仅为 47.69%，城镇人口仍然少于农村人口。其他省（自治区）的城镇化率均介于 50% ~60%（图 7-2）。

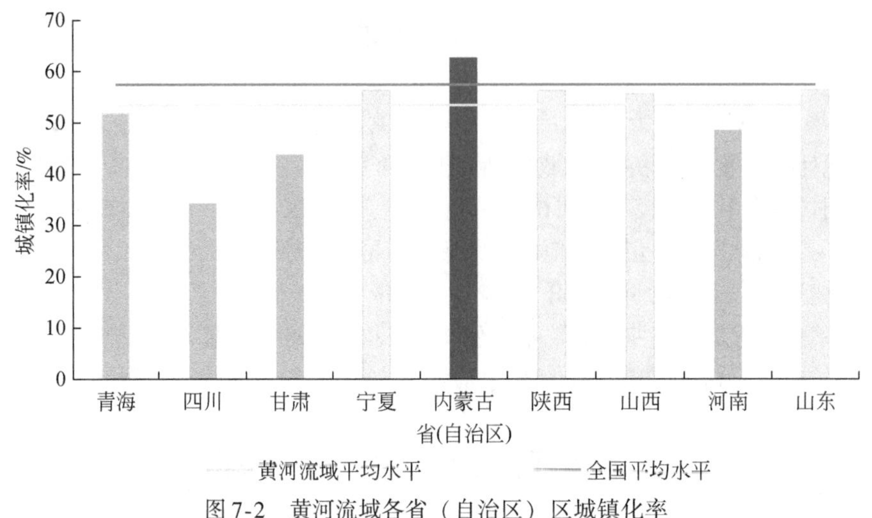

图 7-2 黄河流域各省（自治区）区城镇化率

3）以城市群发展为特征，新的增长极正在形成。兰州—西宁地区、宁夏沿黄经济区、关中—天水地区、呼包鄂榆地区、太原城市群、中原经济区、环渤海地区等发展迅速，如关中平原城市群已成为西部地区第二大城市群，经济活力仅次于成渝城市群；呼包鄂榆城市群经过高速发展，已成为内蒙古最具活力的城市经济圈。

7.2 黄河流域城镇化发展进程预测

黄河流域的城镇化发展进程预测，遵循几个基本考量：一是要以水定城，需要合理控制城镇布局和规模，尤其是超大规模城市群；二是外部驱动强烈，西部大开发战略、“一带一路”倡议、黄河生态经济带会对流域内城镇化提供较强的驱动作用；三是人口总体变化趋势基本与全国保持一致，流域人口流入流出维持平衡态势；四是流域上下游城镇化程度依然存在差别，东中部高于西部。基于以上考量，预测如下。

（1）人口规模与峰值

《国家人口发展规划（2016—2030 年）》预测，全国总人口将在 2030 年前后达到峰值，此后持续下降，峰值人口规模为 14.5 亿人。预测黄河流域基本保持同样趋势，人口峰值出现在 2030 年前后，此后逐渐下降，2035 年达到 1.2 亿人，占全国人口的比例维持在 8.6% 左右。

（2）城镇化率

《国家人口发展规划（2016—2030 年）》预测，以“瑷珲—腾冲线”为界的全国人口分布基本格局保持不变，到 2030 年，全国常住人口城镇化率达到 70%。考虑到现状黄河流域城镇化率略低于全国平均水平及上下游差异等因素，预测黄河流域城镇化率 2035 年整体上达到 70% 左右，且东部高于中西部；2035 年后仍缓慢上升，但上升空间有限（表 7-1）。

表 7-1　黄河流域人口及城镇化指标预测

地区	总人口					城镇人口/万人			城镇化率/%		
	现状年/万人	2035 年/万人	平均增长率/‰	2050 年	平均增长率/‰	现状年	2035 年	2050 年	现状年	2035 年	2050 年
青海	483	531	5	515	−2	250	363	373	51.8	68.4	72.4
四川	22	24	4.6	23	−2.8	8	15	15	36.4	62.5	65.2
甘肃	1 820	1 865	1.3	1 834	−1.1	797	1 179	1 229	43.8	63.2	67.0
宁夏	675	743	5.1	720	−2.1	380	510	523	56.3	68.6	72.6
内蒙古	941	948	0.4	935	−0.9	589	681	712	62.6	71.8	76.1
陕西	3 016	3 096	1.4	3 045	−1.1	1 697	2 248	2 345	56.3	72.6	77.0
山西	2 426	2 538	2.4	2 485	−1.4	1 350	1 835	1 904	55.6	72.3	76.6
河南	1 770	1 864	2.7	1 822	−1.5	858	1 275	1 321	48.5	68.4	72.5
山东	805	850	2.9	830	−1.6	454	629	651	56.4	74.0	78.4
黄河流域	11 958	12 459	2.2	12 209	−1.4	6 383	8 735	9 073	53.4	70.1	74.3

7.3　黄河流域生活需水预测

7.3.1　生活需水影响因素

生活需水量变化主要受人口总量、人口分布和居民用水水平三方面影响。与现状年相比，黄河流域人口总量、城镇人口占比、人均生活用水均呈上升态势，需水量亦随之增加。其中，人均生活需水量不仅会受到当地气候、生活习惯、经济条件和节水水平等客观因素影响，同时对适宜的用水水平存在不同的主观认知，具有一定的不确定性和主观性。

本研究采用公共服务均等化理念确定人均生活需水量。居民生活用水属于基本公共服务。2018 年 12 月，中共中央办公厅、国务院办公厅印发的《关于建立健全基本公共服务标准体系的指导意见》提出，以标准化促进基本公共服务均等化、普惠化、便捷化。到 2035 年，基本公共服务均等化基本实现。这意味着在同一地区，居民生活用水的服务水平基本相同。据此，预测到 2035 年，各地达到所在区域先进地区现状水平；到 2050 年，整体上达到国内北方先进地区现状水平。

7.3.2 黄河流域生活需水计算

(1) 城镇生活需水量

城镇生活需水量包括城镇居民家庭生活需水和公共需水（含第三产业及建筑业等需水）。基准年，黄河流域城镇生活需水量36.71亿m^3；预测到2035年，城镇生活需水量61.12亿m^3；到2050年，城镇生活需水量79.54亿m^3（表7-2）。

表7-2 黄河流域城镇生活需水量预测

地区	城镇人口/万人			人均生活用水量/［L/（人·d）］			需水量/亿m^3		
	基准年	2035年	2050年	基准年	2035年	2050年	基准年	2035年	2050年
青海	250	363	373	205	213	267	1.87	2.82	3.64
四川	8	15	15	171	190	238	0.05	0.1	0.13
甘肃	797	1179	1229	181	173	217	5.27	7.44	9.73
宁夏	380	510	523	174	190	238	2.41	3.54	4.54
内蒙古	589	681	712	160	180	226	3.44	4.47	5.87
陕西	1697	2248	2345	154	205	257	9.54	16.82	22
山西	1350	1835	1904	144	193	241	7.10	12.93	16.75
河南	858	1275	1321	146	197	247	4.57	9.17	11.91
山东	454	629	651	148	167	209	2.45	3.83	4.97
黄河流域	6383	8735	9073	158	192	240	36.71	61.12	79.54

(2) 农村生活需水量

基准年，黄河流域农村生活需水量14.04亿m^3；预测到2035年，农村生活需水量11.03亿m^3；到2050年，农村生活用水量11.79亿m^3（表7-3）。

表7-3 黄河流域农村生活需水量预测

地区	农村人口/万人			人均生活用水量/［L/（人·d）］			需水量/亿m^3		
	基准年	2035年	2050年	基准年	2035年	2050年	基准年	2035年	2050年
青海	233	168	142	68	71	87	0.58	0.44	0.45
四川	14	9	8	78	114	140	0.04	0.04	0.04
甘肃	1023	686	605	67	50	80	2.52	1.25	1.77
宁夏	295	233	197	64	65	80	0.69	0.55	0.58
内蒙古	352	267	223	74	85	104	0.95	0.83	0.85
陕西	1319	848	700	73	89	109	3.50	2.75	2.78

续表

地区	农村人口/万人			人均生活用水量/［L/（人·d）］			需水量/亿 m³		
	基准年	2035 年	2050 年	基准年	2035 年	2050 年	基准年	2035 年	2050 年
山西	1076	703	581	68	112	138	2. 67	2. 87	2. 93
河南	912	589	501	68	83	102	2. 25	1. 78	1. 87
山东	351	221	179	66	65	80	0. 84	0. 52	0. 52
黄河流域	5575	3724	3136	69	81	103	14. 04	11. 03	11. 79

（3）生活需水量小计

根据以上预测，包括城镇生活和农村生活在内的黄河流域生活需水量，基准年为 50. 75 亿 m^3，2035 年达到 72. 15 亿 m^3，2050 年达到 91. 33 亿 m^3（表 7-4）。

表 7-4　黄河流域生活需水量预测　（单位：亿 m^3）

地区	基准年			2035 年			2050 年		
	城镇	农村	小计	城镇	农村	小计	城镇	农村	小计
青海	1. 87	0. 58	2. 45	2. 82	0. 44	3. 26	3. 64	0. 45	4. 09
四川	0. 05	0. 04	0. 09	0. 1	0. 04	0. 14	0. 13	0. 04	0. 17
甘肃	5. 27	2. 52	7. 79	7. 44	1. 25	8. 69	9. 73	1. 77	11. 50
宁夏	2. 41	0. 69	3. 10	3. 54	0. 55	4. 09	4. 54	0. 58	5. 12
内蒙古	3. 44	0. 95	4. 39	4. 47	0. 83	5. 30	5. 87	0. 85	6. 72
陕西	9. 54	3. 50	13. 04	16. 82	2. 75	19. 57	22	2. 78	24. 78
山西	7. 10	2. 67	9. 77	12. 93	2. 87	15. 80	16. 75	2. 93	19. 68
河南	4. 57	2. 25	6. 82	9. 17	1. 78	10. 95	11. 91	1. 87	13. 78
山东	2. 45	0. 84	3. 29	3. 83	0. 52	4. 35	4. 97	0. 52	5. 49
黄河流域	36. 70	14. 04	50. 74	61. 12	11. 03	72. 15	79. 54	11. 79	91. 33

7. 3. 3　生活需水变化趋势分析

1）2016 ~ 2035 年生活用水年均增长率 1. 87%，略低于 2000 年以来生活用水 2. 33% 的年均增长率，表明黄河流域生活用水基本将保持 2000 年以后的增长态势。2035 年以后增速趋缓，年均增长率约 1. 58%。

2）生活用水增长较快的主要因素是总人口增加以及生活用水定额提高。其中，受城镇化影响，城镇生活用水增速很快，农村生活用水则相对稳定。城市群用水强度可能面临迅速增大的风险。

第8章 黄河流域工业化进程与工业需水预测

本研究分能源工业和一般工业两部分来预测未来工业需水。基于我国能源安全现状及需求判断，未来黄河流域能源产业规模仍需维持适度增长，考虑煤炭、火电、煤化工、石油化工等能源规划规模与布局，以及最节约的用水工业、设备和产品，预计到2050年，黄河流域能源产业用水需求将增长到42.06亿m^3，比现状增加19.32亿m^3。从黄河流域现状产业结构、工业化进程以及国内外工业用水发展趋势来看，黄河流域工业需水还将处于上升阶段，研判到2035年左右总体进入工业化进程后期，一般工业用水需求将达到峰值，据此预测到2050年，一般工业需水将增长到48.71亿m^3左右，比现状增加8.49亿m^3。综合以上，到2050年，预测黄河流域工业需水为90.77亿m^3，比现状增加27.81亿m^3。

8.1 国内外工业用水演变规律

工业用水量与社会经济发展和产业结构密切相关，且随时间变化呈现出倒U形的演变规律。本节对国内外工业用水演变规律进行研究，从而为更好地预测黄河流域的工业需水量提供科学依据。

8.1.1 世界发达国家工业用水变化驱动力分析

(1) 世界发达国家工业用水演变分析

世界发达国家的工业用水量大体上都经过了快速增长、缓慢增长和零增长或是负增长阶段。美国的工业用水量从1950年的1064亿m^3增加到1980年的3500亿m^3以上，其工业用水量的增长速度出现了大幅度的提升。瑞典1945年的工业用水量为11亿m^3，但1967年的工业用水量已经接近40亿m^3。在欧洲，以英国、法国、德国为代表的西方发达国家在20世纪40年代至60年代末期也出现了工业用水量的快速增长，但是到了20世纪70年代西方发达国家的工业用水量不同程度地出现了由高峰转而下降的趋势，如美国的工业用水量从1981年开始出现下降，之后一直处于负增长状态，日本的工业用水量从1973年开始出现明显的下降，之后一直处于零增长状态。图8-1和图8-2为世界典型发达国家——美国和日本的工业用水量变化趋势。

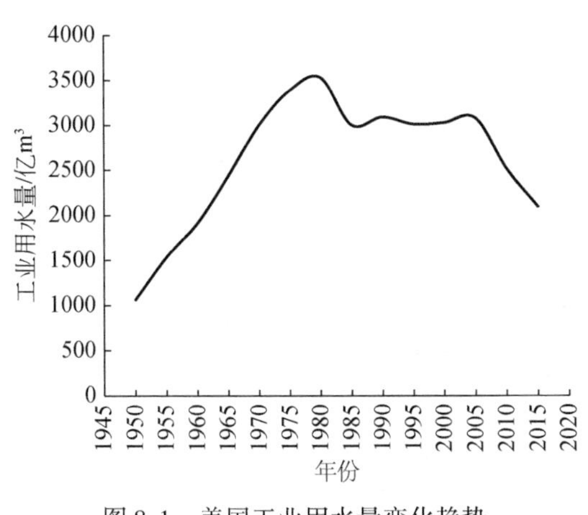

图 8-1　美国工业用水量变化趋势

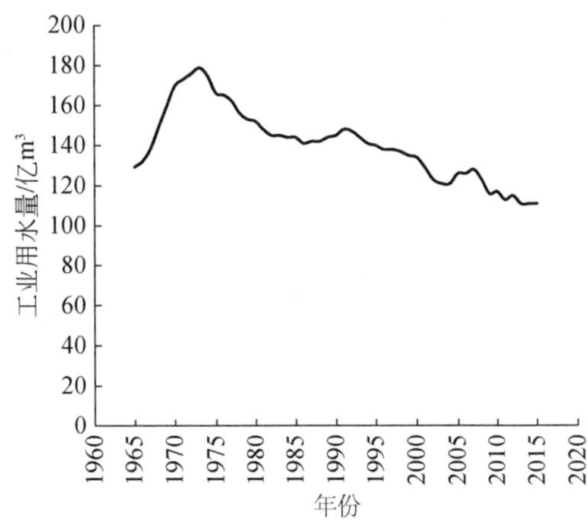

图 8-2　日本工业用水量变化趋势

就一个国家而言，工业用水发展历程更是与其工业发展阶段、产业结构变化相关，不同的经济发展阶段，工业用水都会体现其时代的特点。OECD 的 26 个成员国都随着时间和经济的发展出现了工业用水量的转折点。可以总结出，当经济发展到一个较高的阶段时，工业用水量将达到一个峰值并停止增长，而后开始下降，遵循库兹涅茨曲线的倒 U 形特征。表 8-1 列出了目前 OECD 的 26 个成员国存在工业用水量峰值的拐点时间、当年的人均 GDP 以及当年 GDP 中工业增加值占比。

表 8-1　OECD 中部分国家工业用水量峰值时间及相关指标

国家	工业用水量峰值年份	人均 GDP/现价美元	GDP 中工业增加值占比/%
澳大利亚	1982	12 766.59	28.87
奥地利	1990	21 680.99	29.56
比利时	1985	8 797.66	26.14
加拿大	1994	19 935.38	28.01
捷克	1983	3 917.16	34.84
丹麦	1987	21 340.71	22.83
芬兰	1972	3 180.01	35.46
法国	1989	17 694.31	24.39
德国	1989	17 697.16	33.56
匈牙利	1990	3 349.77	25.75
以色列	2002	18 423.50	21.48
意大利	1981	7 597.69	27.99

续表

国家	工业用水量峰值年份	人均 GDP/现价美元	GDP 中工业增加值占比/%
日本	1973	3 997. 84	34. 70
卢森堡	1975	9 008. 03	19. 16
荷兰	1968	2 185. 25	36. 62
挪威	1985	15 753. 55	35. 70
波兰	1988	1 731. 21	33. 56
葡萄牙	1980	3 368. 70	24. 81
韩国	1992	8 001. 54	35. 22
斯洛伐克	1975	2 395. 56	33. 09
西班牙	1986	6 495. 81	28. 36
瑞典	1966	3 007. 60	30. 27
瑞士	1985	16 655. 34	31. 07
土耳其	2003	4 718. 20	24. 83
英国	1985	8 652. 22	27. 90
美国	1981	13 976. 11	23. 13

资料来源：贾绍凤等（2004）、FAO 的 AQUASTAT 数据库和世界银行数据库。

从图 8-3 和图 8-4 可以看出，OECD 中部分国家工业用水峰值对应的人均 GDP 在 2. 5 万美元以下，其中美国、澳大利亚、加拿大、德国和法国等工业用水较多的国家峰值对应的人均 GDP 均在 15 000 美元左右，日本、瑞典、荷兰、芬兰等工业用水较少的国家峰值

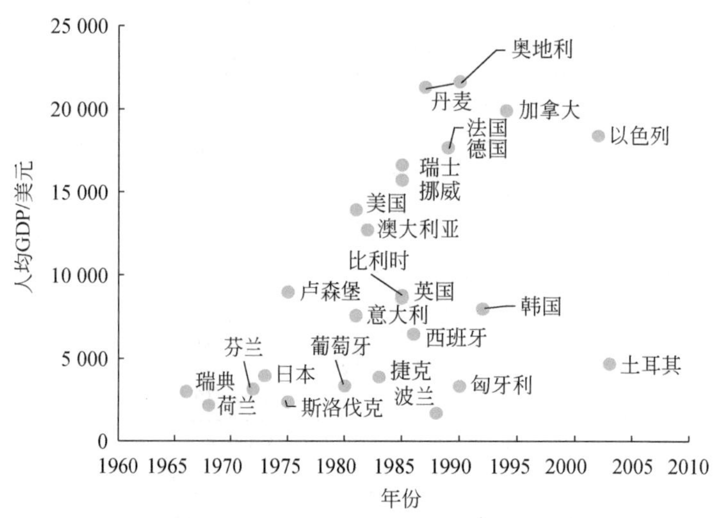

图 8-3　工业用水峰值点对应的人均 GDP

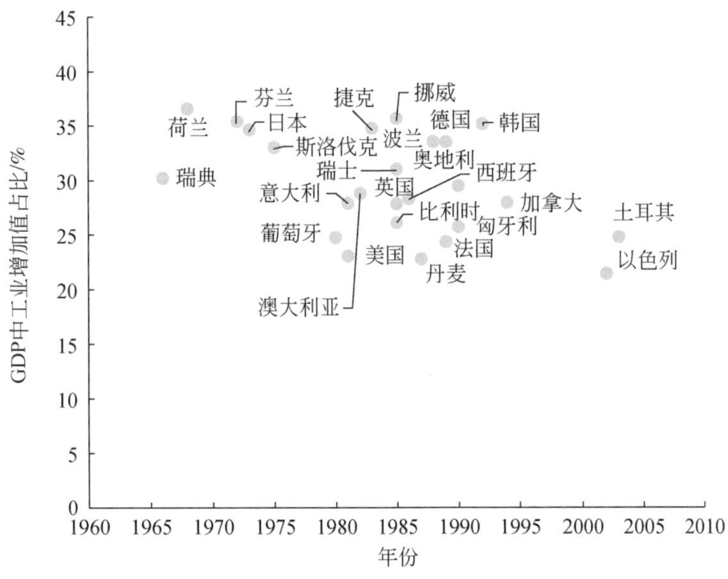

图 8-4　工业用水峰值点对应的 GDP 中工业增加值占比

对应的人均 GDP 均在 5000 美元以下。当前存在工业用水量拐点的国家的工业用水下降时，对应的工业增加值在 GDP 总量中所占份额在 22% ~37%，大多集中在 30% 左右。本研究分析得到，世界发达国家进入工业化后期的后半阶段时，工业用水达到峰值（陈佳贵，2008）。

世界发达国家的工业用水出现倒 U 形曲线的原因主要是 20 世纪 40 ~60 年代工业的迅速发展，高耗水工业迅速扩张，工业需水量迅速扩大，用水量激增。然而到 20 世纪 70 年代，西方发达国家的产业结构不断升级调整，工业结构不断优化，第二产业迅速向第三产业转移，高耗水工业减少。另外，随着经济的快速发展，工业节水技术不断进步，工业重复利用率不断提高，工业耗水量也相应地减少。说明发展中国家的工业用水量将不会持续增长，当人均 GDP 和经济结构向一个更高的水平发展时，发展中国家的工业用水将会下降。

（2）世界发达国家工业用水与经济发展变化分析

工业用水量与社会经济发展阶段密切相关，通常将人均 GDP 作为衡量一个国家或地区的社会经济发展水平的主要标志。因此，本节以美国、日本两个典型世界发达国家为例，探究其现代化工业发展进程中人均 GDP 与工业用水量间的关系。

图 8-5 和图 8-6 分别为针对美国和日本进行的人均 GDP 与人均工业用水量关系拟合。结果显示，在同一国家或地区内，人均 GDP 与人均工业用水量具有很好的相关性。这说明就某一国家或地区而言，由于社会经济发展和水资源短缺具有连续性，工业用水总量体现着产业结构的缓慢升级和技术逐步进步，工业用水增长具有连续性并体现经济的逐步发展，因此与 GDP 呈现良好的相关性。

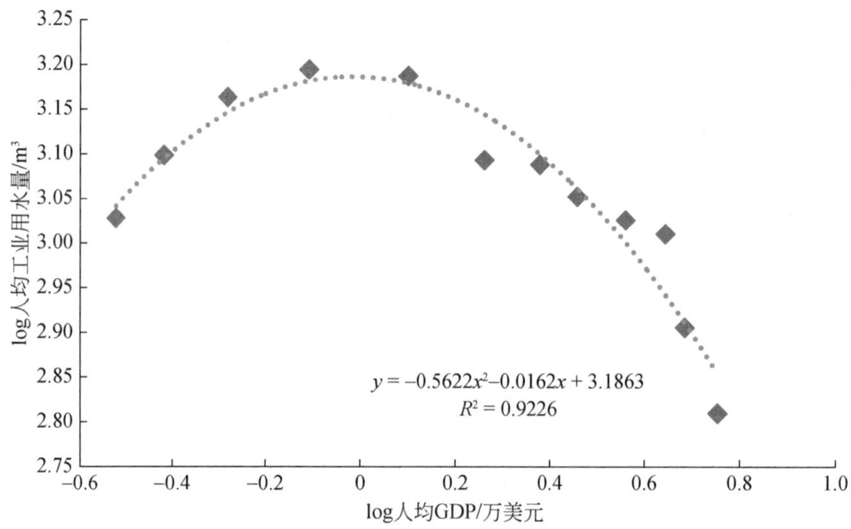

图 8-5　1950～2015 年美国人均 GDP 与人均工业用水量的拟合关系

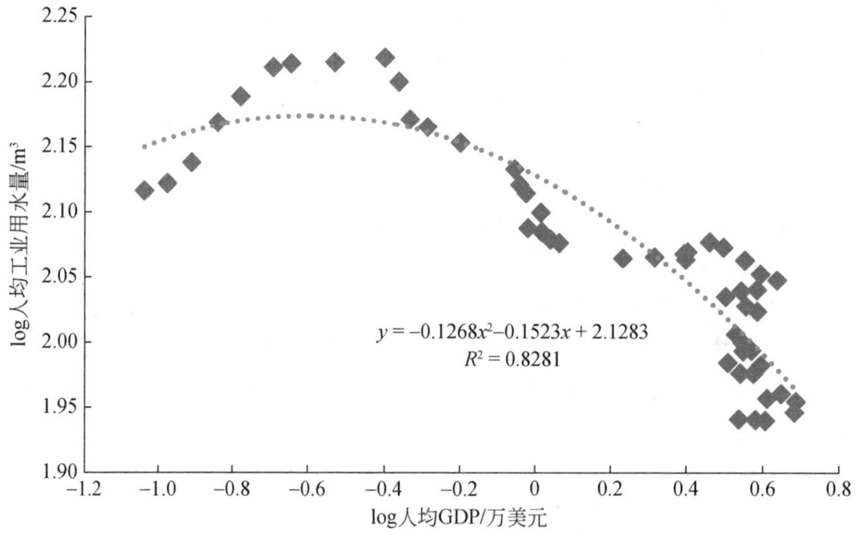

图 8-6　1965～2015 年日本人均 GDP 与人均工业用水量的拟合关系

8.1.2　我国工业用水变化驱动力分析

(1) 我国工业用水演变分析

1949 年以来，我国工业用水量整体呈现快速增长、缓慢增长、负增长的趋势，如图 8-7 所示。不难看出，我国工业用水演变与工业发展基本是同步的。因此，按照工业发展的阶段，将工业用水演变历程划分为五个阶段：一是新中国成立初至改革开放前，工业用水增长快、总量少的快速增长阶段；二是改革开放后至 1996 年，增长快、总量大的快速增长阶段；三是 1997 ~ 2003 年，增长慢、总量大的缓慢增长阶段；四是 2003 ~ 2011 年的快速增长阶段，随着经济的增长，工业用水增长迅速；五是 2011 年至今，工业用水量开始出现缓慢下降的趋势。

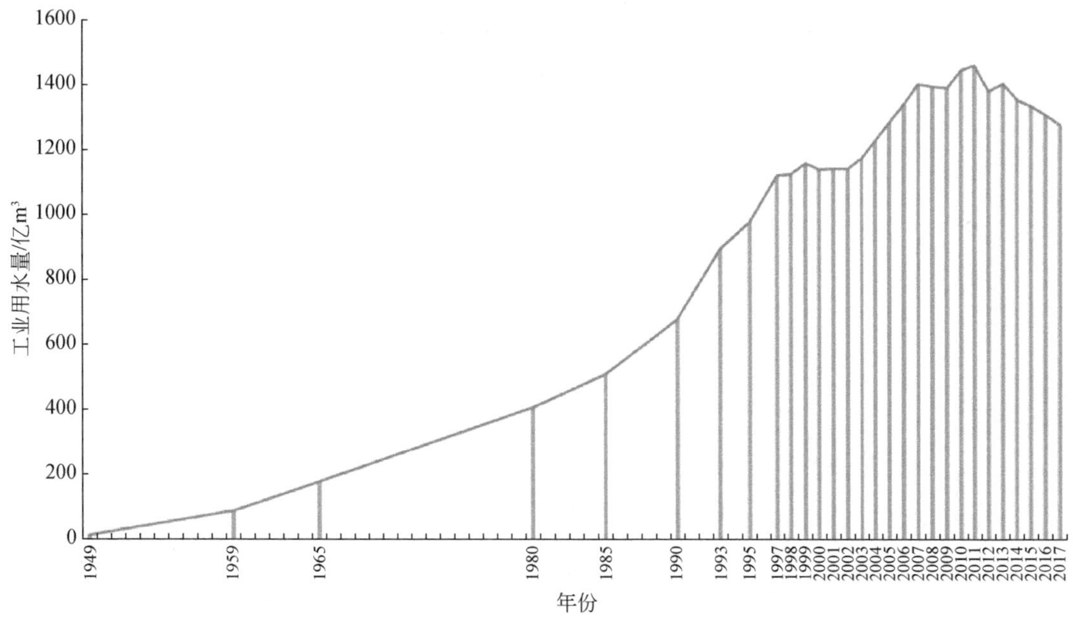

图 8-7 1949 ~ 2017 年我国工业用水量

资料来源：《中国水资源公报》（2018 年）

进一步对我国 31 个省（自治区、直辖市）的工业用水量变化情况进行分析，见表 8-2。可以发现，1997 ~ 2010 年大多数省（自治区、直辖市）工业用水量呈现上升态势，这与经济发展情况同步。而 2010 ~ 2017 年大多数省（自治区、直辖市）工业用水量陡然下降，主要是因为在此期间（2012 年）我国实行了最严格水资源管理制度。

表 8-2 1997 ~ 2017 年我国各省（自治区、直辖市）工业用水量变化

1997 ~ 2010 年	2010 ~ 2017 年
上升（共 16 个）：内蒙古、江苏、浙江、安徽、福建、江西、河南、湖北、湖南、广东、重庆、四川、贵州、云南、西藏、青海	上升（共 5 个）：天津、江苏、陕西、宁夏、新疆
平缓（共 7 个）：山西、吉林、上海、广西、海南、陕西、新疆	平缓（共 6 个）：山西、安徽、江西、山东、湖南、青海
下降（共 8 个）：北京、天津、河北、辽宁、黑龙江、山东、甘肃、宁夏	下降（共 20 个）：北京、河北、内蒙古、辽宁、吉林、黑龙江、上海、浙江、福建、河南、湖北、广东、广西、海南、重庆、四川、贵州、云南、西藏、甘肃

(2) 我国工业用水与经济发展变化分析

如图 8-8 所示，1979 ~ 1996 年，我国工业增长迅速，1997 ~ 2002 年我国经济处于调整期，工业增加值增长速度减缓，因此，1997 ~ 2002 年全国工业用水量仅增加了 22 亿 m^3，年均增长率仅 0.4%，为历史最低。2003 年以后，中国工业经过一段调整期后进入新一轮的稳定发展阶段，2003 ~ 2007 年，中国工业增加值年增长率均在 16% 以上，工业用水量增加了 220 亿 m^3。2010 年之后，随着产业结构的调整，中国工业增加值年增长率连年下降。这与工业用水量的变化特征相符，进一步说明工业生产的发展是工业用水量增加的决定性因素。

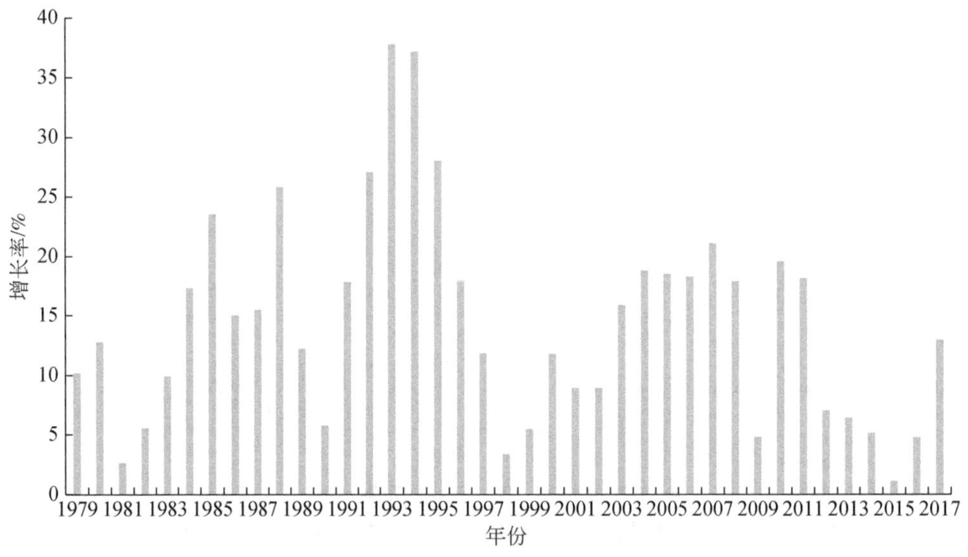

图 8-8　1979 ~ 2017 年中国工业增加值年增长率

对第二产业增加值在 GDP 中的占比进行分析可以得出（图 8-9），第二产业在 GDP 中的占比较为波动，其中，1978 ~ 1982 年占比忽高忽低，主要是因为此时中国刚刚迈开改革开放的步伐。随后开始逐渐上升，直至 1988 年占比达到 61.3% 时又有所回落，1992 ~ 2000 年占比较稳定，保持在 55% ~ 65%。随后的两年间又出现了一个低谷，2003 ~ 2010 年第二产业占比较为稳定，此时中国的经济发展速度惊人，2011 ~ 2017 年我国进行大幅度产业结构调整，第二产业占比开始逐步下降，下降至 36%，已接近工业用水峰值对应的工业增加值占比 22% ~ 37% 边缘。

对中国进行工业用水量与人均 GDP 的关系拟合，结果显示，工业用水量与人均 GDP 具有很好的相关性，如图 8-10 所示。

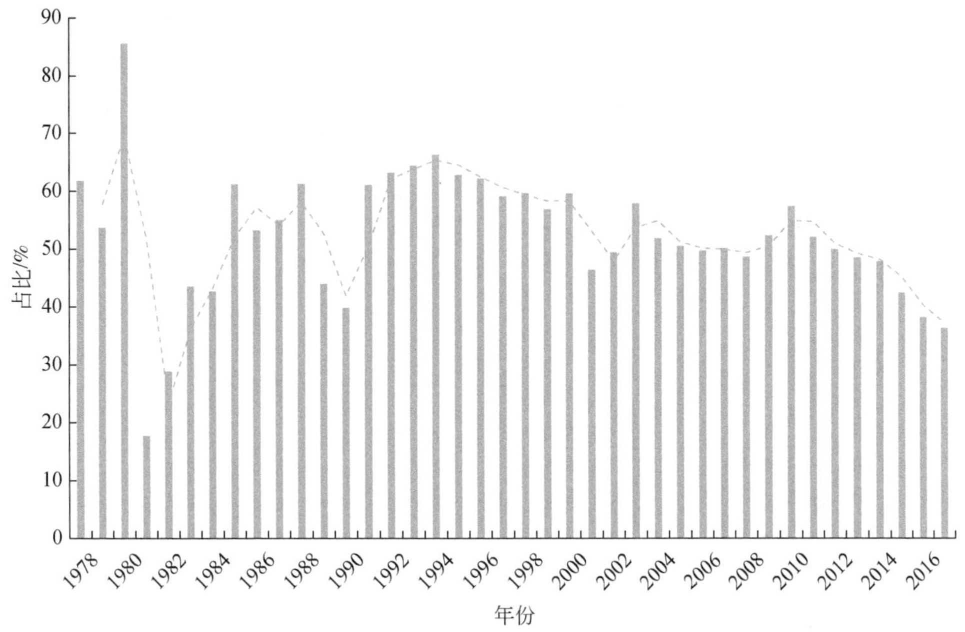

图 8-9　1978 ~ 2017 年中国第二产业占比变化

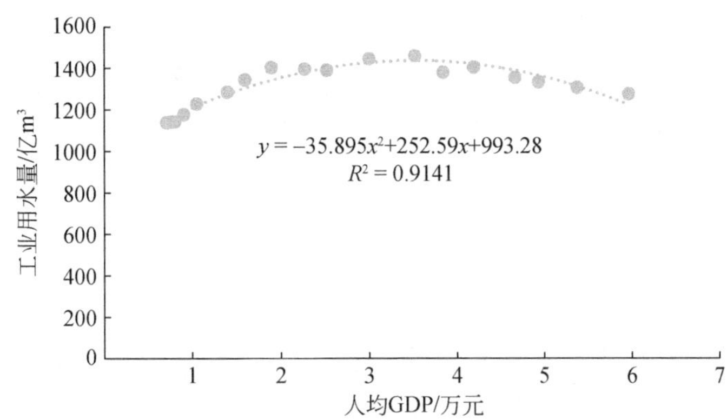

图 8-10　2000 ~ 2017 年中国人均 GDP 与工业用水量拟合关系

8.2　黄河流域能源产业预测

8.2.1　黄河流域能源安全战略地位

(1) 我国能源安全现状及面临的挑战

能源是人类社会生存发展的重要物质基础，攸关国计民生和国家战略竞争力。我国是能源生产大国，拥有丰富的化石能源资源，其煤炭探明剩余可采储量约占全世界的13%，但人均能源资源量在世界上处于较低水平。我国也是能源消费大国，近10年我国保持着年均3%的能源消费增长量（国家统计局能源统计司，2019）。2016年，我国能源消费总量为43.6亿t标准煤，其中煤炭和石油的消费占比分别为62.0%和18.5%，天然气和非化石能源的消费占比分别为6.2%和13.3%。

2010年，我国能源消费总量首次超过美国，成为世界第一能源消费大国。2016年，中国能源消费总量占全球的23%，但人均一次能源消费量仅为3.1t标准煤，远低于加拿大（13.1t标准煤）、沙特阿拉伯（12.7t标准煤）、美国（10.0t标准煤）等国家（图8-11）。

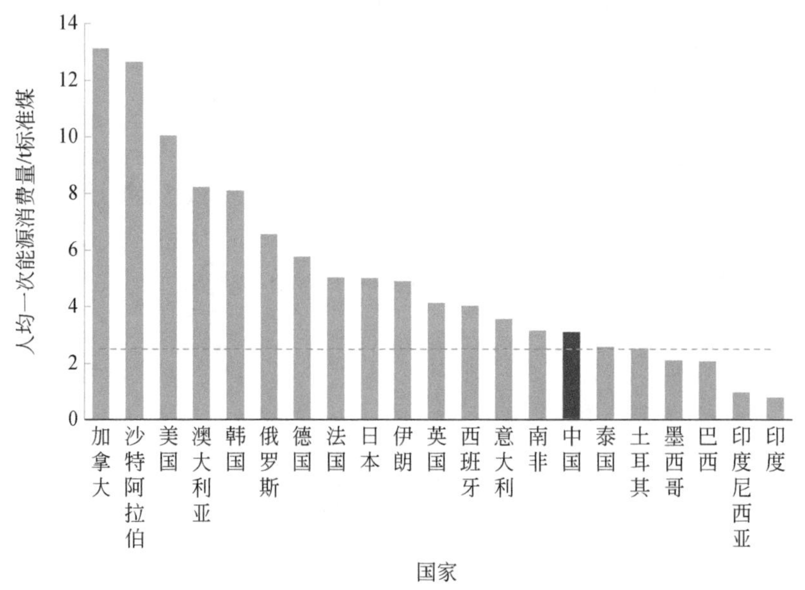

图8-11　2016年我国人均一次能源消费量与世界主要国家比较

长期以来，我国能源安全问题主要表现为能源需求快速增加，对外依存度不断提高。2000～2016年，我国能源对外依存度从5.7%上升到20.6%（图8-12）。2016年我国天然气对外依存度34.4%，原油对外依存度达65%。由于复杂的国际形势，过高的对外能源依赖或可成为中国经济社会建设和对外政策的制约因素。因此，稳定和发展国内能源产业，对维持我国经济社会顺利运转、保障经济发展有着重要的意义。

（2）黄河流域能源产业现状及在我国能源安全保障中的作用

黄河流域是能源资源富集区，流域已探明煤炭资源储量约1.3万亿t，石油储量80亿t、天然气储量1.8万亿m^3，分别约占全国的50%、50%和40%（图8-13）。2014年国务院办公厅印发的《能源发展战略行动计划（2014—2020年）》以及2016年国务院批复的《全国矿产资源规划（2016—2020年）》，都提出重点建设的14个亿吨级大型煤炭基地，其中黄河流域包括宁东、神东、陕北、黄陇、晋北、晋中、晋东7个大型煤

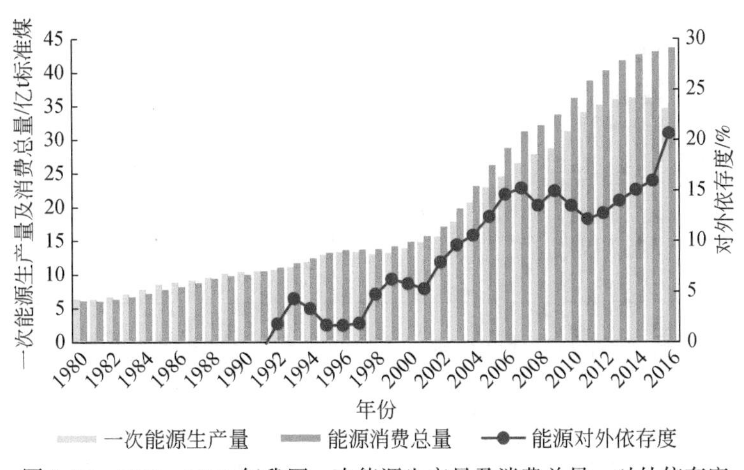

图 8-12　1980 ~ 2016 年我国一次能源生产量及消费总量、对外依存度

炭基地。长期以来，黄河流域为保障国家能源安全持续提供着强有力的保障。据统计，2016 年黄河流域一次能源产量占全国总产量的 62%。这一占比虽相较于 2010 年的 68.3% 有所下降，但不可否认的是，黄河流域的能源生产占全国的比例稳定在 60% 以上，具有绝对不可替代的重要地位。

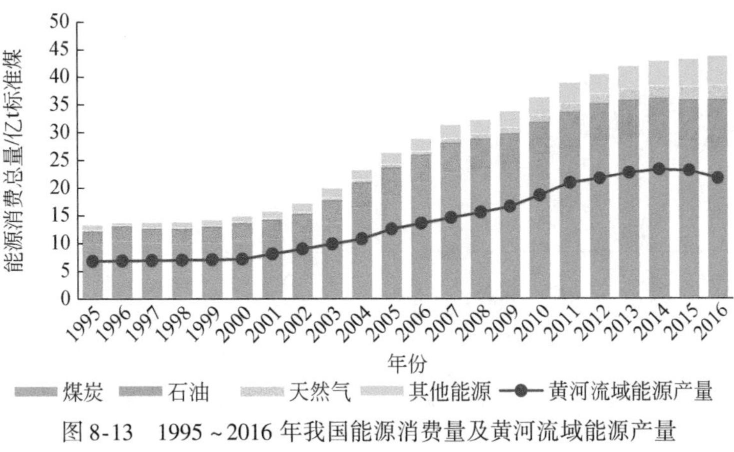

图 8-13　1995 ~ 2016 年我国能源消费量及黄河流域能源产量

具体来看，2016 年黄河上中游流域共产出原煤 25 亿 t、精煤 10 亿 t、原油 0.7 亿 t、天然气 816.2 亿 m^3，贡献了全国原油产量的 35.2%，原煤和天然气生产量的 73.3% 和 66.2%（图 8-14）。

受资源禀赋等因素制约，我国重要能源基地大都分布在西北部，长期以来形成了“西电东送”“西气东输”“北煤南运”的能源格局和流向。黄河流域是“西电东送”“西气东输”工程的重要组成部分，是全国能源的主要输出区。除满足本地区能源需要外，长期以来保障了京津冀、山东半岛、长江三角洲、珠江三角洲、东陇海、海峡西岸、中原、长

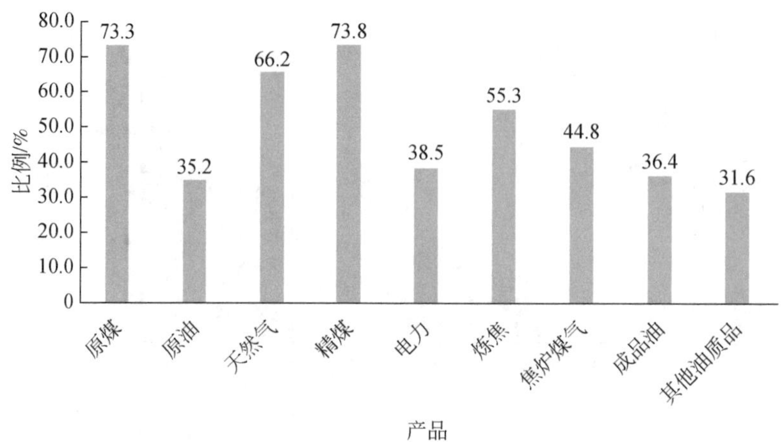

图 8-14　2016 年黄河流域主要能源产品占我国能源产量的比例

江中游等城市化地区及其周边农产品主产区和重点生态功能区的能源需求。2016 年黄河上中游地区外运原煤 8.9 亿 t，原油约 0.5 亿 t，天然气 816 亿 m^3，电力 9000 亿 kW · h，在保障我国东、中、西部协调发展和能源安全等方面具有重要地位（图 8-15）。

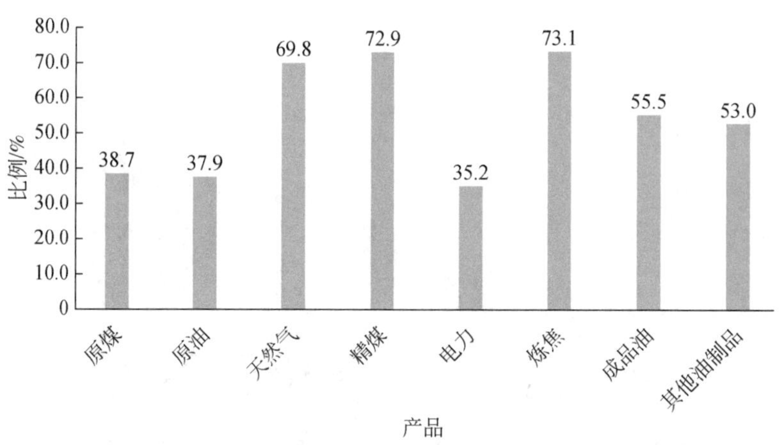

图 8-15　2016 年黄河流域主要能源产品外运量的比例

（3）黄河流域能源开发利用的水资源需求与约束

能源与水资源是人类生存、经济发展、社会进步和现代文明建设的基础性、战略性资源，直接关乎经济安全乃至国家安全。随着我国进入工业化中期和城镇化快速推进的发展阶段，能源消费与需求急剧上升。能源一方面是水资源需求最集中和强烈的能源类型，另一方面是对水资源系统影响最为深刻的能源产业，水资源极有可能成为未来制约我国能源开发的“瓶颈”。

化石能源的开采和加工需要使用大量的水资源。以煤炭产业为例，采煤用水量 0.15m^3/t 以上，火电用水量 0.5m^3/（MW · h）以上，生产 1t 合成氨需耗新水约 12.5m^3，生产 1t 甲醇耗水约 8m^3，直接液化吨油耗水约 7m^3，间接液化吨油耗水约 12m^3。20 亿 m^3/a 的煤制天然气项目耗水量达 2500 万 t/a。2016 年黄河流域总共向东部地区约输送 7.31 亿 m^3 虚拟水（表 8-3）。

表 8-3　2016 年黄河流域主要能源产品用水量及虚拟水输出量

产业	产品规模	用水量/亿 m^3	虚拟水输出量/亿 m^3
煤炭/亿 t	18.89	3.41	1.50
火电/MW	116 250	2.91	1.02
煤化工/万 t	19 195	6.92	4.63
石油及石油化工/万 t	3 410	0.29	0.16
合计		13.53	7.31

黄河流域能源化工区属于典型的资源约束性缺水区域，是供水安全相对脆弱地区，水资源是其经济社会发展的主要瓶颈，历史上曾多次发生遍及数省、连续多年的严重旱灾，现状水资源成为制约区域能源基地开发的主要因素。

未来我国将进入现代化建设承上启下的关键阶段，经济总量将持续扩大。为实现全面建成小康社会和现代化目标，人均能源消费水平将不断提高，刚性需求将长期存在，我国能源消费仍将持续增长。根据《能源生产和消费革命战略（2016—2030）》，2030 年我国能源消费总量控制在 60 亿 t 标准煤以内，非化石能源和天然气占能源消费总量的比例分别达 20% 和 15% 左右。未来煤炭、石油、天然气等化石能源仍将是我国最重要的基础资源，保障能源供应安全和能源产业的可持续发展正面临严峻形势。

在中东部地区能源资源逐渐枯竭的情况下，黄河流域以及新疆、蒙东等地已成为我国的能源接替区和资源战略储备区。然而，与黄河流域相比，新疆、蒙东地区水资源更为短缺，生态环境比黄河流域更恶劣，地理位置与能源消耗区更远。在运输距离方面，新疆东大门哈密到华北、华中、华南市场的运输距离比榆林和鄂尔多斯都要远 1000 ~ 2000km，在销售和运输成本方面，新疆能源产品与黄河流域相比明显处于劣势。在水资源条件方面，新疆多年平均降水量为 47 ~ 220mm，仅为全国平均降水量的 1/4，其资源生态环境比黄河更恶劣，水资源亦是准东、吐哈地区煤炭资源清洁高效开发利用的关键制约因素，仍需通过农业节水、水权置换、跨区调水工程等保障能源产业需求（表 8-4）。

表 8-4　我国主要能源基地水资源本底条件

编号	能源基地名称	多年平均降水量/mm	多年平均水资源总量/亿 m^3	人口/万人	人均水资源量/m^3
1	新疆	47 ~ 220	441.13	1 350	3 268
2	神东	168 ~ 286	37.43	522	718
3	宁东	196 ~ 255	1.85	330	56
4	蒙东	265 ~ 442	473.82	1 269	3 735
5	陕北	394 ~ 534	40.35	558	724

续表

编号	能源基地名称	多年平均降水量/mm	多年平均水资源总量/亿 m^3	人口/万人	人均水资源量/m^3
6	冀中	391 ~ 576	105. 83	3 167	334
7	晋北	406 ~ 498	48. 15	1 203	400
8	晋中	467 ~ 574	46. 64	1 720	271
9	黄陇	468 ~ 610	38. 29	1094	350
10	晋东	526 ~ 630	28. 99	707	410
11	河南	546 ~ 821	127	4 963	256
12	鲁西	665 ~ 802	134. 97	3 278	412
13	两淮	851 ~ 887	18. 3	459	398
14	云贵	983 ~ 1396	775. 64	4 172	1 859
合计		47 ~ 1396	2 318. 39	24 792	942

丰富的能源资源优势、优越的开采条件、良好的发展基础、便捷的能源外运通道决定了黄河流域在我国能源格局的不可替代性。因此，黄河流域能源产业发展对我国经济持续快速健康发展和人民生活的改善发挥着十分重要的促进与保障作用。

8.2.2　黄河流域能源产业发展目标及需水预测

随着西部大开发战略的推进，以及“西电东送”“西气东输”等工程的实施，未来黄河流域能源产业开发规模仍缓慢增长。《全国主体功能区规划》中提出重点在能源资源富集的山西、鄂尔多斯盆地、西南、东北和新疆等地区建设能源基地。参照发达国家的历史经验，同时考虑我国实际情况，未来一段时期内我国能源消费总量持续增长将难以避免。中国工程院重大咨询项目“推动能源生产和消费革命战略研究”成果分析表明，2030 年前我国对于能源需求的增长速率仍将保持 1% 以上。2040 年前后我国能源消费总量将达到峰值 56 亿 ~ 60 亿 t 标准煤，与 2016 年相比还将增加 28% 。

作为我国能源最主要的生产区，黄河流域的能源生产量必然随国家能源总产量的增加而增加；同时，伴随着我国着力改善能源结构和生态保护的政策导向，煤炭、石油等能源的比例将持续下降，天然气以及清洁能源的比例将持续上升。结合《全国主体功能区规划》《能源发展战略行动计划（2014—2020 年）》《全国矿产资源规划（2016—2020 年）》《能源发展“十三五”规划》以及国家未来能源需求预测，对黄河上中游地区未来重点能源产品规模进行预测。

我国煤炭占化石能源基础储量的 96% ，这种能源禀赋结构决定了“以煤为主”的能源格局在相当长时期内难以改变。在煤的利用方面，煤不仅是能源，也是一种碳材料资源。利用黄河流域丰富的煤炭资源生产煤基清洁燃料和化工品，是当前和未来几十年中国能源结构建设的重要需求。

根据沿黄省（自治区）矿产资源开发布局，按照全国 14 个亿吨级大型煤炭基地划分，预测黄河流域包括神东、陕北、宁东、黄陇、晋北、晋中、晋东 7 个煤炭基地的煤炭开采规模，2035 年黄河上中游地区煤炭基地煤炭开采规模为 23.64 亿 t，年均增长率为 1.2%；2050 年黄河上中游地区煤炭基地煤炭开采规模为 20.84 亿 t，以年均 1.1% 的速度逐年下降。

《能源发展战略行动计划（2014—2020 年）》提出推进煤电大基地大通道建设，重点建设锡林郭勒、鄂尔多斯、晋北、晋中、晋东、陕北、哈密、准东、宁东 9 个千万千瓦级大型煤电基地。发展远距离大容量输电技术，扩大西电东送规模，实施北电南送工程。

据《能源发展“十三五”规划》和《中国能源展望 2030》等规划研究成果，预计到 2020 年全国累计发电装机规模约 20 亿 kW，2030 年装机规模达到 24 亿 kW。据《2050 年世界与中国能源展望》（2018 年版）成果，受提高煤电能耗、环保等准入标准，加快淘汰落后产能以及随着已建煤电机组寿命期到来等影响，预计 2030 年前后，清洁发电技术将快速替代煤电，煤电占比将不足 50%，预计 2050 年煤电占比下降到 30% 左右。综合考虑以上研究成果，预计 2035 年全国火电装机规模可达 12 亿 kW，2050 年全国火电装机规模可达 10 亿 kW。

综合黄河流域上中游地区煤电基地现状火电装机规模和新增火电装机规模，2035 年考虑黄河流域火电装机规模占到全国的 20% 左右，2050 年考虑黄河流域火电装机规模占到全国的 25% 左右。

《煤炭工业发展“十三五”规划》，提出改造提升传统煤化工产业，在煤焦化、煤制合成氨、电石等领域进一步推动上大压小，淘汰落后产能。以国家能源战略技术储备和产能储备为重点，在水资源有保障、生态环境可承受的地区，开展煤制油、煤制天然气、低阶煤分质利用、煤制化学品、煤炭和石油综合利用五类模式以及通用技术装备的升级示范，加强先进技术攻关和产业化，提升煤炭转化效率、经济效益和环保水平，发挥煤炭的原料功能。结合国家对煤化工产业发展要求，考虑适当减轻我国石油对外依存度，以当地丰富的煤炭资源为依托，重点发展煤制烯烃、煤制天然气、煤制油、煤制二甲醚等石油替代产品，在黄河流域形成煤炭深加工产业示范基地。

黄河流域上中游地区已探明的石油资源主要分布在长庆和陕北油区，现状石油化工产品主要集中在甘肃、宁夏和陕西三省（自治区）。

考虑到黄河流域水资源本底条件以及未来我国经济发展对能源的需求，未来黄河流域能源新增工业项目将依照清洁生产要求的用水定额，严格实行用水准入制，提高水资源利用效率。新建煤矿采煤用水定额按照清洁生产标准一级执行，即煤炭开采用水定额采用 0.1 ~ 0.2m^3/t；新增火电机组考虑为大型空冷机组，用水定额采用 0.09m^3/（GW · s），用水定额比现行的国家标准火电空冷机组取水定额低 31%；煤化工和冶金行业的用水定额也基本考虑国家规范和地方标准的要求，采用节水定额，如新增煤制烯烃项目的定额采用 10m^3/t，煤制天然气定额采用 5m^3/千标立方米。

据预测，2035 年黄河流域上中游地区重要能源产业需水量为 34.48 亿 m^3，2050 年黄河流域上中游地区重要能源产业需水量为 42.06 亿 m^3（图 8-16）。

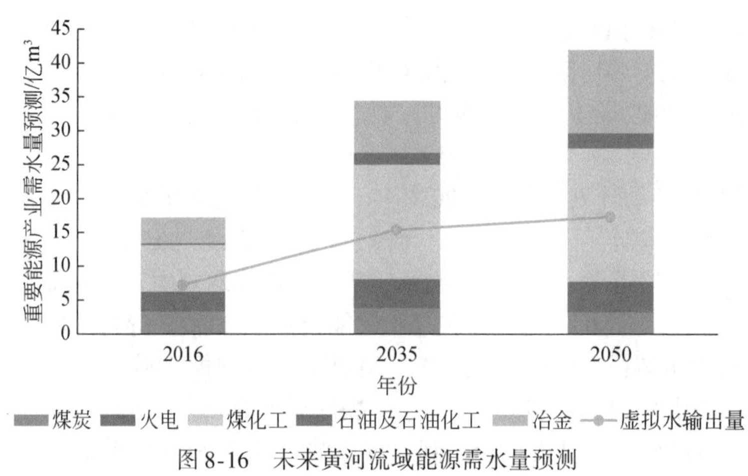

图 8-16　未来黄河流域能源需水量预测

8.3　黄河流域一般工业需水预测

8.3.1　黄河流域工业用水变化

如图 8-17 和图 8-18 所示，1997 ~ 2007 年，整个黄河流域的工业用水量基本保持稳定，而 8 个省（自治区）的变化趋势各不相同，其中，河南和内蒙古的工业用水量先后经历了缓慢上升、快速上升、快速下降的过程，山东的工业用水量经历了先快速下降后缓慢上升的过程，陕西的工业用水量在波动中保持基本稳定，山西和青海的工业用水量呈波动下降趋势，宁夏和甘肃的工业用水量呈下降趋势。

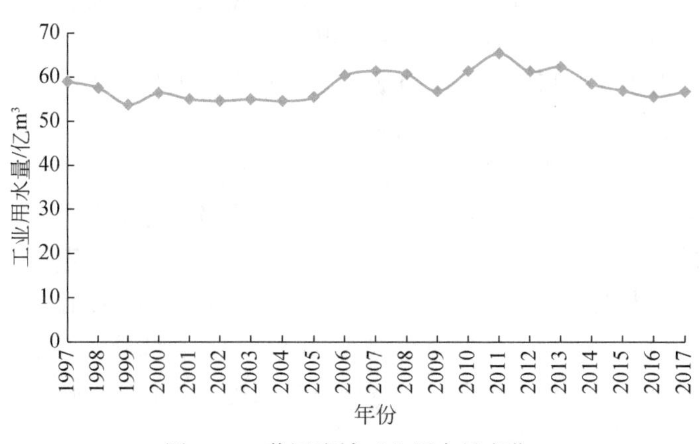

图 8-17　黄河流域工业用水量变化

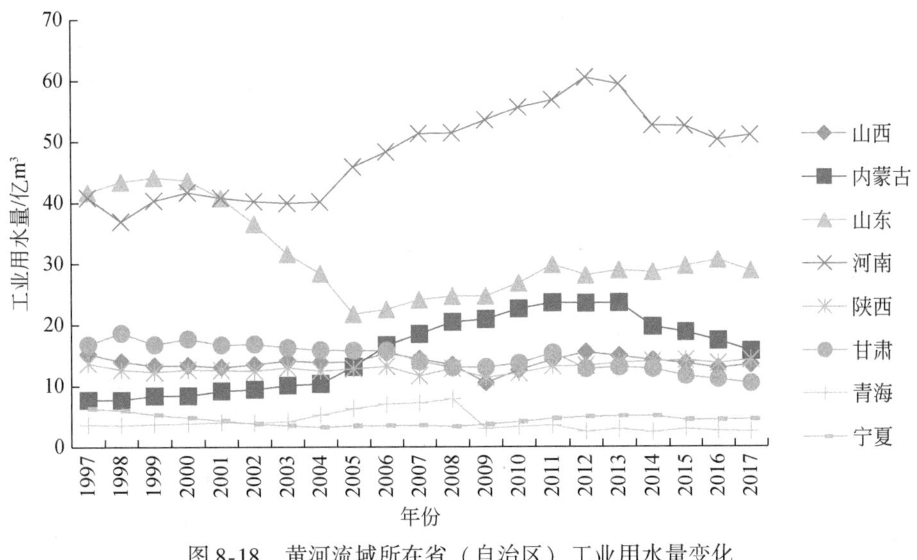

图 8-18 黄河流域所在省（自治区）工业用水量变化

8.3.2 黄河流域工业需水趋势研判

(1) 黄河流域工业发展水平不高和水资源短缺约束，导致工业用水增长缓慢

黄河流域工业用水增加缓慢，宁夏、甘肃、山西和青海等省（自治区）甚至是持续负增长，但这种工业用水负增长与发达国家的工业用水负增长存在本质区别。黄河流域各省（自治区）人均工业增加值仅稍高于全国平均值，人均工业用水量远低于全国平均值，见表 8-5，可以说明黄河流域工业用水增长缓慢的主要原因是工业发展水平不高和水资源短缺约束。

表 8-5 黄河流域 2016 年工业发展和工业用水水平情况

地区	2016 年人均工业增加值/元	2016 人均工业用水量/m³	2016 年每立方米工业用水产出/元
青海	15 438. 3	43. 8	352. 1
甘肃	6 593. 6	42. 5	155. 0
宁夏	15 483. 4	65. 2	237. 5
内蒙古	30 824. 8	69. 0	446. 4
陕西	19 633. 7	35. 9	546. 4
山西	10 948. 5	35. 0	312. 5
河南	17 648. 7	52. 8	334. 4
山东	26 750. 5	30. 8	869. 6
黄河流域	18 825. 9	46. 5	404. 9
全国	17 912. 3	94. 6	189. 4

(2)基于工业化发展进程，黄河流域工业用水需求将有增加的趋势

根据2015年中国工业化水平指数的研究成果，将工业化水平指数分为8个层次，分别为前工业化阶段，工业化前期的前、后半阶段，工业化中期的前、后半阶段，工业化后期的前、后半阶段，后工业化阶段（陈佳贵，2008）。黄河流域的8个省（自治区）均处于工业化中、后期阶段，而全国处于工业化后期的后半阶段，黄河流域远滞后于全国工业化进程。其中，甘肃处于工业化中期的前半阶段，青海、宁夏、山西处于工业化中期的后半阶段，内蒙古、陕西和河南处于工业化后期的前半阶段，山东处于工业化后期的后半阶段。

根据研究分析得到，世界发达国家进入工业化后期的后半阶段时，工业用水达到峰值。对各省（自治区）的工业化进程的特征进行分析，并分别预判达到工业化后期的后半阶段时间，为工业用水何时达到峰值提供依据，见表8-6。

表8-6　黄河流域工业化水平现状及工业化进程预判

省（自治区）	工业化水平指数	工业化进程的特征	工业用水峰值时间预判
甘肃	工业化中期的前半阶段	落后于全国工业化的整体进程，第二产业占比较低	2040年
青海	工业化中期的后半阶段	处于缓和转型推进阶段，呈现跨越发展的态势	2035年
宁夏		各项工业化指标相对停滞，工业化水平与全国的差距增大	2035年
山西		工业化追赶速度有所提升	2035年
内蒙古	工业化后期的前半阶段	工业化指标有明显进步，将迈入工业化后期的后半阶段	2030年
陕西		工业化进程加速，工业化水平上升的潜力仍然很大	2030年
河南		工业化水平稳步前进，工业化进程增速有小幅下降	2030年
山东	工业化后期的后半阶段	略高于全国工业化平均水平，发展速度相对稳定，在全国的发展速度排名逐步回升	2025年

(3)基于人均GDP和产业结构规律，黄河流域工业用水需求将有增加的趋势

通过前面的分析，发达国家工业用水随经济发展的变化存在着一个由上升转而下降的转折点。黄河流域2016年GDP为41 275亿元，人均GDP为3.5万元，预测到2035年GDP为168 002亿元，人均GDP为12.7万元，2016～2035年人均GDP年均增长率为7.02%。到2050年GDP达到326 142亿元，人均GDP为25.1万元，2035～2050年人均GDP年均增长率为4.65%（表8-7）。

表 8-7　黄河流域工业需水趋势研判

水平年	人均 GDP /万元	产业结构	黄河流域工业需水趋势研判	
			按照人均 GDP 规律研判	按照产业结构规律研判
2016	3.5	工业化中、后期阶段（6.1∶53.1∶40.8）	美国：工业用水上升阶段	工业用水上升阶段
			日本：工业用水上升阶段	
			中国：工业用水峰值阶段	
2035	12.7	工业化后期的后半阶段	美国：工业用水下降阶段	工业用水增速趋缓
			日本：工业用水下降阶段	
			中国：工业用水下降阶段	
2050	25.1	后工业化阶段	美国：工业用水下降阶段	一般工业基本保持稳定
			日本：工业用水下降阶段	
			中国：工业用水下降阶段	

参照美国和日本工业用水与人均 GDP 规律研判，黄河流域工业用水处于上升阶段；参照中国工业用水与人均 GDP 规律研判，黄河流域工业用水已处于峰值阶段；参照产业结构规律研判，黄河流域工业用水将一直处于上升阶段，直到第二产业占比降至产业结构调整的阈值区间（22% ~37%）边缘。

8.3.3　黄河流域一般工业需水量

根据工业用水变化的一般规律，在黄河流域工业化还没有完成的情况下，工业用水需求将有增加的趋势。根据各省（自治区）工业化发展阶段，考虑历史增长规律进行一般工业需水预测，见表 8-8。

表 8-8　黄河流域一般工业需水预测　（单位：亿 m^3）

地区	需水量		
	基准年	2035 年	2050 年
青海	1.07	2.01	2.01
四川	0.04	0.05	0.05
甘肃	5.91	8.40	8.80
宁夏	3.91	5.10	5.10
内蒙古	2.11	1.80	1.80
陕西	10.03	11.60	11.60
山西	2.72	3.70	3.70
河南	11.17	12.35	12.35
山东	3.26	3.30	3.30
黄河流域	40.22	48.31	48.71

8.4 黄河流域工业需水预测

综合一般工业需水和能源产业需水成果，黄河流域工业需水预测结果见表 8-9，2035 年黄河流域工业需水量达到 82.81 亿 m^3，2050 年达 90.77 亿 m^3。

表 8-9 黄河流域工业需水预测 （单位：亿 m^3）

地区	需水量								
	基准年			2035 年			2050 年		
	一般工业	能源产业	合计	一般工业	能源产业	合计	一般工业	能源产业	合计
青海	1.07	0.34	1.41	2.01	0.80	2.81	2.01	1.02	3.03
四川	0.04		0.04	0.05		0.05	0.05		0.05
甘肃	5.91	1.40	7.31	8.40	3.70	12.10	8.80	4.47	13.27
宁夏	3.91	2.34	6.25	5.10	3.50	8.60	5.10	4.23	9.33
内蒙古	2.11	7.85	9.96	1.80	10.00	11.80	1.80	12.16	13.96
陕西	10.03	4.10	14.13	11.60	4.20	15.80	11.60	5.16	16.76
山西	2.72	6.71	9.43	3.70	12.30	16.00	3.70	15.02	18.72
河南	11.17		11.17	12.35		12.35	12.35		12.35
山东	3.26		3.26	3.30		3.30	3.30		3.30
黄河流域	40.22	22.74	62.96	48.31	34.50	82.81	48.71	42.06	90.77

第9章　黄河流域粮食安全地位与农业需水预测

20世纪90年代以来，我国南北方粮食生产格局发生了重大变化，黄河流域在保障国家粮食安全中的作用逐渐凸显，长期来看，未来黄河流域粮食生产应以立足本地供应为主，同时在小麦、玉米等口粮作物上需承担一定的外送任务。灌溉规模是农业需水预测的最主要影响因素，基于国家粮食安全视角，应该稳定甚至适当发展灌溉面积；基于水资源短缺视角，应该以水定地控制灌溉面积。研究据此设定现状实际灌溉面积和规划灌溉面积两种方案，在实施农业极限节水的情境下，预测2050年农业需水分别为287.6亿m^3和350.1亿m^3。

9.1　黄河流域粮食安全战略地位

9.1.1　我国粮食生产与贸易格局

（1）全国粮食总产量不断增长，但粮食自给率逐年降低

新中国成立以来，我国的粮食安全水平大为提高，近年来粮食生产呈稳定发展的态势。在“去库存”的大背景下，2016年我国粮食总产量止步于十二连增，但仍达到6.16亿t，是历史第二高产年（图9-1）。与此同时，我国粮食自给率不断降低，自2008年降低到95%以下后，逐步降低到近几年的不足85%（图9-2）。

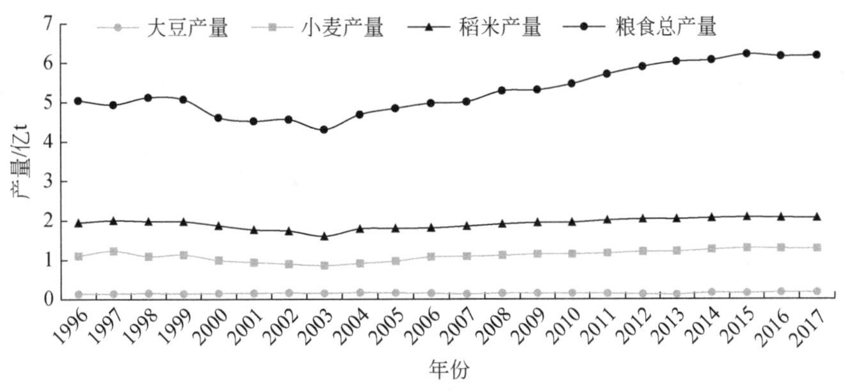

图9-1　我国粮食生产情况

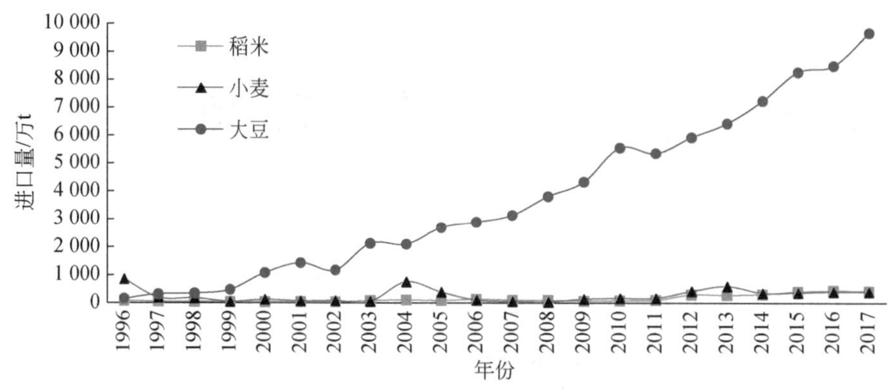

图 9-2　我国主要粮食进口情况

（2）全国粮食生产重心北移，形成“北粮南运”贸易格局

1990 ~ 2016 年，七大粮食主产区中除华南区以外，其余六大区的粮食产量均呈上升趋势。相比之下，西南、华南和华东的粮食产量占比逐年下降，全国粮食生产的重心呈现明显的北移趋势（图 9-3）。20 世纪 90 年代以来，受到我国经济格局和政策等因素的影响，南方地区由原来粮食净调出转变为净调入区域，而北方地区由粮食生产净调入转变为净调出区域，形成“北粮南运”新格局，促使水资源从缺水的北方地区向水资源丰沛的南方地区逆向流动。初步估算，1990 ~ 2016 年，从北方向南方调出粮食年均量达到了 4678 万 t，占北方地区粮食历年粮食产量的 25% 左右；由北方转移到南方的虚拟水中的蓝水组分达到 45% ~ 50%。以 2016 年为例，“北粮南运”将 436 亿 m^3 灌溉水由缺水的北方地区调运到水量丰沛的南方地区（图 9-4）。

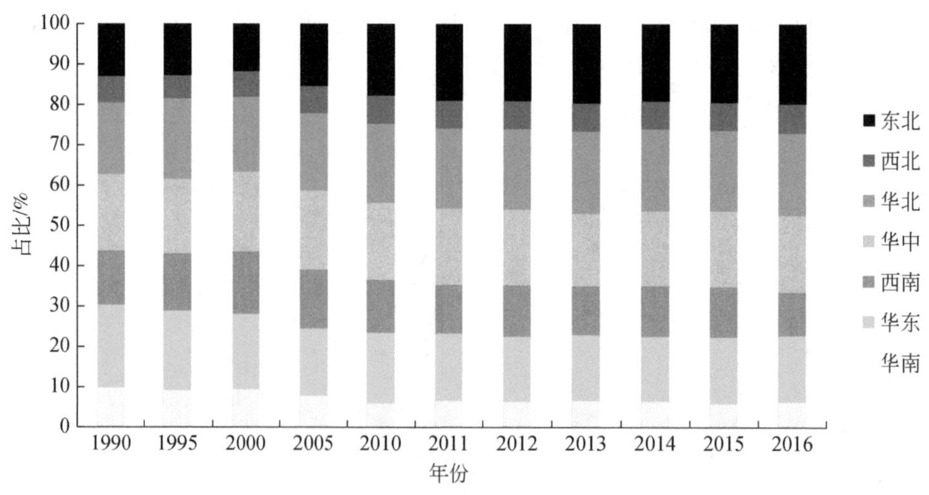

图 9-3　全国粮食主产区粮食产量占比变化

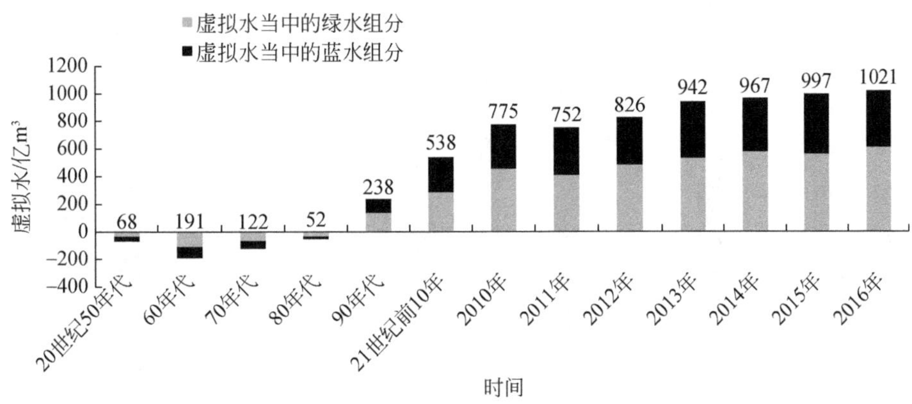

图 9-4 "北粮南运"伴生的虚拟水流动趋势

正值表示北方向南方虚拟水输运；负值表示南方向北方虚拟水输运

(3) 未来我国粮食需求保持增长态势，粮食消费结构分异明显

我国粮食消费量从 2010 年的 6.10 亿 t 增长到 2016 年的 6.28 亿 t，增幅为 2.95%。随着城镇化快速推进和人口增长，我国粮食需求总量保持不断增长态势，有研究预测，2020 年、2030 年粮食消费总量将分别达到 6.42 亿 t 和 6.48 亿 t。未来口粮消费仍是最主要的粮食消费形式，增长趋势稳中趋减，但饲料用粮和工业用粮的比例都在快速增加。根据预测，口粮消费占粮食总消费量的比例在 2020 年为 46.26%、2030 年为 45.53%，呈现下降趋势；饲料用粮在 2020 年和 2030 年预计分别达到 1.51 亿 t 和 1.61 亿 t；工业用粮的消费需求在 2030 年将提高到 1.35 亿 t，占粮食消费需求总量 20.8% 左右。

9.1.2 黄河流域粮食安全战略地位研判

(1) 粮食产量呈现显著的上升趋势，在国家粮食安全保障当中的作用逐渐凸显

1990 ~ 2016 年，黄河流域粮食呈现显著的增长趋势，增幅达到了 120%，其产量贡献率逐渐增高（图 9-5）。根据黄河流域主要粮食作物的盈亏分析，本研究绘制了黄河流域内外粮食贸易的输入和输出情况（图 9-6）。可以看到，2012 ~ 2016 年，黄河流域水稻输入量较大，年均输入量为 1660 万 t，但变化趋势呈现递减规律。其他粮食种类以输出为主，2012 ~ 2016 年的年均输出量为 656 万 t，并呈现较快的增长趋势。主要输出粮食为小麦和玉米。由此来看，近几年黄河流域作为小麦、玉米的主产区地位得到提升。

(2) 未来黄河流域粮食生产以立足本地供应为主，在小麦、玉米等口粮作物上应承担一定的外送任务

20 世纪 90 年代以来，随着国家区域经济发展格局的转变，我国南北方粮食生产格局发生了重大变化。南方水资源丰沛地区粮食产量逐年减少，而北方水资源短缺地区成为我国粮食安全保障的主力军。在上述背景下，我国粮食生产的水土资源时空错配问题凸显，水资源成为制约我国粮食生产高效可持续的主要限制性要素。当前，南方地区由于受到土地资源和农业劳动力资源的限制，未来的粮食增产潜力不会太大；东北地区粮食生产受到

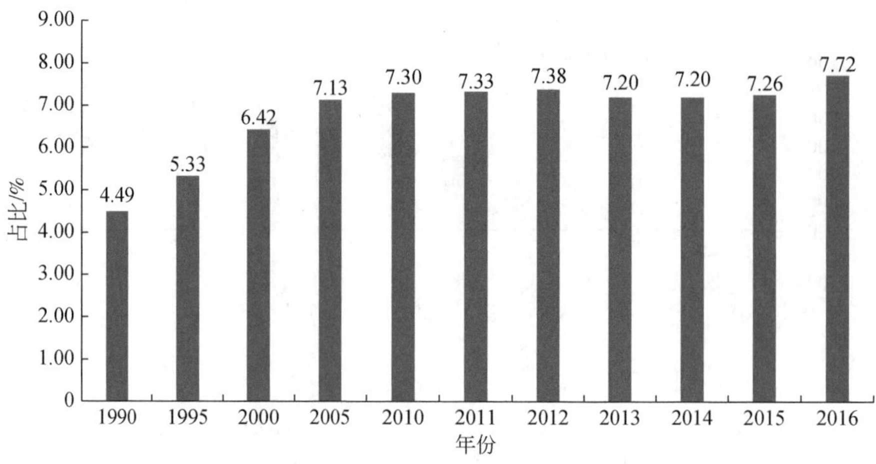

图 9-5　黄河流域粮食产量占比变化

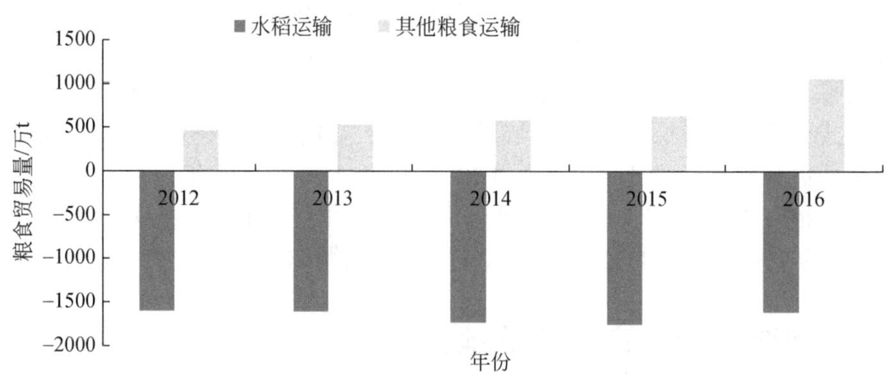

图 9-6　黄河流域粮食贸易格局变化趋势

正值表示从黄河流域往外区域输送；负值表示从黄河流域从外区域购买

耕地和生态环境的制约，未来的增长空间十分有限，而华北地区地下水超采严重，区域水资源承载压力较大，未来的粮食生产任务只减不增。因此，西北地区和黄河流域在保障国家粮食安全中的作用将逐渐凸显。水资源是制约西北地区和黄河流域粮食生产的关键因素，未来黄河流域的粮食生产应以立足本地供应为主，在小麦、玉米等口粮作物上应承担一定的外送任务，保障国家粮食安全。

（3）后备耕地资源充足，在解决水资源短缺的条件下，可成为我国粮食生产的重要增长点

从目前的发展趋势来看，未来我国粮食安全的重任将主要由北方粮食产区来承担。随着国家经济格局的演变，我国北方地区在未来将主要承担国家粮食安全重任，然而水资源短缺一直是制约粮食生产稳定性和产量潜力挖掘的主要因素。目前，东北地区已经是我国粮食生产的龙头。南方地区由于受到土地资源和农业劳动力资源的限制，已经难以承担未来粮食增长的重任。综合分析来看，我国西北地区和黄河流域后备耕地资源充足，土壤肥沃，光照资源充足，其中位于黄河上游地区的黑山峡河段，宁夏、内蒙古、陕西和甘肃接壤地区，地形平坦且土地集中连片，光热资源适宜，农业生产潜力巨大。目前，制约西北地区及黄河流域粮食生产的核心问题是水资源。如果具有较好的灌溉条件，西北地区特别适合发展机械化，进行大规模农业生产，将成为我国粮食生产的重要增长点。

9.2 黄河流域粮食生产态势预测

黄河流域地处我国北方，耕地资源丰富、土壤肥沃、光热资源充足，有利于小麦、玉米、棉花、花生和苹果等多种粮油和经济作物生长，是我国重要的农业区之一。图 9-7 统计了黄河流域各省（自治区）近 10 年播种面积变化情况。总的来看，近 10 年来，各省（自治区）播种面积基本呈稳中有升的态势。

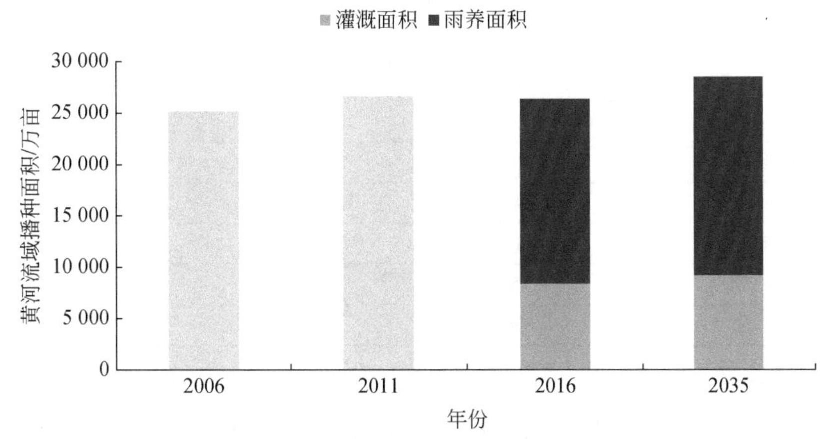

图 9-7 黄河流域播种面积变化趋势

根据黄河流域的实际情况，今后农田灌溉发展的重点是搞好现有灌区的改建、续建、配套、节水改造，提高管理水平，充分发挥现有有效灌溉面积的经济效益，在巩固已有灌区的基础上，根据各地区的水土资源条件，结合可能兴建的水源工程，适当发展部分新灌区。

黄河流域灌区续建配套与节水改造发展灌溉面积主要考虑《全国现代灌溉发展规划》中的大中型灌区续建配套新增加灌溉面积。黄河流域规划新建、续建灌区 47 处，新增灌溉面积 844 万亩（其中农田新增 626 万亩）。其中青海主要为引黄济宁、公伯峡和李家峡等黄河谷地灌区改造工程；甘肃主要发展引洮一期、引洮二期等灌区；宁夏、内蒙古、陕西等将结合南水北调西线工程的实施和黑山峡河段工程的建设续建大柳树生态灌区。

据统计，基准年黄河流域农田有效灌溉面积约为 8364 万亩，根据黄河流域大型灌区续建与节水改造以及新建灌溉工程等，预计 2035 年将达到 9199 万亩左右，约新增农田有效灌溉面积 835 万亩，见表 9-1。

表 9-1　黄河流域农田灌溉面积发展预测　　（单位：万亩）

地区	农田有效灌溉面积		
	基准年	2035 年	2050 年
龙羊峡以上	23.7	23.7	23.7
龙羊峡至兰州	382.0	518.7	518.7
兰州至河口镇	2889.3	3085.2	3085.2
河口镇至龙门	317.6	372.0	372.0
龙门至三门峡	2985.3	3168.0	3168.0
三门峡至花园口	557.2	793.5	793.5
花园口以下	1130.2	1159.5	1159.5
内流区	78.5	78.5	78.5
青海	211.5	327.9	327.9
四川	0.0	0.0	0.0
甘肃	719.9	799.6	799.6
宁夏	783.9	879.5	879.5
内蒙古	1951.5	2018.6	2018.6
陕西	1624.2	1789.6	1789.6
山西	1418.8	1453.8	1453.8
河南	1167.0	1433.4	1433.4
山东	487.2	496.8	496.8
黄河流域	8363.9	9199.2	9199.2

9.3　农业灌溉需水量预测

9.3.1　黄河流域农业灌溉用水现状

黄河流域现状年农业灌溉用水量 264 亿 m^3，实际灌溉面积为 7181 万亩，亩均实际灌溉用水量 368m^3。农业灌溉用水量主要集中在兰州至河口镇、龙门至三门峡、花园口以下河段，分别占黄河流域农业灌溉用水量的 50.8%、23.2% 和 10.1%。

从灌溉水利用系数分析，农业灌溉水利用效率总体不高，2016 年平均灌溉水利用系数 0.541，略低于 2016 年全国灌溉水利用系数平均值 0.542（表 9-2）。但大型自流、中型自流与提灌、小型渠灌与国家颁布的《节水灌溉工程技术规范（附条文说明）》（GB/T 50363—2006）① 大型灌区灌溉水利用系数要达到 0.5 以上，中型灌区灌溉水利用系数要达到 0.6 以

① 《节水灌溉工程技术规范（附条文说明）》（GB/T 50363—2006）已作废，现行《节水灌溉工程技术规范》（GB/T 50363—2018）。

上，小型灌区灌溉水利用系数要达到 0. 7 以上的标准还有差距。

表 9-2 现状年黄河流域灌溉水利用系数

地区	全省灌溉水利用系数平均值	大型		中型		小型		小计
		自流	提灌	自流	提灌	渠灌	井灌	
青海	0. 492	—	—	0. 54	0. 46	0. 56	0. 62	0. 55
四川	0. 461	—	—	—	—	—	—	—
甘肃	0. 547	0. 48	0. 57	0. 50	0. 54	0. 62	0. 71	0. 56
宁夏	0. 511	0. 48	0. 64	0. 69	0. 68	0. 66	0. 71	0. 51
内蒙古	0. 532	0. 40	0. 43	0. 56	0. 60	0. 61	0. 76	0. 48
陕西	0. 56	0. 53	0. 51	0. 52	0. 54	0. 64	0. 73	0. 57
山西	0. 534	0. 45	0. 53	0. 50	0. 52	0. 65	0. 72	0. 60
河南	0. 604	0. 53	—	0. 56	0. 59	0. 63	0. 71	0. 58
山东	0. 634	0. 52	—	0. 59	0. 63	0. 64	0. 72	0. 62
黄河流域	0. 541	0. 46	0. 55	0. 54	0. 57	0. 62	0. 73	0. 54
全国	0. 542							

9. 3. 2 未来黄河流域农业灌溉需水量

根据节水潜力研究部分提出的灌区节水改造措施，黄河流域农田灌溉水利用系数由基准年的 0. 54 提高到 2035 年的 0. 59，到 2050 年提高到 0. 61，据此推求 2035 年和 2050 年粮食灌溉需水定额。灌溉规模是农业需水预测的最主要影响因素，基于国家粮食安全视角，应该稳定甚至适当发展灌溉面积；基于黄河流域水资源短缺视角，应该以水定地控制灌溉面积。据此本研究设定强化管控灌溉面积、现状实际灌溉面积和规划灌溉面积三种方案。第一种情景方案假定强化灌溉面积管控，灌溉面积较现状有效灌溉面积减少 5%。第二种情景方案假定未来实际灌溉面积不增加，2035 年和 2050 年的实际灌溉面积与 2016 年相同。第三种情景方案假定 2035 年流域实际灌溉面积将达到规划要求的 9199 万亩。

据此推算，在第一种情景方案下，2035 年黄河流域的农业灌溉需水量为 229. 3 亿 m^3，比现状年减低 102. 3 亿 m^3。2050 年黄河流域的农业灌溉需水量将达到 222 亿 m^3，比现状年降低 109. 6 亿 m^3（表 9-3）。在第二种情景方案下，2035 年黄河流域的农业灌溉需水量将达到 241. 7 亿 m^3，比现状年降低 89. 9 亿 m^3。2050 年黄河流域的农业灌溉需水量将达到 233. 6 亿 m^3，比现状年降低 98 亿 m^3（表 9-4）。在第三种情景方案下，2035 年黄河流域的农业灌溉需水量将达到 306. 2 亿 m^3，比现状年降低 25. 4 亿 m^3。2050 年黄河流域的农业灌溉需水量将达到 296. 1 亿 m^3，比现状年降低 35. 5 亿 m^3（表 9-5）。

表 9-3　黄河流域农业灌溉用水量增量分析结果（情景 I）

省份	农田有效灌溉面积（万亩）			定额（m^3/亩）			需水量（亿 m^3）			灌溉需水增量	
	基准年	2035 年	2050 年	基准年	2035 年	2050 年	基准年	2035 年	2050 年	2035 年	2050 年
青海	211	163	163	372	490	474	7.8	8	7.7	0.2	-0.1
四川	0	0	0	0	0	0	0	0	0	0.0	0.0
甘肃	720	531	531	389	381	369	28	20.2	19.6	-7.8	-8.4
宁夏	784	710	710	722	650	629	56.6	46.1	44.6	-10.5	-12.0
内蒙古	1952	1666	1666	493	398	385	96.1	66.3	64.2	-29.8	-31.9
陕西	1624	1252	1252	288	225	218	46.7	28.2	27.3	-18.5	-19.4
山西	1419	1126	1126	282	239	232	40	26.9	26.1	-13.1	-13.9
河南	1167	950	950	369	234	226	43.1	22.2	21.5	-20.9	-21.6
山东	487	425	425	273	269	260	13.3	11.4	11	-1.9	-2.3
黄河流域	8364	6822	6822	397	336	325	331.6	229.3	222	-102.3	-109.6

表 9-4　黄河流域农业灌溉用水量增量分析结果（情景 II）

省份	农田有效灌溉面积（万亩）			定额（m^3/亩）			需水量（亿 m^3）			灌溉需水增量	
	基准年	2035 年	2050 年	基准年	2035 年	2050 年	基准年	2035 年	2050 年	2035 年	2050 年
青海	211	172	172	372	490	474	7.8	8.4	8.1	0.6	0.3
四川	0	0	0	0	0	0	0	0	0	0.0	0.0
甘肃	720	559	559	389	381	369	28	21.3	20.6	-6.7	-7.4
宁夏	784	747	747	722	650	629	56.6	48.6	47	-8.0	-9.6
内蒙古	1952	1754	1754	493	398	385	96.1	69.9	67.6	-26.2	-28.5

续表

省份	农田有效灌溉面积（万亩）			定额（m^3/亩）			需水量（亿 m^3）			灌溉需水增量	
	基准年	2035 年	2050 年	基准年	2035 年	2050 年	基准年	2035 年	2050 年	2035 年	2050 年
陕西	1624	1318	1318	288	225	218	46.7	29.7	28.7	-17.0	-18.0
山西	1419	1185	1185	282	239	232	40	28.4	27.4	-11.6	-12.6
河南	1167	1000	1000	369	234	226	43.1	23.4	22.6	-19.7	-20.5
山东	487	447	447	273	269	260	13.3	12	11.6	-1.3	-1.7
黄河流域	8364	7181	7181	397	336	325	331.6	241.7	233.6	-89.9	-98.0

表 9-5　黄河流域农业灌溉用水量增量分析结果（情景Ⅲ）

省份	农田有效灌溉面积（万亩）			定额（m^3/亩）			需水量（亿 m^3）			灌溉需水增量	
	基准年	2035 年	2050 年	基准年	2035 年	2050 年	基准年	2035 年	2050 年	2035 年	2050 年
青海	211	328	328	372	490	474	7.8	16.1	15.5	8.3	7.7
四川	0	0	0	0	0	0	0	0	0	0.0	0.0
甘肃	720	800	800	389	381	369	28	30.5	29.5	2.5	1.5
宁夏	784	879	879	722	650	629	56.6	57.2	55.3	0.6	-1.3
内蒙古	1952	2019	2019	493	398	385	96.1	80.4	77.8	-15.7	-18.3
陕西	1624	1790	1790	288	225	218	46.7	40.3	39	-6.4	-7.7
山西	1419	1454	1454	282	239	232	40	34.8	33.7	-5.2	-6.3
河南	1167	1433	1433	369	234	226	43.1	33.5	32.4	-9.6	-10.7
山东	487	497	497	273	269	260	13.3	13.4	12.9	0.1	-0.4
黄河流域	8364	9199	9199	397	336	325	331.6	306.2	296.1	-25.4	-35.5

9.4 其他农业需水量预测

（1）林牧灌溉需水量

基准年黄河流域林牧灌溉面积为978万亩，预计到2035年达到1426万亩，2035年与基准年相比新增林牧灌溉面积448万亩，2050年林牧灌溉面积保持2035年水平。黄河流域林牧灌溉定额主要根据当地实际灌溉经验确定。基准年黄河流域林牧需水量为30.6亿m^3，需水定额为312m^3/亩。预计到2035年需水定额为266m^3/亩，需水量为38.0亿m^3。预计到2050年需水定额为221m^3/亩，需水量为31.4亿m^3。

（2）鱼塘补水量

黄河流域鱼塘补水定额主要根据当地实际情况确定。基准年黄河流域鱼塘补水量为6.8亿m^3，补水定额为930m^3/亩。预计到2035年鱼塘面积保持不变，鱼塘补水定额为920m^3/亩，需水量仍为6.8亿m^3。预计到2050年鱼塘面积保持不变，鱼塘补水定额为900m^3/亩，需水量仍为6.8亿m^3。

（3）牲畜需水量

黄河流域大牲畜由现状年的1551万头（只）发展到2035年的1970万头（只），比现状年增加了419万头；小牲畜由现状年的12 035万头（只）发展到2035年的13 874万头（只），比现状年增加了1839万头（只）。到2050年，大牲畜发展到2270万头（只），比2035年增加了300万头（只）；小牲畜发展到15 140万头（只），比2035年增加了1266万头（只）。

预计到2035年牲畜需水量为11.07亿m^3，其中大牲畜需水量为3.54亿m^3，小牲畜需水量为7.53亿m^3；预计到2050年牲畜需水量为15.77亿m^3，其中大牲畜需水量为4.68亿m^3，小牲畜需水量为11.09亿m^3。

9.5 农业需水量小计

根据以上预测，包括农业灌溉、林木灌溉、鱼塘补水、牲畜在内的黄河流域农业需水量。情景Ⅰ基准年为376.6亿m^3，2035年为285.2亿m^3，2050年为276亿m^3。情景Ⅱ基准年为376.6亿m^3，2035年为297.6亿m^3，2050年为287.6亿m^3。情景Ⅲ基准年为376.6亿m^3，2035年为362.1亿m^3，2050年为350.1亿m^3。

表9-6 黄河流域农业需水量预测（情景Ⅰ） （单位：亿m^3）

省（区）	农田灌溉			林牧渔用水			合计		
	基准年	2035年	2050年	基准年	2035年	2050年	基准年	2035年	2050年
青海	7.8	8	7.7	2.2	3.5	3.4	10	11.5	11.1
四川	0	0	0	0.1	0.2	0.3	0.1	0.2	0.3

续表

省（区）	农田灌溉			林牧渔用水			合计		
	基准年	2035 年	2050 年	基准年	2035 年	2050 年	基准年	2035 年	2050 年
甘肃	28	20.2	19.6	3.2	3.4	3.6	31.2	23.6	23.2
宁夏	56.6	46.1	44.6	6.6	8.4	7.7	63.2	54.5	52.3
内蒙古	96.1	66.3	64.2	15.9	15.8	13.9	112	82.1	78.1
陕西	46.7	28.2	27.3	7.3	9.1	9.5	54	37.3	36.8
山西	40	26.9	26.1	4.2	9.3	8.6	44.2	36.2	34.7
河南	43.1	22.2	21.5	3	3.4	3.9	46.1	25.6	25.4
山东	13.3	11.4	11	2.5	2.8	3.1	15.8	14.2	14.1
黄河流域	331.6	229.3	222	45	55.9	54	376.6	285.2	276

表 9-7　黄河流域农业需水量预测（情景Ⅱ）　　（单位：亿 m^3）

省（区）	农田灌溉			林牧渔用水			合计		
	基准年	2035 年	2050 年	基准年	2035 年	2050 年	基准年	2035 年	2050 年
青海	7.8	8.4	8.1	2.2	3.5	3.4	10	11.9	11.5
四川	0	0	0	0.1	0.2	0.3	0.1	0.2	0.3
甘肃	28	21.3	20.6	3.2	3.4	3.6	31.2	24.7	24.2
宁夏	56.6	48.6	47	6.6	8.4	7.7	63.2	57	54.7
内蒙古	96.1	69.9	67.6	15.9	15.8	13.9	112	85.7	81.5
陕西	46.7	29.7	28.7	7.3	9.1	9.5	54	38.8	38.2
山西	40	28.4	27.4	4.2	9.3	8.6	44.2	37.7	36
河南	43.1	23.4	22.6	3	3.4	3.9	46.1	26.8	26.5
山东	13.3	12	11.6	2.5	2.8	3.1	15.8	14.8	14.7
黄河流域	331.6	241.7	233.6	45	55.9	54	376.6	297.6	287.6

表 9-8　黄河流域农业需水量预测（情景Ⅲ）　　（单位：亿 m^3）

省（区）	农田灌溉			林牧渔用水			合计		
	基准年	2035 年	2050 年	基准年	2035 年	2050 年	基准年	2035 年	2050 年
青海	7.8	16.1	15.5	2.2	3.5	3.4	10	19.6	18.9
四川	0	0	0	0.1	0.2	0.3	0.1	0.2	0.3

续表

省（区）	农田灌溉			林牧渔用水			合计		
	基准年	2035 年	2050 年	基准年	2035 年	2050 年	基准年	2035 年	2050 年
甘肃	28	30.5	29.5	3.2	3.4	3.6	31.2	33.9	33.1
宁夏	56.6	57.2	55.3	6.6	8.4	7.7	63.2	65.6	63
内蒙古	96.1	80.4	77.8	15.9	15.8	13.9	112	96.2	91.7
陕西	46.7	40.3	39	7.3	9.1	9.5	54	49.4	48.5
山西	40	34.8	33.7	4.2	9.3	8.6	44.2	44.1	42.3
河南	43.1	33.5	32.4	3	3.4	3.9	46.1	36.9	36.3
山东	13.3	13.4	12.9	2.5	2.8	3.1	15.8	16.2	16
黄河流域	331.6	306.2	296.1	45	55.9	54	376.6	362.1	350.1

第10章　黄河流域生态环境保护修复需水预测

维持黄河健康是关系中华民族永续发展的大事，而保障生态水量是最基本条件。黄河流域是我国生态脆弱区分布面积最大、脆弱生态类型最多、生态脆弱性表现最明显的流域之一。河流内外新老生态问题交织，治理任务艰巨、保护难度大。随着城镇化、工业化进程的快速推进，流域生态环境保护修复也面临更大的压力和挑战，对生态环境用水保障也提出了更高要求。本章主要根据黄河勘测规划设计研究院有限公司、中国水利水电科学研究院等单位研究成果，经分析认为要维持河流生态健康，黄河利津断面汛期生态水量应达到150亿m^3左右，非汛期生态水量应达到50亿m^3左右；要满足未来人居景观环境改善要求，2050年需水量约20.72亿m^3；要支撑未来生态防护林建设及维持湖泊与湿地适宜规模，2050年需水量约9.14亿m^3。

10.1　生态环境保护修复基本态势

黄河水情复杂，流域生态环境脆弱，是世界上治理最艰巨、保护难度最大的河流之一。随着自然环境的变化和人类社会经济的发展，黄河流域的生态环境也正经历着巨大的变化，水资源、水环境、水生态问题和各种矛盾日益突出。从流域整体来看，上游植被退化、中游水沙锐减、下游用水紧张、河口三角洲退缩等成为黄河流域面临的新问题，人民对生活质量改善的诉求和区域城镇化发展进程对流域的生态文明建设提出了新的挑战。

（1）资源环境承载能力低，生态本底脆弱是黄河流域生态文明建设面临的基本情况

黄河流域水资源量少，泥沙含量大，水资源时空分布不均、水土资源承载条件与生产力布局间不协调问题突出，黄河流域及其下游流域外引黄地区经济社会的迅速发展和黄河流域生态环境的良性维持对水资源提出了过高的要求，导致黄河流域水资源供需矛盾突出。加之黄河横贯了我国生态最脆弱的青藏高原、黄土高原、荒漠戈壁以及严重缺水的华北平原，大部分地区位于干旱半干旱地区，是我国生态脆弱区分布面积最大、脆弱生态类型最多、生态脆弱性表现最明显的流域之一。唐代中叶以来，我国经济中心逐步向东、向南转移，很大程度上同西部地区生态环境变迁有关。

（2）河流内外生态问题交织，是黄河流域生态文明建设面临的突出问题

一是泥沙含量大。黄河由于泥沙含量大，历史上曾发生过多次改道。周定王五年（公元前602年）宿胥口决口后，黄河进入“三年两决口，百年一改道”的阶段，现已有150多年保持相对稳定态势。二是生态流量不足。由于水资源管理粗放，在20世纪末期曾经历多次断流，1997年下游最长断流日数高达226天。后经过黄河水量统一调度和科学管理，黄河干流已实现连续19年不断流，但黄河下游和部分支流生态流量依然不足，水域功能失衡问题加剧。三是天然湿地萎缩和地下水超采态势未得到有效遏制。部分地区由于过量开采地下水，地下水位持续下降，地下含水层被疏干，引发了生态退化和地面沉降、地面塌陷、地裂缝、土地沙化等环境地质问题。

（3）西部大开发、“一带一路”、黄河生态经济带等为黄河流域生态文明建设带来的机遇和挑战并存

从长期来看，西部大开发、“一带一路”、黄河生态经济带等的实施，为黄河流域经济社会快速发展和生态文明建设带来重大的历史机遇。与此同时，随着流域快速推进的城镇化、工业化进程，生态环境保护修复也面临更大的压力和挑战。如何在此过程中，形成节约资源和保护环境的空间格局、产业结构、生产方式、生活方式，实现生态环境质量根本好转，对生态环境领域的治理体系和治理能力建设提出了更高要求。

10.2 生态环境保护修复目标分析

黄河是一条极为特殊的河流，输沙减淤和抑制地上悬河进一步发育的负担很重。与此同时，黄河流域生态地位极为显著，是国家重要的生态安全屏障。面向生态文明建设需求，黄河流域水资源保障主要面临以下几方面任务。

（1）保障冲沙输沙水量，维持宁蒙河段和下游侵蚀与淤积动态平衡

黄河是世界上著名的多沙河流，泥沙沉积、河床抬升是黄河下游致灾的根本原因。基于黄河形成的历史背景，伴随着黄河流域的水循环，必然发生黄土高原泥沙的侵蚀、搬运、沉积，淤高、决口、改道成为黄河下游河道发育的自然规律。在此情况下，保障适宜的输沙水量是维持黄河河床稳定和主槽过流能力的基础。黄河泥沙淤积问题主要出现在宁蒙河段和黄河下游。其中宁蒙河段的淤积主要发生在内蒙古河段，内蒙古河段淤积又以巴彦高勒至河口镇河段淤积为甚；黄河下游则是黄河泥沙的主要淤积区，也是黄河流域洪水威胁最大的区域，目前下游河床已高出大堤背河地面3～5m。因此，必须要保持一定的冲沙输沙水量，维持河流中下游侵蚀与淤积的动态平衡。

（2）保障河流生态流量，维系河流生态环境功能不受破坏

生态流量是河流维持生态功能的前提条件，也是维持和保障河湖健康的基础。保障生态流量既要满足流量要求，还要满足不同水期的消长要求。就黄河流域而言，一是要维持河道不断流，包括保障湟水、大通河、洮河、伊洛河、沁河等主要支流水电站下泄生态水量，防止河道脱流，退还窟野河、汾河、沁河被挤占的生态用水。二是要维持天然湿地，主要包括黄河源区、上游宁蒙河段、中下游、河口三角洲及支流大通河、洮河等天然湿地。三是维持重要生物生境，其中黄河干流龙羊峡以上河段及湟水上游、大通河上游、渭河源区支流及秦岭北麓沟峪、洛河上游等河段，是黄河水系特有土著及珍稀濒危鱼类生境保护重点河段；河口三角洲湿地是亚洲东北内陆和环西太平洋鸟类迁徙的重要“中转站”及越冬、栖息和繁殖地。

（3）保障人居景观环境用水，为人民群众提供更多优质生态产品

景观环境用水主要包括城镇绿化、环境卫生以及景观河湖补水三个方面，直接与人居环境质量相关。黄河流域城镇景观环境用水增量一方面来自城镇人口增多，城镇面积扩大，必然带来城镇绿化、环境卫生用水需求增加；另一方面随着生活水平提高，人民群众对人居环境要求的不断提高，需要更多优质生态产品。在考虑城镇景观环境用水时，既要考虑提供更多优质生态产品以满足人民日益增长的优美生态环境需要，还必须坚持节约优先、以水定城，防止过度使用水资源。

（4）保障河道外生态用水，促进生态系统质量和稳定性不断提升

该部分用水主要包括生态防护林建设、湖泊与湿地补水。黄河三门峡以上的上中游地区是干旱、大风、沙尘暴频发的多灾地带，内部和周边分别是腾格里沙漠、乌兰布和沙漠、库布齐沙漠和毛乌素沙漠，生态环境本底极为脆弱，生态防护林建设任务很重。黄河流域湖泊和湿地众多，尤其是黄河上游河道外湖泊湿地多属人工和半人工湿地，主要依靠农灌退水或引黄河水补给水量，对黄河依赖程度极高，如内蒙古乌梁素海、宁夏沙湖均需进行生态补水。在考虑河道外生态用水时，必须坚持尊重自然、保护优先、自然恢复为主的方针，依照当地自然条件，科学作为。

专栏 7　黄河流域主要水生态保护与修复工程

水源涵养	在黄河三江源区、四川若尔盖高原湿地和甘南黄河重要水源补给区，及祁连山冰川与水源涵养生态功能区、六盘山—子午岭、秦岭北麓、伏牛山等黄河干流及重要支流水源涵养区实施水源涵养工程建设
重要生境保护	在黄河水系重要土著鱼类栖息地、黄河水系珍稀濒危水生动物栖息地，实施生境隔离保护与生态修复工程。 在黄河龙羊峡以上支流、湟水干流、多巴以上河段、大通河中上游、洮河上游、沁河上游、伊洛河上中游等河段，针对水电站梯级开发造成的高原冷水鱼类及特有土著鱼类栖息地破坏，实施栖息地修复、连通性恢复和替代生境保护工程。 在黄河三门峡库区圣天湖、黄河下游高村河段和伊洛河河口，针对调水调沙的影响，实施鱼类庇护所建设工程。 在黄河宁蒙河段、小北干流、下游河段，针对河防工程建设导致大鼻吻鮈、兰州鲶、黄河鲤等特有土著鱼类受损的栖息地，实施生态型护岸改建、人工鱼礁建设等栖息地生态修复工程。 在黄河干流黄河沿段、龙羊峡—刘家峡河段、小浪底及大通河中游、湟水上游、洮河上游等河段，针对水利水电梯级开发对土著鱼类资源造成的破坏，实施鱼类资源补偿工程
湿地生态保护与修复	黄河源区：重点实施若尔盖等沼泽草甸湿地生态保护与修复工程。 黄河上游：以青铜峡库区湿地、南海子等宁蒙沿黄湿地为重点，实施湿地植被保护与修复工程。 黄河中下游：重点对小北干流、孟津段、花园口段、柳园口段等沿黄湿地，实施湿地植被保护与修复工程。 重要支流：大通河源区及上游湿地、无定河、渭河、伊洛河等，实施湿地封育保护及湿地植被保护与修复工程

生态需水保障	实施黄河河口湿地、桃力庙—阿拉善湾海子、乌梁素海湿地、沙湖湿地、南海湖湿地、银川湿地生态补水工程［生态用水指标纳入省（自治区）水资源配置］。 建设黄河干流、湟水、大通河、洮河、大夏河、伊洛河、沁河等梯级开发集中河段水电站下泄生态流量保障工程
河湖综合治理	在黄河内流区桃力庙—阿拉善湾海子、红碱淖等实施节水、封育保护、植被修复等生态综合治理工程。 在黄河宁蒙等上游沿黄灌区，实施基于水环境改善的生态净化湿地建设。 在黄河兰州段、龙门—三门峡河段、渭河西安段、汾河临汾段、大汶河泰安段，以及涑水河、涧河、宏农涧河、青龙涧河、金堤河、天然文岩渠等支流，实施水生态综合治理工程，开展河道疏浚，建设生态护岸，营造人工湿地，改善水环境。 在河套灌区，实施河套灌区总排干和乌梁素海湖区生态清淤及入乌梁素海前置人工湿地营造工程。 在山西兰村泉、平泉泉源区、晋祠泉源区、郭庄泉源区等重点泉源区实施泉域源区生态综合整治工程

资料来源：《黄河流域水资源保护规划》(2016—2030)。

10.3 生态环境保护修复需水预测

本节主要依据《黄河流域综合规划（2012—2030年)》、水利部南水北调规划设计管理局《南水北调工程与黄河流域水资源配置的关系研究综合报告》及黄河勘测规划设计研究院有限公司、中国水利水电科学研究院相关研究成果进行分析。

10.3.1 河道冲沙输沙保障目标及需水量

根据以往规划和研究成果，内蒙古河段淤积控制目标考虑为：一是河道淤积比例不宜超过来沙量的20%；二是河道年均淤积厚度控制在0.01m左右，相应年均淤积量为0.2亿t。宁蒙河段中水河槽规模需求应不小于2000m^3/s，对防凌有利的中水河槽规模应达到3000m^3/s。

黄河下游河道淤积比例一般在15%～30%，小浪底水库拦沙期结束后，下游河道合理淤积比例不超过20%。近期（2020年）塑造下游4000m^3/s左右的中水河槽，逐步恢复主槽行洪排沙能力；远期（2035年）维持下游4000m^3/s的中水河槽。

总的来说，近期黄河来水来沙均明显减少，但水沙关系不协调特性未变化，从维持适宜的河道淤积比例及河槽形态，确保黄河长治久安等需求看，仍然需要维持一定规模的汛期输沙。河口镇汛期输沙水量宜控制在115亿m^3左右；利津断面汛期输沙水量应达到150亿m^3左右。

10.3.2 河流生态流量保障目标及需水量

除汛期所必需的输沙需水量外，根据以往相关规划和研究成果，宁蒙河段在当年 11 月至次年 3 月需要 57 亿 m^3 的防凌水量（逐月控制流量分别为 $500m^3/s$、$510m^3/s$、$430m^3/s$、$380m^3/s$ 和 $370m^3/s$），以及 4 ~ 6 月 20 亿 m^3 的生态水量（最小流量为 $250m^3/s$），因此头道拐断面非汛期需要的生态需水量为 77 亿 m^3；同时为维持黄河下游不断流、保护黄河河口三角洲新生生态系统和河道水质等，利津断面在非汛期需要 50 亿 m^3 的生态环境用水量。

10.3.3 人居景观环境保障目标及需水量

现状年黄河流域城镇生态环境绿化面积为 144.72 万亩，环境卫生面积为 143.48 万亩，人均绿化面积和环境卫生面积均为 $15m^2$。现状年黄河流域城镇河湖面积为 20.58 万亩，城镇人均河湖面积 $2.1m^2$。

根据黄河勘测规划设计研究院有限公司《新形势下黄河流域水资源供需形势深化研究》的成果，预计 2035 年黄河流域城镇生态环境绿化面积和环境卫生面积分别为 250.62 万亩和 247.9 万亩，人均绿化面积和环境卫生面积均达到 $18m^2$；预计 2050 年黄河流域城镇生态环境绿化面积和环境卫生面积分别为 286.63 万亩和 283.41 万亩，人均绿化面积和环境卫生面积均达到 $20m^2$。预测 2035 年黄河流域城镇河湖面积为 23.67 万亩，城镇人均河湖面积为 $1.7m^2$；预测 2050 年黄河流域城镇河湖面积为 26.04 万亩，城镇人均河湖面积为 $1.8m^2$。根据设计目标和需水定额成果，基准年、2035 年、2050 年黄河流域人居景观环境需水量分别为 11.71 亿 m^3、18.50 亿 m^3、20.71 亿 m^3，见表 10-1。

表 10-1　人居环境需水量预测成果　（单位：亿 m^3）

省（自治区）	绿化			环境卫生			城镇河湖景观			合计		
	基准年	2035 年	2050 年	基准年	2035 年	2050 年	基准年	2035 年	2050 年	基准年	2035 年	2050 年
青海	0.12	0.27	0.31	0.04	0.08	0.09	—	—	—	0.16	0.35	0.40
甘肃	0.49	1.17	1.36	0.11	0.21	0.24	0.01	0.01	0.01	0.61	1.39	1.61
宁夏	0.38	0.82	0.93	0.1	0.18	0.19	1.18	1.36	1.5	1.66	2.36	2.62
内蒙古	0.49	0.88	1.01	0.18	0.27	0.29	0.19	0.21	0.23	0.86	1.36	1.53
陕西	1.05	2.24	2.57	0.28	0.47	0.51	0.31	0.36	0.39	1.64	3.07	3.47
山西	0.79	1.68	1.91	0.37	0.64	0.69	1.4	1.61	1.78	2.56	3.93	4.38
河南	0.5	1.17	1.33	0.21	0.39	0.43	2.27	2.61	2.87	2.98	4.17	4.63

续表

省（自治区）	绿化			环境卫生			城镇河湖景观			合计		
	基准年	2035年	2050年	基准年	2035年	2050年	基准年	2035年	2050年	基准年	2035年	2050年
山东	0.36	0.79	0.9	0.11	0.19	0.2	0.77	0.89	0.97	1.24	1.87	2.07
合计	4.18	9.02	10.32	1.40	2.43	2.64	6.13	7.05	7.75	11.71	18.48	20.71

资料来源：黄河勘测规划设计研究院有限公司《新形势下黄河流域水资源供需形势深化研究》。

10.3.4 河道外生态保障目标及需水量

黄河三门峡以上的上中游地区是干旱、大风、沙尘暴频发的多灾地带，内部和周边分别是腾格里沙漠、乌兰布和沙漠、库布齐沙漠和毛乌素沙漠，生态环境较为脆弱。根据黄河勘测规划设计研究院有限公司《新形势下黄河流域水资源供需形势深化研究》的成果，基准年黄河流域人工生态防护林面积为 39.78 万亩，预测 2035 年黄河流域人工生态防护林面积将增加到 95.09 万亩，预测 2050 年黄河流域人工生态防护林面积将增加到 99.84 万亩。

黄河源区湖泊和沼泽众多，黄河上游河道外湖泊湿地多属人工和半人工湿地，依靠农灌退水或引黄河水补给水量，湿地对黄河依赖程度较高；中游湿地主要分布在小北干流、三门峡库区等河段；黄河下游受多沙特点的影响，河道淤积摆动变化大，形成了沿河呈带状分布的河漫滩湿地。根据黄河勘测规划设计研究院有限公司《新形势下黄河流域水资源供需形势深化研究》的成果，基准年河道外湖泊湿地补水主要考虑内蒙古乌梁素海、宁夏沙湖生态补水，山西太原汾河生态补水，规划水平年新增哈素海修复治理工程生态补水，以及部分中小湖泊湿地补水。基准年黄河流域补水的湖泊湿地面积为 63.51 万亩，预测 2035 年补水的黄河流域河湖与湿地面积将增加到 101.74 万亩，预测 2050 年保持该规模。根据设计目标和需水定额成果，基准年、2035 年、2050 年黄河流域河道外生态需水量分别为 5.93 亿 m^3、8.97 亿 m^3、9.14 亿 m^3，见表 10-2。

表 10-2 河道外生态需水量预测成果 （单位：亿 m^3）

省（自治区）	生态防护林			河湖湿地			合计		
	基准年	2035年	2050年	基准年	2035年	2050年	基准年	2035年	2050年
青海	0.36	1.01	1.06	—	—	—	0.36	1.01	1.06
甘肃	0.68	0.39	0.41	—	—	—	0.68	0.39	0.41
宁夏	0.73	1.61	1.69	0.97	0.46	0.46	1.70	2.07	2.15
内蒙古	0.64	0.48	0.51	0.82	3.75	3.75	1.46	4.23	4.26

续表

省（自治区）	生态防护林			河湖湿地			合计		
	基准年	2035 年	2050 年	基准年	2035 年	2050 年	基准年	2035 年	2050 年
陕西	—	—	—	—	—	—	—	—	—
山西	—	—	—	1. 73	1. 26	1. 26	1. 73	1. 26	1. 26
河南	—	—	—	—	—	—	—	—	—
山东	—	—	—	—	—	—	—	—	—
合计	2. 41	3. 49	3. 67	3. 52	5. 47	5. 47	5. 93	8. 96	9. 14

资料来源：黄河勘测规划设计研究院有限公司《新形势下黄河流域水资源供需形势深化研究》。

10. 3. 5 需水量小计

根据以上预测，利津断面河道内生态需水量约为 200 亿 m^3；基准年、2035 年、2050 年人居环境与河道外生态需水量分别为 17. 64 亿 m^3、27. 46 亿 m^3、29. 85 亿 m^3。

第 11 章　黄河流域中长期水资源供需分析

在保障河湖基本生态需水、退还超采的地下水基础上，在需求端设定现状有效灌溉面积、现状实际灌溉面积、规划灌溉面积和强化管控灌溉面积四种方案，在供给端设定地下水采补平衡和地下水恢复到 20 世纪 90 年代初开采水平两种方案，并充分利用各种非常规水源，结合经济社会和生态环境需水预测，进行全流域水资源供需平衡分析。结果表明，在黄河流域水资源量衰减和未来需求扩大的双重影响下，按照不同的情景方案，黄河流域 2035 年缺水 55.1 亿 ~ 150.3 亿 m^3，其中刚性缺水 9.6 亿 ~ 66.1 亿 m^3，弹性缺水 45.5 亿 ~ 84.2 亿 m^3；2050 年缺水 65.9 亿 ~ 158.2 亿 m^3，其中刚性缺水 52.2 亿 ~ 84.2 亿 m^3，弹性缺水 13.5 亿 ~ 74.0 亿 m^3。

11.1　配置基本情况

11.1.1　配置模型

本研究应用中国水利水电科学研究院自主研发的“水资源通用配置与模拟软件”（general water allocation and simulation software，GWAS 软件）进行黄河流域水资源配置分析。GWAS 软件集成开源 QGIS 技术、SQLite 技术和 WAS 模型（water allocation and simulation model）等开发而成，是 WAS 模型的应用操作软件，可以实现对区域/流域水资源水量水质模拟、评价、水资源配置及报表输出等功能，使用户能够较快速、较全面地评价研究区水资源状况，便于水资源管理人员根据实际情况进行动态修正，为区域水资源的高效管理和优化配置提供决策支持，为有关研究人员和水资源决策管理者提供平台工具。

GWAS 软件底层 WAS 模型由产汇流模拟模块、再生水模拟模块、水质模拟模块、水资源调配模块 4 个部分组成（桑学锋等，2018，2019）。其中，产汇流模拟模块、再生水模拟模块共同组成自然-社会水循环的基础，用于定量计算区域水资源量并对其组成进行分析；水质模拟模块模拟主要污染物的迁移转化，用于定量河流、湖库的污染物水质变化，为水资源调配提供水质边界；水资源调配模块主要进行水资源供需平衡分析、分质供水计算，用来实现水资源的发散均衡，并反馈到几个水循环模拟过程。WAS 模型结构框架如图 11-1 所示。

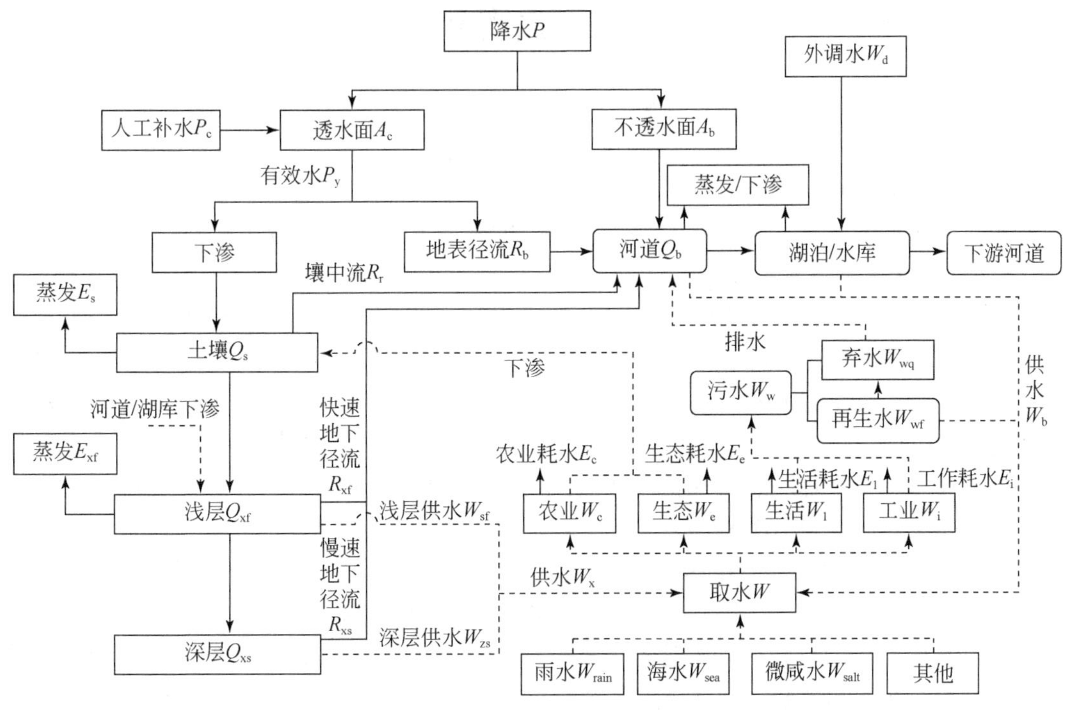

图11-1　WAS模型结构框架

11.1.2　配置条件

1）本次计算根据《黄河流域水文设计成果修订》推荐成果，黄河天然径流量系列采用1956～2010年结果，为482.4亿m^3，基准年、2035年和2050年均采用此天然径流量。

2）根据黄河流域水资源三级区和地市行政区，结合重点产业园区，将整个流域划分为129个计算单元，并根据流域内汇流关系，建立129个计算单元汇流拓扑关系。

3）调水工程按基准年和2035年、2050年水平设置，其中基准年调水工程考虑引乾济石工程；2035年调水工程考虑引汉济渭工程（10亿m^3）、引乾济石工程、引红济石工程和南水北调东线一期向山东调水；2050年调水工程和2035年一致，其中引汉济渭工程调水量增至15亿m^3。

4）供需平衡计算时，考虑支流优先，地表水、地下水统一调配，利津等重要断面控制下泄水量要求等。

5）供水顺序：现状用户优先保障，生活用水优先，农田保灌面积用水、工业、生态环境统筹兼顾。

11.2 配置情景方案

未来水平年在需求侧，农业需水设置强化管控灌溉面积（6823 万亩，情景Ⅰ）、现状实际灌溉面积（7181 万亩，情景Ⅱ）和规划灌溉面积（9199 万亩，情景Ⅲ）3 种方案，在供给侧地下水可开采量设置地下水达到采补平衡（情景 a）和地下水恢复到 20 世纪 90 年代初开采水平（情景 b）2 种方案，因此对 2035 年和 2050 年各设置 6 种情景（情景Ⅰ-a 代表农业需水采用强化管控灌溉面积方案，地下水可开采量采用采补平衡方案）。

情景Ⅰ-a：农业需水采用强化管控灌溉面积（6823 万亩）方案，地下水可开采量采用采补平衡（可开采量 107.88 亿 m^3）方案；

情景Ⅰ-b：农业需水采用强化管控灌溉面积（6823 万亩）方案，地下水可开采量采用恢复到 20 世纪 90 年代初开采水平（可开采量 90.2 亿 m^3）方案；

情景Ⅱ-a：农业需水采用现状实际灌溉面积（7181 万亩）方案，地下水可开采量采用采补平衡（可开采量 107.88 亿 m^3）方案；

情景Ⅱ-b：农业需水采用现状实际灌溉面积（7181 万亩）方案，地下水可开采量采用恢复到 20 世纪 90 年代初开采水平（可开采量 90.2 亿 m^3）方案；

情景Ⅲ-a：农业需水采用规划灌溉面积（9199 万亩）方案，地下水可开采量采用采补平衡（可开采量 107.88 亿 m^3）方案；

情景Ⅲ-b：农业需水采用规划灌溉面积（9199 万亩）方案，地下水可开采量采用恢复到 20 世纪 90 年代初开采水平（可开采量 90.2 亿 m^3）方案。

11.3 黄河流域可供水量

11.3.1 地表水资源

水资源可利用量是从资源的角度分析可能被消耗利用的水资源量，是指在可预见的时期内，在统筹考虑生活、生产和生态环境用水的基础上，通过经济合理、技术可行的措施在当地水资源中可以一次性利用的最大水量。

（1）地表水资源演变趋势

《黄河流域水文设计成果修订》推荐的径流系列为 1956 ~ 2010 年，与《黄河流域水资源综合规划》采用的 1956 ~ 2000 年相比，唐乃亥站由 205.1 亿 m^3 减少到 200.6 亿 m^3，减少了 4.5 亿 m^3，减幅为 2.2%；河口镇站由 331.7 亿 m^3 减少到 313.5 亿 m^3，减少了 18.2 亿 m^3，减幅为 5.5%；花园口站由 532.8 亿 m^3 减少到 480.8 亿 m^3，减少了 52.0 亿 m^3，减幅为 9.8%；利津断面由 534.8 亿 m^3 减少到 482.4 亿 m^3，减少了 52.4 亿 m^3，减幅为 9.8%。

1956 ~ 2010 年黄河流域平均降水量 455.6mm 与 1956 ~ 2000 年平均降水量 456.9mm 基本

一致，但是河川天然径流量（利津断面）却由 534.8 亿 m^3 减少到 482.4 亿 m^3，减少了 52.4 亿 m^3；其中河口镇以上天然径流量由 331.7 亿 m^3 减少到 313.5 亿 m^3，减少了 18.2 亿 m^3。

（2）地表水资源可利用量

结合黄河勘测规划设计研究院有限公司河道生态用水研究成果，在多年平均来水条件下，采用《黄河流域水文设计成果修订》推荐的 1956 ~ 2010 年径流系列，得到河口镇断面多年平均天然径流量 313.5 亿 m^3，地表水可利用量 121.5 亿 m^3，地表水可利用率 39%；利津断面多年平均天然径流量 482.4 亿 m^3，地表水可利用量 282.4 亿 m^3，地表水可利用率 59%，如图 11-2 所示。

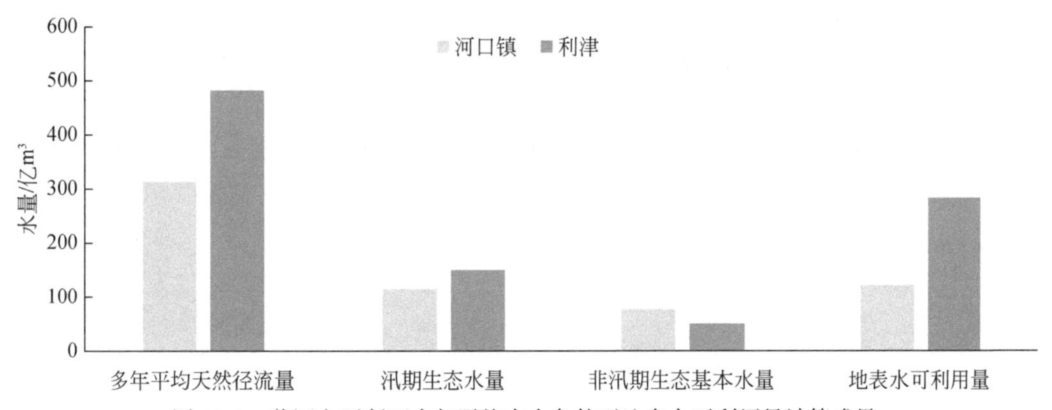

图 11-2　黄河主要断面多年平均来水条件下地表水可利用量计算成果

（3）地表水资源可供水量

在地表水资源可利用量的基础上，主要考虑水利工程规划建设情况、水资源调入调出情况及退排水情况，计算黄河地表水资源可供水量。到 2035 年，考虑引汉济渭调水 10 亿 m^3，引乾济石等跨流域调水工程的实施生效，经长系列（1956 ~ 2010 年）调算，黄河流域地表水可供水量约 371 亿 m^3，其中可供黄河流域约 284 亿 m^3。到 2050 年，黄河地表水可供水量约 370 亿 m^3，其中可供黄河流域约 283 亿 m^3。

11.3.2　地下水资源

（1）地下水资源可利用量

本次计算采用黄河勘测规划设计研究院有限公司的 2001 ~ 2016 年平均数据，得到黄河多年平均浅层地下水（$M \leqslant 2g/L$）资源量为 352.8 亿 m^3（扣除重复量，其中平原区地下水资源量 147.6 亿 m^3，山丘区地下水资源量 244.2 亿 m^3），平原区地下水可开采量为 103.9 亿 m^3。

（2）地下水资源可供水量

地下水规划开采量的原则分为地下水采补平衡和地下水恢复到 20 世纪 90 年代初开采水平两种方案。地下水采补平衡为逐步退还深层地下水开采量和平原区浅层地下水超采量；山丘区地下水开采量基本维持现状开采量。按照在现状开采量的基础上退减 14 亿 m^3 超采水量计算，地下水采补平衡规划开采量 107.88 亿 m^3。

考虑维持良好的生态环境，设定地下水恢复到 20 世纪 90 年代初开采水平方案，即地下水开采量恢复到 20 世纪八九十年代水平，根据 1980 年和 1985 年地下水实际开采量，确定地下水恢复方案规划开采量 90.2 亿 m^3。

11.3.3 其他水源供水预测

污水处理再利用、雨水利用、矿化度 2～5g/L 的微咸水利用等非常规水源在黄河流域某些地区水资源紧张时可以起到缓解作用，因此将该部分水源统一作为其他水源进行计算。根据黄河勘测规划设计研究院有限公司的研究成果，现状年黄河流域其他水源利用量为 10.25 亿 m^3，随着未来非常规水源利用技术和水资源利用率提高，预测 2035 年其他水源利用量为 20.35 亿 m^3，预测 2050 年其他水源利用量达到 30.70 亿 m^3，如图 11-3 所示。

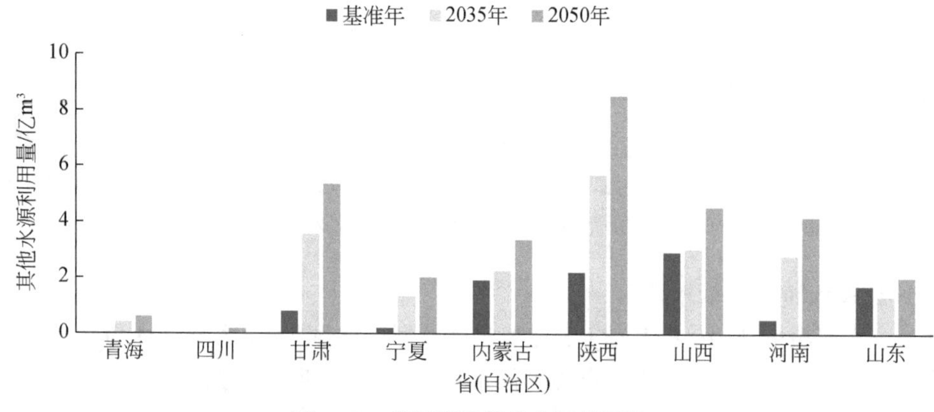

图 11-3 黄河流域其他水源利用量

11.3.4 总可供水量预测

综合上述分析，基准年可供黄河流域用水总量为 394.0 亿 m^3，引汉济渭等调水工程生效后，2035 年总可供水量可达到 394.2 亿～412.5 亿 m^3，至 2050 年，总可供水量可达 403.9 亿～422.1 亿 m^3，见表 11-1。

表 11-1 黄河流域各规划水平年供水总量 （单位：亿 m^3）

水平年	情景	地表供水量	地下供水量	其他水源供水量	合计
基准年	—	275.8	107.9	10.3	394.0
2035 年	a	284.2	107.9	20.4	412.5
	b	283.6	90.2	20.4	394.2

续表

水平年	情景	地表供水量	地下供水量	其他水源供水量	合计
2050 年	a	283.5	107.9	30.7	422.1
	b	283.0	90.2	30.7	403.9

11.3.5 总需水量预测结果

黄河流域各分区单元不同水平年的需水预测结果见表 11-2 ~ 表 11-4。

表 11-2 基准年黄河流域需水预测 （单位：亿 m^3）

省份/二级区	生活	工业	农业	生态	总需水
龙羊峡以上	0.3	0.1	1.7	0.1	2.2
龙羊峡至兰州	3.8	5.2	18.4	0.7	28.1
兰州至河口镇	9.0	14.9	180.6	6.0	210.5
河口镇至龙门	4.0	5.1	12.4	1.1	22.6
龙门至三门峡	22.6	19.6	96.6	5.1	143.9
三门峡至花园口	6.2	12.4	15.7	3.1	37.4
花园口以下	4.6	5.3	46.2	1.4	57.5
内流区	0.2	0.4	5.0	0.1	5.7
青海	2.4	1.4	10.1	0.5	14.4
四川	0.1	0.0	0.1	0.0	0.2
甘肃	7.8	7.3	31.1	1.0	47.2
宁夏	3.1	6.3	63.1	3.0	75.5
内蒙古	4.4	10.0	112.1	2.3	128.8
陕西	13.0	14.1	54	1.8	82.9
山西	9.8	9.4	44.2	4.1	67.5
河南	6.8	11.2	46.1	3.5	67.6
山东	3.3	3.3	15.8	1.4	23.8
黄河流域	50.7	63.0	376.6	17.6	507.9

表 11-3　2035 年黄河流域需水预测

（单位：亿 m³）

省份/二级区	生活	工业	农业			生态环境	总需水		
			情景Ⅰ	情景Ⅱ	情景Ⅲ		情景Ⅰ	情景Ⅱ	情景Ⅲ
龙羊峡以上	0.3	0.1	1.3	1.4	1.7	0.2	1.8	1.9	2.2
龙羊峡至兰州	5.5	6.9	14.6	15.2	18.5	1.8	28.8	29.4	32.7
兰州至河口镇	13.6	19.6	134.0	139.8	170.2	9.9	177.1	182.9	213.3
河口镇至龙门	5.5	6.7	9.9	10.3	12.5	1.5	23.6	24.0	26.2
龙门至三门峡	31.8	25.8	75.9	79.2	96.3	7.6	141.1	144.4	161.5
三门峡至花园口	8.9	16.2	11.8	12.3	15.0	4.0	40.9	41.4	44.1
花园口以下	6.3	7.0	34.0	35.5	43.2	2.4	49.7	51.2	58.9
内流区	0.3	0.5	3.7	3.9	4.7	0.1	4.6	4.8	5.6
青海	3.3	2.8	11.5	11.9	19.6	1.4	18.9	19.3	27.0
四川	0.1	0.0	0.2	0.2	0.2	0.0	0.4	0.4	0.4
甘肃	8.7	12.1	23.6	24.7	33.9	1.8	46.2	47.3	56.5
宁夏	4.1	8.6	54.5	57.0	65.6	4.4	71.6	74.1	82.7
内蒙古	5.3	11.8	82.1	85.7	96.2	5.5	104.8	108.4	118.9
陕西	19.6	15.8	37.3	38.8	49.4	3.1	75.7	77.2	87.8
山西	15.8	16.0	36.2	37.7	44.1	5.2	73.2	74.7	81.1
河南	10.9	12.4	25.6	26.8	36.9	4.2	53.1	54.3	64.4
山东	4.4	3.3	14.2	14.8	16.2	1.9	23.7	24.3	25.7
黄河流域	72.2	82.8	285.2	297.6	362.1	27.5	467.6	480.0	544.5

表 11-4　2050 年黄河流域需水预测

（单位：亿 m^3）

省份/二级区	生活	工业	农业			生态环境	总需水		
			情景Ⅰ	情景Ⅱ	情景Ⅲ		情景Ⅰ	情景Ⅱ	情景Ⅲ
龙羊峡以上	0.4	0.1	1.3	1.4	1.6	0.2	2.00	2.1	2.3
龙羊峡至兰州	6.9	7.5	14.1	14.7	17.9	2	30.50	31.1	34.3
兰州至河口镇	17.5	21.6	129.7	135.1	164.5	10.4	179.20	184.6	214
河口镇至龙门	6.9	7.3	9.5	9.9	12.1	1.7	25.40	25.8	28
龙门至三门峡	40.2	28.3	73.4	76.6	93.2	8.3	150.20	153.4	170
三门峡至花园口	11.2	17.8	11.4	11.9	14.5	4.5	44.90	45.4	48
花园口以下	7.9	7.6	33	34.3	41.8	2.6	51.10	52.4	59.9
内流区	0.3	0.6	3.6	3.7	4.5	0.2	4.70	4.8	5.6
青海	4.1	3	11.1	11.5	18.9	1.5	19.7	20.1	27.5
四川	0.2	0	0.3	0.3	0.3	0	0.5	0.5	0.5
甘肃	11.5	13.3	23.2	24.2	33.1	2	50	51	59.9
宁夏	5.1	9.3	52.3	54.7	63	4.8	71.5	73.9	82.2
内蒙古	6.7	14	78.1	81.5	91.7	5.8	104.6	108	118.2
陕西	24.8	16.8	36.8	38.2	48.5	3.5	81.8	83.2	93.5
山西	19.7	18.7	34.7	36	42.3	5.6	78.7	80	86.3
河南	13.8	12.4	25.4	26.5	36.3	4.6	56.2	57.3	67.1
山东	5.5	3.3	14.1	14.7	16	2.1	25	25.6	26.9
黄河流域	91.3	90.8	276	287.6	350.1	29.9	488	499.6	562.1

11.4 水资源供需平衡

根据需水预测成果，在考虑黄河流域地表供水工程和地下水开采量的情况下，进行了供需平衡计算，计算结果见表 11-5。

表 11-5 黄河流域各水平年供需结果

水平年	情景	流域内需水量	流域内供水量/亿 m^3				流域内缺水量/亿 m^3	流域内缺水率/%	流域内耗水量/亿 m^3	流域外耗水量/亿 m^3	耗水量合计/亿 m^3	入海水量/亿 m^3
			地表水	地下水	非常规	合计						
基准年	—	507.9	275.8	107.9	10.3	394	113.9	22	336.9	89.1	426	175
2035 年	Ⅰ-a	467.6	284.2	107.9	20.4	412.5	55.1	12	359.7	86.7	446.4	176.9
	Ⅰ-b	467.6	283.6	90.2	20.4	394.2	73.4	16	343.7	86.7	430.4	175.3
	Ⅱ-a	480	284.2	107.9	20.4	412.5	67.5	14	360.3	86.7	447	176.3
	Ⅱ-b	480	283.6	90.2	20.4	394.2	85.8	18	344	86.7	430.7	175
	Ⅲ-a	544.5	284.2	107.9	20.4	412.5	132	24	361.5	86.7	448.2	175.2
	Ⅲ-b	544.5	283.6	90.2	20.4	394.2	150.3	28	343.9	86.7	430.6	175.1
2050 年	Ⅰ-a	488	283.5	107.9	30.7	422.1	65.9	14	375.2	86.7	461.9	176.8
	Ⅰ-b	488	283	90.2	30.7	403.9	84.1	17	357.8	86.7	444.5	176.5
	Ⅱ-a	499.6	283.5	107.9	30.7	422.1	77.5	16	375.3	86.7	462	176.6
	Ⅱ-b	499.6	283	90.2	30.7	403.9	95.7	19	357.7	86.7	444.4	176.6
	Ⅲ-a	562.1	283.5	107.9	30.7	422.1	140	25	376.8	86.7	463.5	175.1
	Ⅲ-b	562.1	283	90.2	30.7	403.9	158.2	28	359.1	86.7	445.8	175.1

11.5 未来缺水情势

根据对 2035 年和 2050 年黄河流域供需平衡分析结果，2035 年在情景Ⅰ-a 下，黄河流域缺水总量为 55.1 亿 m^3，其中工业缺水、生活缺水和生态缺水的贡献分别为 33%、17% 和 50%；在情景Ⅰ-b 下，黄河流域缺水总量为 73.4 亿 m^3，其中工业缺水、生活缺水和生态缺水的贡献分别为 29%、19% 和 52%；在情景Ⅱ-a 下，黄河流域缺水总量为 67.5 亿 m^3，其中工业缺水、生活缺水和生态缺水的贡献分别为 34%、25% 和 41%；在情景Ⅱ-b 下，黄河流域缺水总量为 85.8 亿 m^3，其中工业缺水、生活缺水和生态缺水的贡献分别为 30%、25% 和 45%；在情景Ⅲ-a 下，黄河流域缺水总量为 132 亿 m^3，其中农业缺水、工业缺水、生活缺水和生态缺水的贡献分别为 28%、17%、13% 和 42%；在情景Ⅲ-b 下，黄河流域缺水总量为 150.3 亿 m^3，其中农业缺水、工业缺水、生活缺水和生态缺水的贡献分别为 31%、18%、14% 和 37%。

2050 年在情景Ⅰ-a 下，黄河流域缺水总量为 65.9 亿 m^3，其中工业缺水、生活缺水和生态缺水的贡献分别为 24%、45% 和 31%；在情景Ⅰ-b 下，黄河流域缺水总量为 84.1 亿 m^3，其中工业缺水、生活缺水和生态缺水的贡献分别为 23%、40% 和 37%；在情景Ⅱ-a 下，黄河流域缺水总量为 77.5 亿 m^3，其中工业缺水、生活缺水和生态缺水的贡献分别为 27%、47% 和 26%；在情景Ⅱ-b 下，黄河流域缺水总量为 95.7 亿 m^3，其中工业缺水、生活缺水和生态缺水的贡献分别为 25%、43% 和 32%；在情景Ⅲ-a 下，黄河流域缺水总量为 140.0 亿 m^3，其中农业缺水、工业缺水、生活缺水和生态缺水的贡献分别为 17%、15%、26% 和 42%；在情景Ⅲ-b 下，黄河流域缺水总量为 158.2 亿 m^3，其中农业缺水、工业缺水、生活缺水和生态缺水的贡献分别为 22%、15%、26% 和 37%（图 11-4 ~ 图 11-9）。

根据第 5 章缺水对经济社会和生态环境的影响程度，缺水可以分为刚性缺水和弹性缺水，其中刚性缺水指会对经济社会发展和流域生态保护修复构成较大制约和破坏的缺水，弹性缺水则是会对农业生产潜力发挥和生态环境高标准建设构成制约的缺水。基于刚性缺水和弹性缺水的概念，对黄河流域不同水平年不同情景下的缺水的构成进行了分析，得到刚性和弹性缺水的变化如图 11-10 所示。

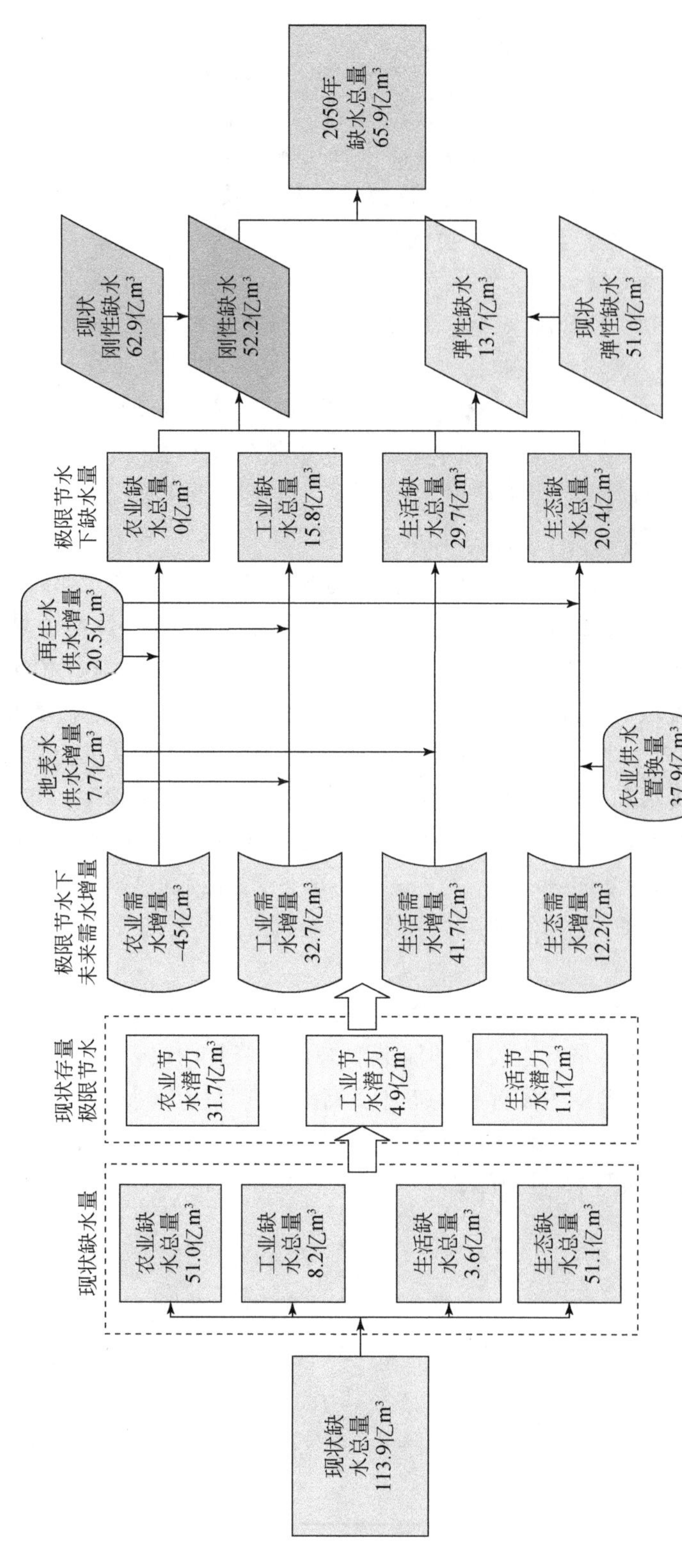

图 11-4 极限节水情景下2050年情景I-a缺水量

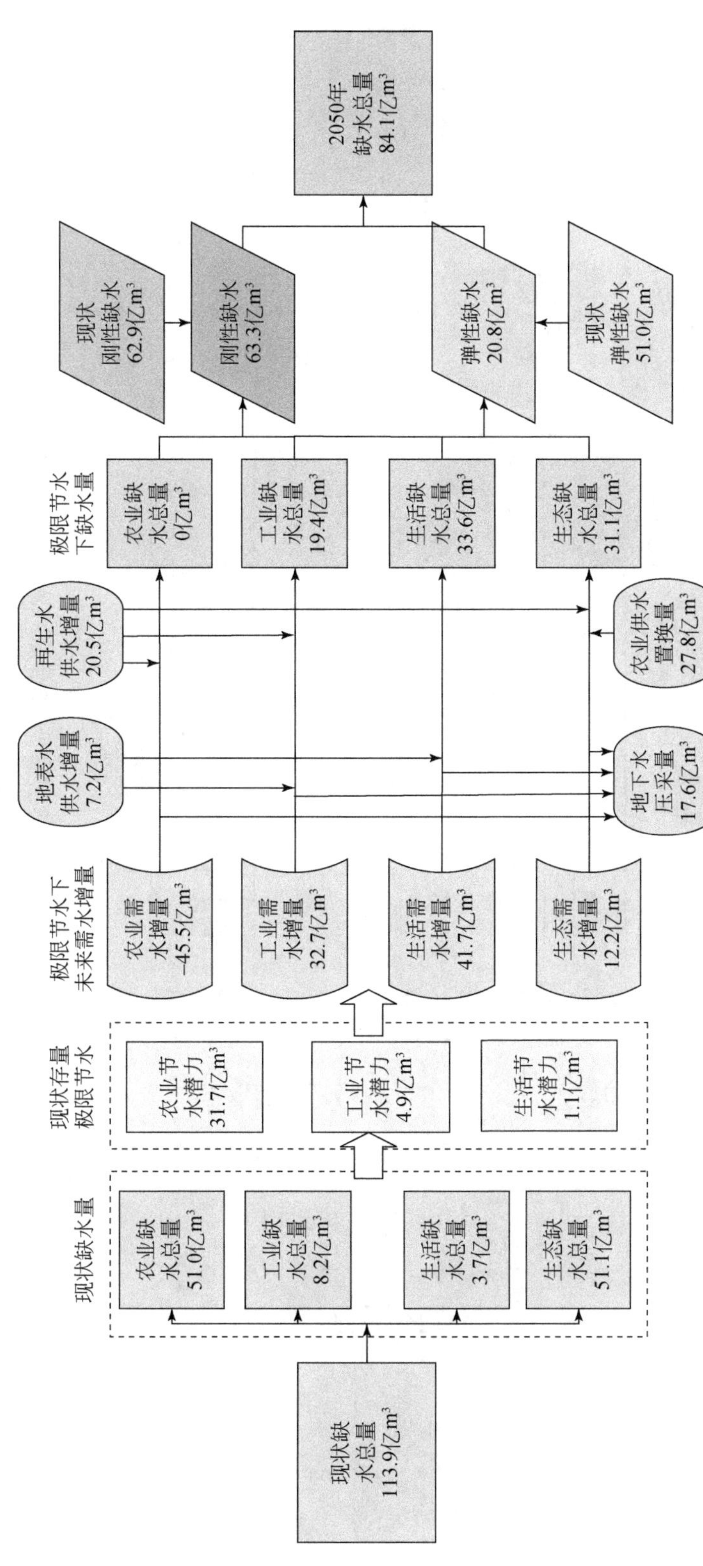

图 11-5 极限节水情景下2050年情景Ⅰ-b缺水量

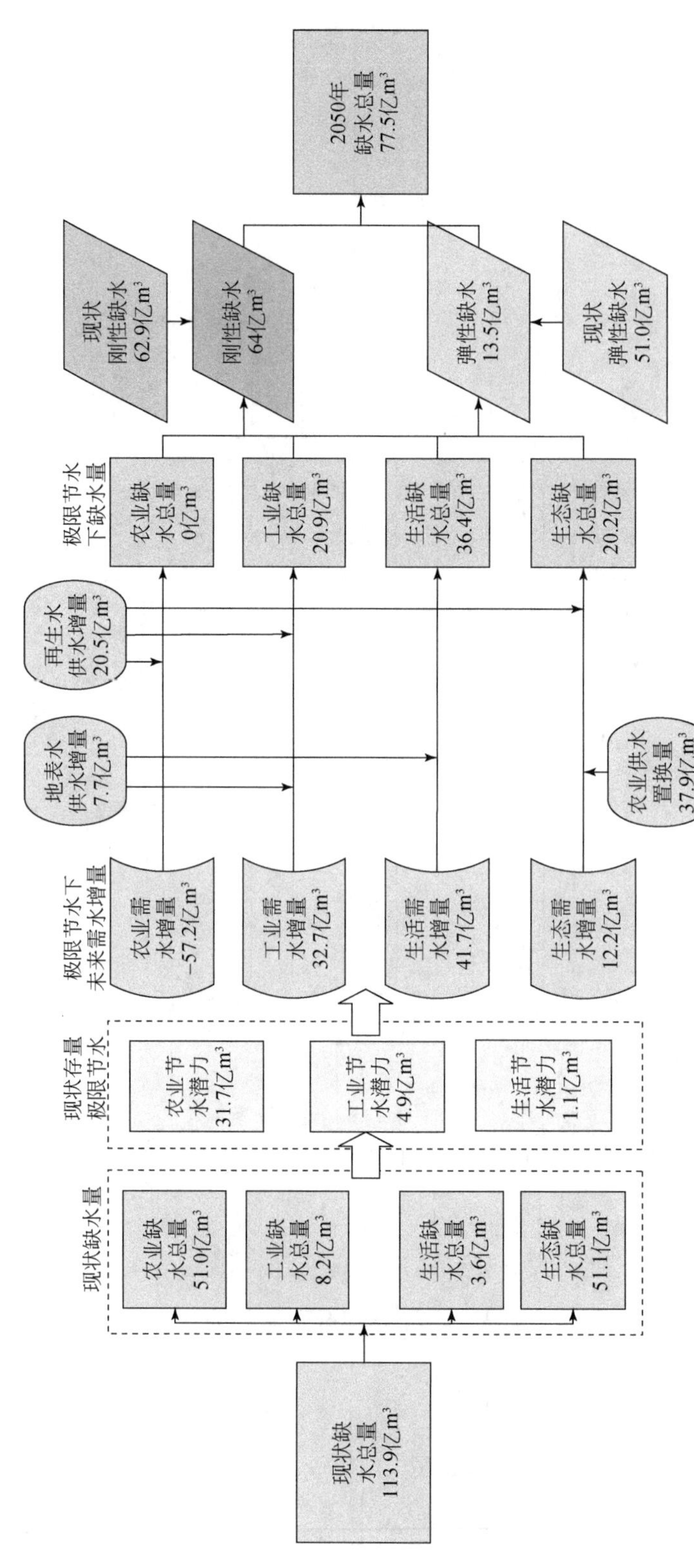

图 11-6　极限节水情景下2050年情景Ⅱ-a缺水量

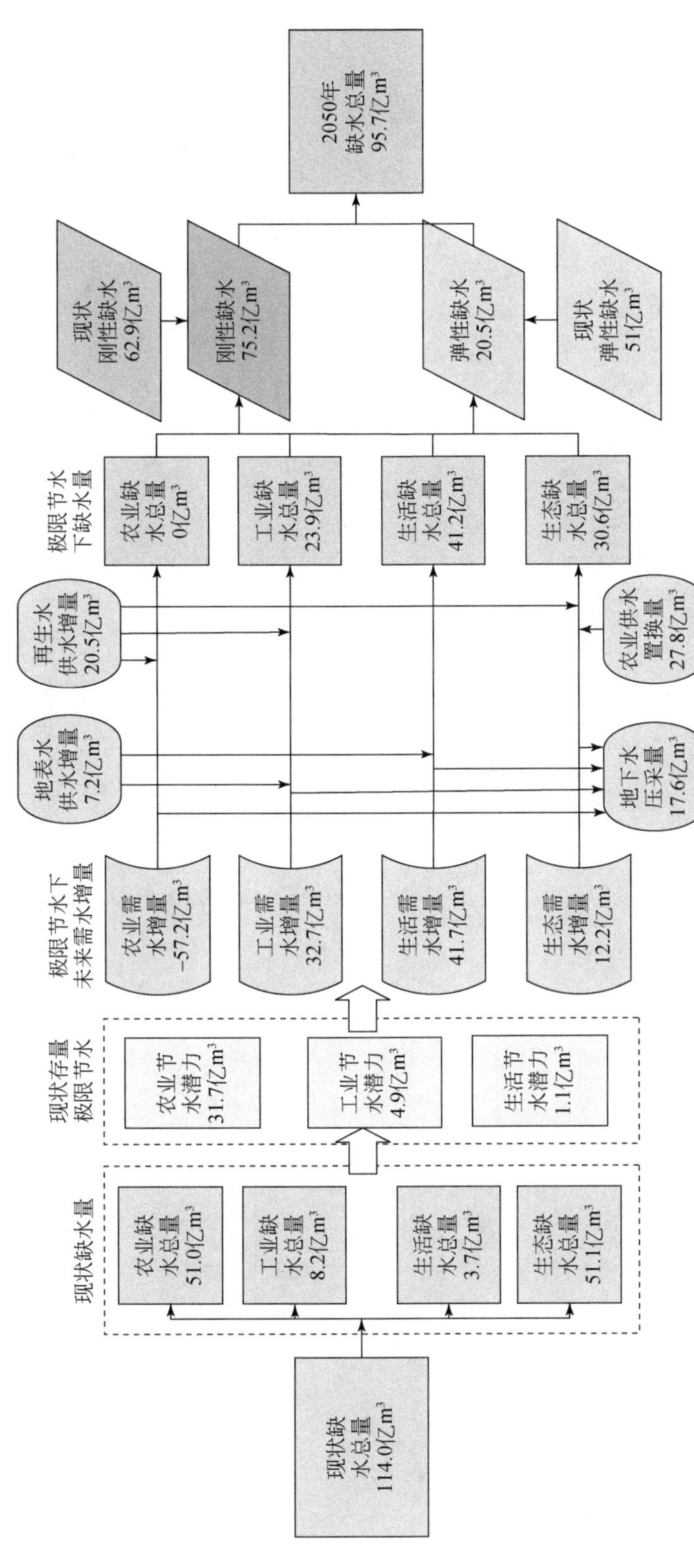

图 11-7 极限节水情景下2050年情景 Ⅱ -b缺水量

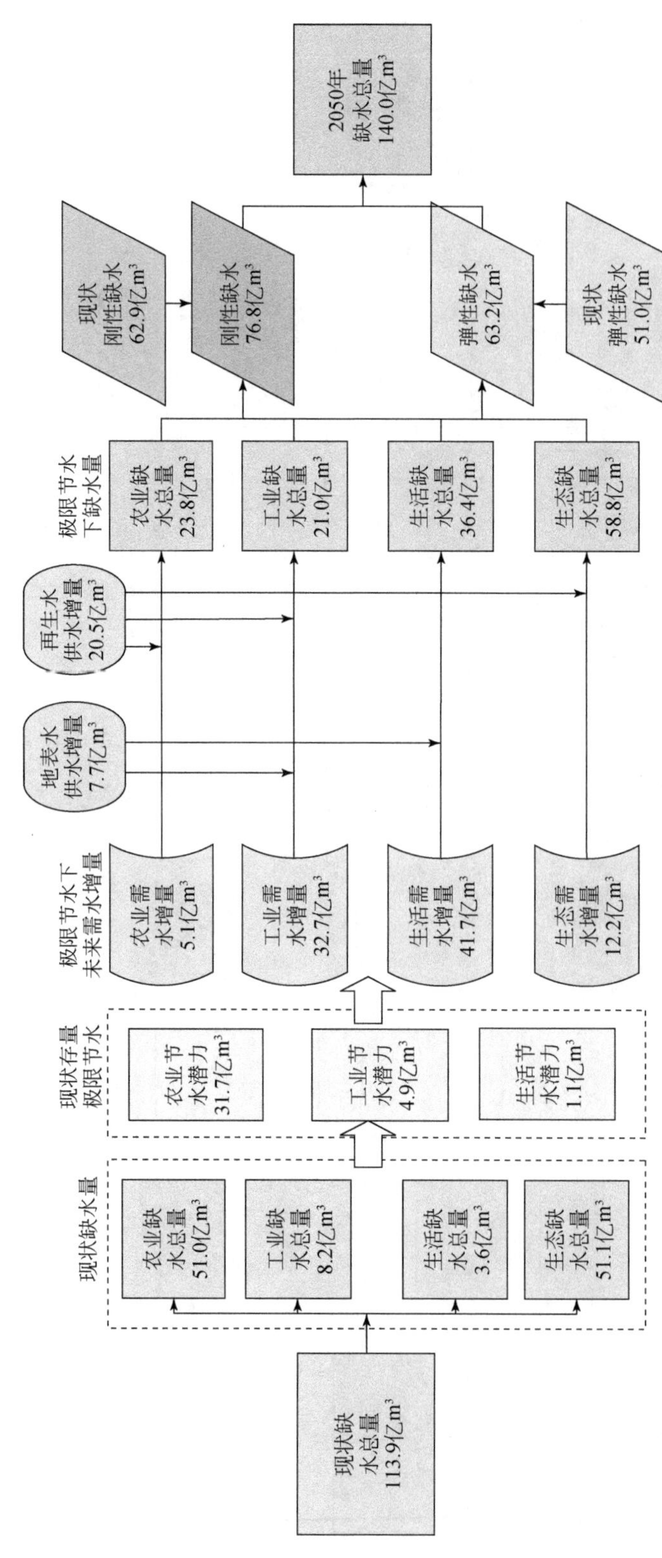

图 11-8 极限节水情景下2050年情景Ⅲ-a缺水量

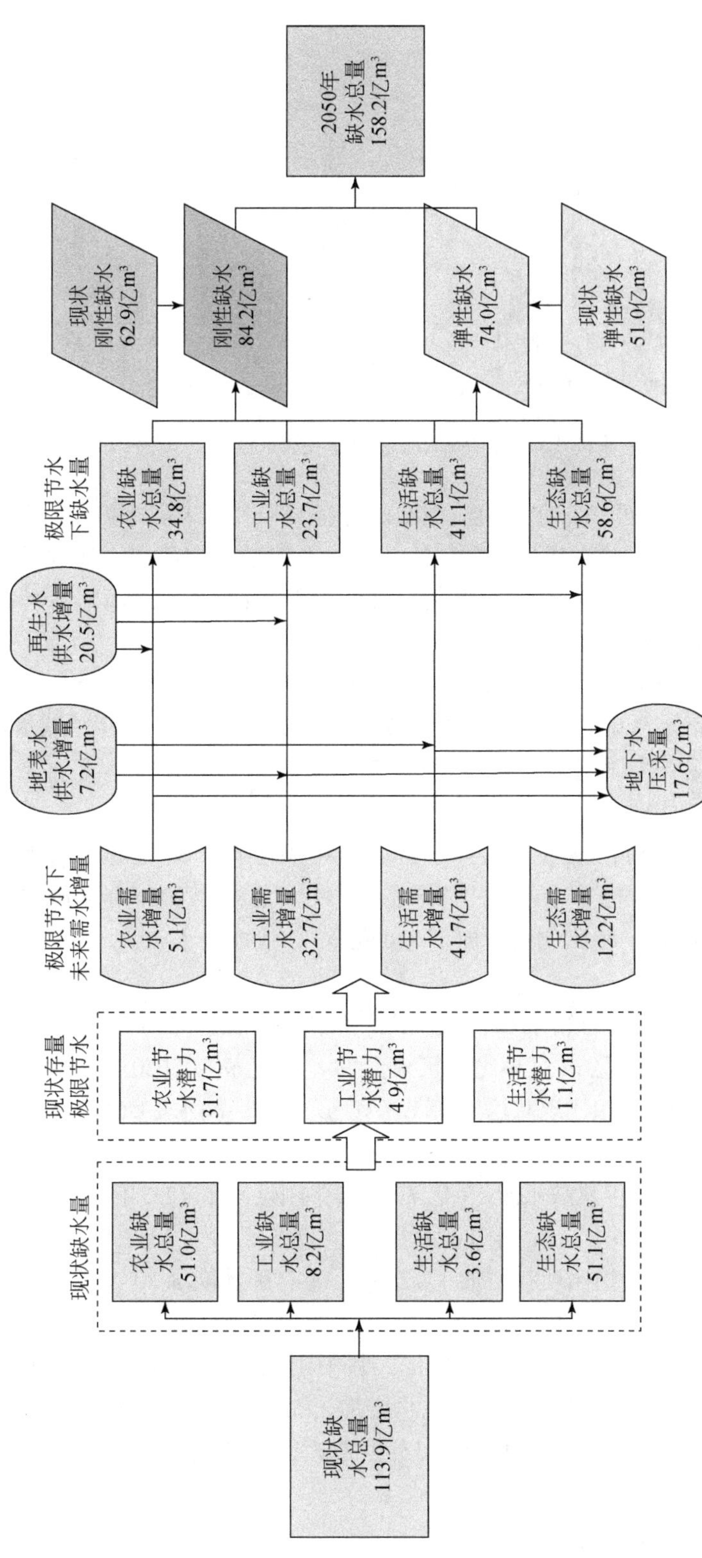

图 11-9 极限节水情景下2050年情景Ⅲ-b缺水量

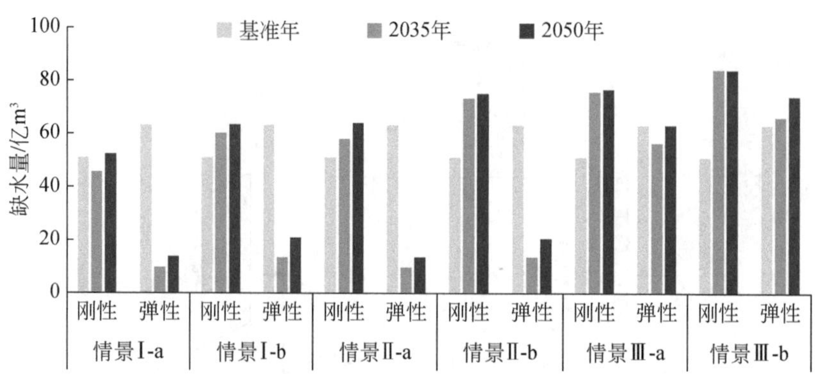

图 11-10　黄河流域刚性和弹性缺水量变化

由图 11-4 ~ 图 11-10 可知，在黄河流域水资源量衰减和未来需求扩大的双重影响影响下，相比现状年，未来刚性缺水除了情景Ⅰ-a 外均呈现增大的趋势，而弹性缺水在情景Ⅰ-a、情景Ⅰ-b、情景Ⅱ-a、情景Ⅱ-b 呈现大规模减小的趋势；从 2035 年到 2050 年，刚性缺水和弹性缺水均呈增大的趋势。

在情景Ⅰ-a 中，2035 年总缺水 55.1 亿 m^3，其中刚性缺水 45.5 亿 m^3，相比现状减少了 17.4 亿 m^3；弹性缺水 9.6 亿 m^3，相比现状减少了 41.4 亿 m^3；2050 年总缺水 65.9 亿 m^3，其中刚性缺水 52.2 亿 m^3，相比现状减少了 10.7 亿 m^3，弹性缺水 13.7 亿 m^3，相比现状减少了 37.3 亿 m^3。

在情景Ⅰ-b 中，2035 年总缺水 73.4 亿 m^3，其中刚性缺水 60 亿 m^3，相比现状减少了 2.9 亿 m^3；弹性缺水 13.4 亿 m^3，相比现状减少了 37.6 亿 m^3；2050 年总缺水 84.1 亿 m^3，其中刚性缺水 63.3 亿 m^3，相比现状增加了 0.4 亿 m^3，弹性缺水 20.8 亿 m^3，相比现状减少了 30.2 亿 m^3。

在情景Ⅱ-a 中，2035 年总缺水 67.5 亿 m^3，其中刚性缺水 57.8 亿 m^3，相比现状减少了 5.1 亿 m^3；弹性缺水 9.7 亿 m^3，相比现状减少了 41.3 亿 m^3；2050 年总缺水 77.5 亿 m^3，其中刚性缺水 64.0 亿 m^3，相比现状增加了 1.1 亿 m^3，弹性缺水 13.5 亿 m^3，相比现状减少了 37.5 亿 m^3。

在情景Ⅱ-b 中，2035 年总缺水 85.8 亿 m^3，其中刚性缺水 72.3 亿 m^3，相比现状增加了 9.4 亿 m^3；弹性缺水 13.5 亿 m^3，相比现状减少了 37.5 亿 m^3；2050 年总缺水 95.7 亿 m^3，其中刚性缺水 75.2 亿 m^3，相比现状增加了 12.3 亿 m^3，弹性缺水 20.5 亿 m^3，相比现状减少了 30.5 亿 m^3。

在情景Ⅲ-a 中，2035 年总缺水 132 亿 m^3，其中刚性缺水 75.6 亿 m^3，相比现状增加了 12.7 亿 m^3；弹性缺水 56.4 亿 m^3，相比现状增加了 5.4 亿 m^3；2050 年总缺水 140 亿 m^3，其中刚性缺水 76.8 亿 m^3，相比现状增加了 13.9 亿 m^3，弹性缺水 63.2 亿 m^3，相比现状增加了 12.2 亿 m^3。

在情景Ⅲ-b 中，2035 年总缺水 150.3 亿 m^3，其中刚性缺水 84.2 亿 m^3，相比现状增加了 21.3 亿 m^3；弹性缺水 66.1 亿 m^3，相比现状增加了 15.1 亿 m^3；2050 年总缺水 158.2 亿 m^3，其中刚性缺水 84.2 亿 m^3，相比现状增加了 21.3 亿 m^3，弹性缺水 74.0 亿 m^3，相比现状增加了 23 亿 m^3。

第 12 章　新时期黄河流域水资源问题认知与展望

在本研究进入尾声之际，习近平总书记于 2019 年 9 月 18 日在黄河流域生态环境保护和高质量发展座谈会上发表重要讲话，将黄河流域生态环境保护和高质量发展上升为重大国家战略，并发出了“让黄河成为造福人民的幸福河”的伟大号召。黄河流域生态环境保护和高质量发展战略的提出，标志着黄河开发治理进入新的时代，也对解决新时期黄河流域水资源问题提出了新的要求和挑战。但我们认为，对黄河流域的节水潜力及特定发展情景下的水资源供需态势的认知依然是解决黄河流域水资源问题的基础性、关键性科学问题，同时在时间尺度上也将是长期有效的研究成果。而黄河流域生态环境保护和高质量发展战略也必然会对黄河流域水资源情势产生长期而深刻的影响。为此，本章在系统梳理全书研究成果的基础上，从黄河流域生态环境保护和高质量发展战略的视角，对黄河流域水资源问题进行展望并提出相关建议。

12.1　对黄河流域水资源问题的主要认知

12.1.1　流域水资源问题现状认知

1）在跨流域调水等此消彼长影响下，黄河流域已成为我国水资源开发程度最高的一级流域。从资源本底条件对比来看，黄河流域是我国降水量最少、干旱等级最高、产水能力最低的区域。从社会因素对比来看，黄河流域是我国最大的外调水输出区，外调水量比长江流域还多 10 亿 m^3。在考虑外调水输配的情形下，黄河流域水资源开发利用率已经达到 78%，已高于南水北调东中线通水后的海河流域 72% 的开发利用率。

2）黄河流域现状缺水情势较为严峻，已给经济社会发展、生态保护修复带来不容忽视的问题。通过对黄河流域现状缺水的分行业识别，黄河流域生活、工业、农业、生态均存在不同程度的缺水。现状年农业、生态缺水量均为 51.0 亿 m^3 左右。生态缺水已带来地下水位下降、湖泊湿地不断萎缩，河道生态水量不足等一系列影响，尤其是湟水、大通河、洮河、伊洛河、沁河等支流生态水量不足问题更为突出。

12.1.2　流域节水潜力认知

1）黄河流域全面践行“节水优先”治水方针，用水效率效益显著提升，近年来以用水总量零增长支撑了经济社会的稳定发展。黄河流域自 20 世纪 70 年代初，开始实施以土质渠道衬砌为主要方式的农业节水灌溉工程建设，21 世纪初开始全面推进节水型社会建设工作，是国家级和省级节水型社会试点分布最密集的区域。流域内各省（自治区）多措并举实施全行业节水，从单一工程技术节水向综合节水的根本转变，更通过全流域水量统一调度，实施取用水总量的严格控制，倒逼用水效率的提升。2000～2016 年，在总人口增长 9%、城镇人口增加 1 倍，GDP、人均 GDP、工业增加值均增长 5 倍左右情况下，用水总量不增反降。

2）各项用水效率指标对比结果显示，黄河流域分行业用水效率已经整体处于较高水平，综合用水效率略高于全国平均水平。随着空冷、闭式水循环等节水技术的大力推广，黄河流域工业用水重复利用率大幅提高，万元工业增加值用水量下降明显，2016 年仅为 22.9m^3，不足当年全国平均值的 1/2，在国内仅次于南水北调中线已经通水的京津冀地区，在国际上也处于较高水平。在综合考虑降水条件、灌溉水源类型前提下，黄河流域亩均水资源利用量整体处于较低数值区间，其中陕西、山西、青海、甘肃、山东五省的亩均水综合利用量仅高于京津冀地区，在全国同类型区处于先进水平。从生活用水来看，黄河流域部分地区水公共服务水平偏低，导致城镇与农村人均生活用水量远低于全国平均值和国际中高收入国家，2016 年，黄河流域城镇人均生活用水量为 151L/d，农村人均生活用水量为 58L/d，分别是当年全国平均值的 69% 和 67%，8 个省（自治区）的两指标均低于全国平均值。

3）当前黄河上中游地区能源产业用水效率已经处于国内先进水平，存量用水量不高，未来节水潜力很小。2016 年黄河流域上中游地区能源基地能源产业链用水量总计约 13.53 亿 m^3，占整个地区工业用水量的 36.51%，仅为经济社会全部用水量的 4.48%。典型企业生产用水情况调查显示，现状煤矿单位产品用水量已经处于国内先进水平；大部分煤电企业用水效率已经达到国内外先进水平，仅个别采用湿冷技术的企业单位装机用水量相对流域内其他空冷企业较高，但低于国家火电湿冷取水定额标准；煤化工整体处于起步阶段，建设项目均采用先进煤化工技术，单位产品用水量较常规生产方式减少一半以上。

4）通过精细化模拟分析，在保障生态系统安全条件下，宁夏引黄灌区与河套灌区适宜的取水节水量分别为 5.40 亿 m^3 和 3.83 亿 m^3，节水空间有限。宁蒙引黄灌区是黄河流域关注度最高、用水量最大、灌溉方式最受争议的区域，但由于其特殊气候条件，农业生产依赖于引黄灌溉，当地绿洲生态系统的维持也依赖于农业灌溉的渗漏补给。因此，宁蒙引黄灌区节水必须兼顾用水效率与生态安全的协调统一。基于“自然-人工”二元水循环理论与模型平台，模拟不同单项及综合节水措施方案下的水循环及其生态指标变化，提出面向绿洲健康发展的节水潜力阈值范围。研究结果表明，宁夏引黄灌区合理节水潜力对应的渠系水利用系数应当在 0.63～0.65，需要实施地下水压采或置换措施才能获得一定的节水挖潜空间，与 50.83 亿 m^3 基准情景相比较，取水节水量 5.40 亿 m^3，资源节水量 1.40 亿 m^3；与 53.46 亿 m^3 基准情景相比较，取水节水量 7.89 亿 m^3，资源节水量 2.12 亿 m^3；河套灌区合理节水潜力对应的渠系水利用系数应当在 0.56 以内，与现状相比，对应河套灌区取水节水潜力 3.83 亿 m^3，耗黄资源节水潜力 3.43 亿 m^3。

5）流域内（不含下游引黄灌区）取用节水潜力为 37.73 亿 m^3，其中资源节水潜力为 17.11 亿 m^3；下游引黄灌区取用节水量为 10.62 亿 m^3。实现这一节水潜力，将伴随着较大的资金投入。农业充分考虑通过渠系衬砌以及田间高效节水灌溉工程提高灌溉水有效利用系数，工业考虑工业用水重复利用率的提高和工业供水管网漏损率的降低，生活考虑公共供水管网漏损率的降低，设置可达节水情景，计算相应节水潜力。计算表明，流域内（不含下游引黄灌区）取用节水潜力为 37.73 亿 m^3，其中农业占 84.1%，工业和生活分别占 12.9% 和 3.0%；资源节水潜力为 17.11 亿 m^3，其中农业占 83.6%，工业和生活分别占 12.6% 和 3.8%。资源节水量占取用节水量的 45.3%，农业、工业、生活资源节水量分别占各自取用节水量的 45.3%、44.4% 和 56.3%。下游引黄灌区全部为农业节水，由于引水无法回归到流域内，取用节水量全部视为资源节水量，为 10.62 亿 m^3。要实现这一节水目标，则流域内总投资预算为 1220.6 亿元，其中农业灌溉单位取用节水投资 33.2 元，单位资源节水投资将达到 73.0 元。

12.1.3 流域水资源供需态势认知

1）对比分析国际发达国家用水发展历程，从经济社会发展驱动来看，黄河流域用水总量仍有持续增长需求。对于黄河流域来讲，经济社会总体还处于中低发展水平，农业占比还相对较高，并没有完成工业化进程。近年来全流域用水总量呈现平稳趋势，主要是由于水资源短缺约束，所付出的代价是经济社会发展速度的被动放缓。采用人口规模、人均 GDP、GDP 增速等多个指标进行国内外对比分析，结果均表明，在黄河流域经济发展驱动下，黄河流域需水总量仍会持续增长。但在发展过程中，必须严格落实“节水优先”的方针和“以水定城、以水定地、以水定人、以水定产”的“四定”原则。

2）在区域发展的内在需求和重大国家战略驱动下，黄河流域生活用水基本将保持 2000 年以来的稳定增长态势。以关中—天水地区、呼包鄂榆地区、太原城市群、中原经济区等为代表的城市群正成为新的城镇化增长极。未来，基于区域发展的内在需求，并在西部大开发战略、一带一路倡议、黄河生态经济带等驱动下，黄河流域城镇化进程仍将快速发展。同时，在公共服务均等化的发展要求下，黄河流域生活用水基本将保持 2000 年以来的稳定增长态势。其中，城镇生活用水增速较快，农村生活用水相对稳定。城市群用水强度可能面临迅速增大的风险。

3）从黄河流域资源禀赋、工业化进程及国家需求判断，黄河流域目前工业用水还处在上升阶段。基于我国能源安全现状及未来需求判断，未来黄河流域能源产业规模及用水量仍需维持适度增长；国外及国内其他地区工业用水趋势分析结果表明，现阶段黄河流域工业用水增长缓慢的主要原因是工业发展水平不高和水资源短缺约束，需求未得到充分释放；从产业结构、工业化进程等多方判断，黄河流域目前工业用水还处在上升阶段，到 2035 年左右，黄河流域工业化进程总体进入后期，需水增长趋势放缓，尤其一般工业基本进入稳定期。

4）基于满足本地需求为主、适当输出的粮食生产定位，通过加大农业节水力度，未来农业需水量基本可以保持稳中有降的态势。黄河流域在保障国家粮食安全中的作用逐渐凸显，但受限于水资源约束，长期来看，未来黄河流域粮食生产应以立足本地供应为主，同时在小麦、玉米等口粮作物上需承担一定的外送任务。综合考虑国家粮食安全保障的整体需求和当地水资源短缺的严峻形势，现有灌溉面积需要在保持稳定的基础上，有限度的增加。同时，通过加大农业节水力度，未来农业灌溉需水量可以保持稳中有降的态势。

5）面对交织的河流内外新老生态问题，生态环境用水保障在补欠账和保生态两方面均面临压力与挑战。黄河流域是我国生态脆弱区分布面积最大、脆弱生态类型最多、生态脆弱性表现最明显的流域之一。河流内外新老生态问题交织，治理任务艰巨、保护难度大。随着流域快速推进的城镇化、工业化进程，流域生态环境保护修复也面临更大的压力和挑战，对生态环境用水保障也提出了更高要求。经测算，要维持河流生态健康，黄河利津断面生态水量应达到 200 亿 m^3 左右；面向人居环境改善、生态环境修复的强烈需求，河道外生态用水亦将快速增加。

6）在黄河流域水资源量衰减和未来需求扩大的双重影响下，按照不同的情景方案，黄河流域 2035 年缺水 55.1 亿～150.3 亿 m^3，其中刚性缺水 9.6 亿～66.1 亿 m^3，弹性缺水 45.5 亿～84.2 亿 m^3；2050 年缺水 65.9 亿～158.2 亿 m^3，其中刚性缺水 52.2 亿～84.2 亿 m^3，弹性缺水 13.5 亿～74.0 亿 m^3。

12.2 黄河流域水资源问题的展望与建议

12.2.1 黄河流域水资源问题展望

现阶段，黄河流域经济社会和生态环境用水需求日益强烈，同时，黄河流域水资源衰减显著，加剧了水资源供需失衡问题，经济社会发展与生态安全用水之间的矛盾日趋突出，并产生了复杂流域社会发展和黄河河流治理的冲突，以及水资源、水环境和水生态的复合影响问题。黄河流域生态环境保护和高质量发展战略的提出，也对解决新时期黄河流域水资源问题提出了新的要求和挑战。如何通过水资源的节约集约利用来支撑高质量发展，以及如何通过高质量发展来促进流域水资源问题的解决，或将是迫切需要研究和探索的问题。我们至少需要重点关注以下三个方面。

（1）如何实现水资源利用效率和效益有机统一

黄河水资源保障形势严峻，供需矛盾尖锐，同时经济社会发展仍然不充分，发展需求十分迫切。要实现黄河流域生态保护和高质量发展各项目标，必须做到水资源利用效率和效益有机统一。一方面要把水资源作为最大的刚性约束，合理规划人口、城市和产业发展，坚决抑制不合理用水需求，实现经济、社会和生态整体效益的最大化；另一方面要通过发展节水产业和技术，推进农业节水，实施全社会节水行动，提高全社会各行业用水效率。

（2）如何实现水资源利用的系统效益最大化

节约集约利用就是要提高资源配置效率，以尽可能少的资源投入生产尽可能多的产品，获得尽可能大的效益。在黄河流域，水资源是稀缺性资源，长期缺水已经给黄河流域带来深刻的经济社会和生态环境影响。要实现黄河流域的高质量发展就必须着力于提高水资源配置效率，通过发挥市场配置资源的决定性作用和技术进步的作用，优化组合各种资源和要素，提高流域水资源利用整体效益，提升经济社会发展的质量。

（3）如何加强水与经济社会生态多要素协同管理

黄河流域在我国具有特殊的战略地位，既是我国重要的生态屏障、能源重化工基地和农业生产基地，也是我国发展重要回旋余地和提升全国平均发展水平的巨大潜力所在。在这种情况下，实施水资源节约集约利用，需要立足流域发展需求，在全国生态、能源、粮食安全视角下，统筹水资源与能源、粮食以及城市人口、生态环境等多个要素，进行协同规划、协同配置和协同管理。

12.2.2 后续研究的相关建议

1）系统全面开展黄河流域生态现状调查与评价。面向新时期生态文明建设要求，建议系统全面开展黄河流域生态现状调查与评价，分区域分类型精准化确定流域生态现状、缺水影响与适宜生态用水需求，包括黄河干流和支流适宜生态流量，长期开采地下水的生态影响及适宜开发规模与布局，主要湖泊湿地健康状况与适宜生态需水，保障宜居人居景观环境用水需求，以及促进生态系统质量和稳定性不断提升的生态防护林建设与用水需求。

2）系统深入研究黄河流域湖泊湿地生态需水问题。黄河流域湖泊湿地众多，尤其黄河上游河道外湖泊湿地多属人工和半人工湿地，依靠农灌退水或引黄河水补给水量，湿地对黄河依赖程度较高。目前整个领域仍缺乏系统完整的研究成果，很可能导致湖泊湿地生态需水存在低估的问题。

3）加强农业节水的精细化和严格化管控。由于实现极限节水需要采取极限措施和高额投入，并且可能会产生伴生的生态环境负面作用，建议加强农业节水的精细化和严格化管控。尤其是对于降水量不足400mm的上中游地区，灌溉渗漏水量是区域生态环境系统的重要水分来源，需要加强植被生态、地下水位和河湖湿地的健康动态监控，防止节了水分，伤了生态，背离初衷。

4）考虑当前黄河流域经济社会发展已经遇到了水资源供给的“天花板”，建议在南水北调西线工程实施通水前，抓住流域发展的关键期和机遇期，基于流域水沙治理效果、优化调度成果和工程建设效益，适时打开制约上中游地区经济社会发展的“天花板”，适当调整流域分水方案，保障经济社会发展的水资源供给，以发展促保护，在保护中发展。

5）以刚性需求为主考虑南水北调西线工程调水量。大规模调水工程是一个系统工程，各方面代价很大，建议主要针对受水区的刚性缺水考虑西线调水规模的下限，弹性缺水可视国家粮食安全保障，以及黄河河流健康修复等总体目标予以考虑。

参考文献

陈佳贵 . 2008. 中国工业化进程报告 . 北京：社会科学文献出版社 .

陈建耀，刘昌明 . 1998. 城市节水潜力估算与用水管理水平评定 . 地理学报，(2)：47-54.

陈莹，赵勇，刘昌明 . 2004. 节水型社会评价研究 . 资源科学，(6)：83-89.

程献国，张霞，姜丙洲 . 2010. 宁夏青铜峡灌区适宜节水阈值研究 . 水资源与水工程学报，21（5）：83-86.

崔远来，熊佳 . 2009. 灌溉水利用效率指标研究进展 . 水科学进展，20（4）：590-598.

崔远来，董斌，李远华，等 . 2007. 农业灌溉节水评价指标与尺度问题 . 农业工程学报，(7)：1-7.

崔远来，谭芳，郑传举 . 2010. 不同环节灌溉用水效率及节水潜力分析 . 水科学进展，21（6）：788-794.

崔远来，龚孟梨，刘路广 . 2014. 基于回归水重复利用的灌溉水利用效率指标及节水潜力计算方法 . 华北水利水电大学学报（自然科学版），35（2）：1-5.

代俊峰，崔远来 . 2008. 灌溉水文学及其研究进展 . 水科学进展，19（2）：294-300.

范群芳，董增川，杜芙蓉 . 2007. 农业用水和生活用水效率研究与探讨 . 水利学报，(S1)：465-469.

封超年，郭文善 . 1995. 地下水位对小麦产量影响的研究 . 江苏农学院学报，16（1）：39-42.

傅国斌，李丽娟，于静洁，等 . 2003. 内蒙古河套灌区节水潜力的估算 . 农业工程学报，19（1）：54-58.

高鸿永，伍靖伟，段小亮，等 . 2008. 地下水位对河套灌区生态环境的影响 . 干旱区资源与环境，22（4）：134-138.

耿献辉，张晓恒，宋玉兰 . 2014. 农业灌溉用水效率及其影响因素实证分析：基于随机前沿生产函数和新疆棉农调研数据 . 自然资源学报，29（6）：934-943.

巩琳琳，黄强，薛小杰，等 . 2012. 基于生态保护目标的乌梁素海生态需水研究 . 水力发电学报，31（6）：83-88.

国家统计局 . 2018. 中国统计年鉴 2017. 北京：中国统计出版社 .

国家统计局能源统计司 . 2019. 中国能源统计年鉴 . 北京：中国统计出版社 .

郝远远，徐旭，黄权中，等 . 2014. 地下水埋深对冬小麦和春玉米产量及水分生产效率的影响 . 农业工程学报，30（20）：128-136.

黄河勘测规划设计研究院有限公司 . 2019a. 黄河上中游地区及下游引黄灌区节水潜力深化研究 .

黄河勘测规划设计研究院有限公司 . 2019b. 新形势下黄河流域水资源供需形势深化研究.

贾绍凤，张士锋，杨红，等 . 2004. 工业用水与经济发展的关系：用水库兹涅茨曲线 . 自然资源学报，(3)：279-284.

康绍忠，蔡焕杰，冯绍元 . 2004. 现代农业与生态节水的技术创新与未来研究重点 . 农业工程学报，(1)：1-6.

雷波，刘钰，许迪，等 . 2011. 灌区农业灌溉节水潜力估算理论与方法 . 农业工程学报，27（1）：10-14.

雷玉桃，黄丽萍 . 2015. 中国工业用水效率及其影响因素的区域差异研究：基于 SFA 的省际面板数据 . 中国软科学，(4)：155-164.

李静，马潇璨. 2014. 资源与环境双重约束下的工业用水效率：基于SBM-Undesirable和Meta-frontier模型的实证研究. 自然资源学报，29（6）：920-933.

刘昌明，左建兵. 2009. 南水北调中线主要城市节水潜力分析与对策. 南水北调与水利科技，7（1）：1-7.

刘佳，薛塞光. 2007. 黄河大柳树生态经济区老灌区节水潜力综合分析. 宁夏大学学报（自然版），28（4）：375-379.

刘路广，崔远来，王建鹏. 2011. 基于水量平衡的农业节水潜力计算新方法. 水科学进展，22（5）：696-702.

刘秀丽，张标. 2015. 我国水资源利用效率和节水潜力. 水利水电科技进展，35（3）：5-10.

刘战东，肖俊夫，牛豪震，等. 2011. 地下水埋深对冬小麦和春玉米产量及水分生产效率的影响. 干旱地区农业研究，29（1）：29-33.

马海良，徐佳，王普查. 2014. 中国城镇化进程中的水资源利用研究. 资源科学，36（2）：334-341.

裴源生，张金萍，赵勇. 2007. 宁夏灌区节水潜力的研究. 水利学报，（2）：239-243，249.

彭致功，刘钰，许迪，等. 2009. 基于RS数据和GIS方法估算区域作物节水潜力. 农业工程学报，25（7）：8-12.

秦大庸，罗翔宇，陈晓军，等. 2004. 西北干旱区水资源开发利用潜力分析. 自然资源学报，（2）：143-150.

桑学锋，王浩，王建华，等. 2018. 水资源综合模拟与调配模型WAS（Ⅰ）：模型原理与构建. 水利学报，49（12）：1451-1459.

桑学锋，赵勇，翟正丽，等. 2019. 水资源综合模拟与调配模型WAS（Ⅱ）：应用. 水利学报，50（2）：201-208.

山仑，邓西平，康绍忠. 2002. 我国半干旱地区农业用水现状及发展方向. 水利学报，（9）：27-31.

水利部黄河水利委员会，中华人民共和国水利部. 2016. 黄河水资源公报2016.

孙秀敏，秦长海，甘泓. 2010. 南水北调受水区城镇节水的定量研究. 水利学报，43（2）：205-210.

田玉清，张会敏，黄福贵，等. 2006. 黄河干流大型自流灌区节水潜力分析. 灌溉排水学报，25（6）：40-43.

汪林，汪珊，甘泓，等. 2003. 宁夏青铜峡灌区水土化学场演化态势初步分析. 水利学报，（6）：78-84.

王建鹏，崔远来. 2013. 基于蒸散发调控及排水重复利用的灌区节水潜力. 灌溉排水学报，32（4）：1-5.

王伦平，陈亚新，曾国芳. 1993. 内蒙古河套灌区灌溉排水与盐碱化防治. 北京：中国水利水电出版社.

王水献，吴彬，杨鹏年，等. 2011. 焉耆盆地绿洲灌区生态安全下的地下水埋深合理界定. 资源科学，33（3）：422-430.

王维平. 1992. 城市工业节水水平、潜力、投资分析. 水利经济，（1）：16-21.

王效科，赵同谦，欧阳志云，等. 2004. 乌梁素海保护的生态需水量评估. 生态学报，（10）：2124-2129.

王元华. 1994. 小麦适宜地下水位试验. 土壤学报，31（4）：339-446.

王忠静，王海锋，雷志栋. 2002. 干旱内陆河区绿洲稳定性分析. 水利学报，（5）：26-30.

吴景社，康绍忠，王景雷，等. 2003. 节水灌溉综合效应评价研究进展. 灌溉排水学报，（5）：42-46.

武朝宝. 2011. 地下水埋深对作物产量与水分利用效率的影响及作物系数变化. 地下水，33（4）：20-23.

向龙，范云柱，刘蔚，等. 2016. 基于节水优先的水资源配置模式. 水资源保护，32（2）：9-13，25.

徐春晓，李云玲，孙素艳. 2011. 节水型社会建设与用水效率控制. 中国水利，（23）：64-72.

薛松贵. 2011. 黄河流域水资源综合规划概要. 中国水利，（23）：108-111.

于瑞宏，李畅游，刘廷玺，等. 2004. 乌梁素海湿地环境的演变. 地理学报，59（6）：948-955.

张葆兰.2009. 内蒙古河套灌区小麦、葵花、甜菜咸水灌溉条件下的作物耐盐度试验研究. 内蒙古水利，(2)：4-5.

张长春，邵景力，李慈君，等.2003. 地下水位生态环境效应及生态环境指标. 水文地质工程地质，(3)：6-10.

张丽，董增川，黄晓玲.2004. 干旱区典型植物生长与地下水位关系的模型研究. 中国沙漠，24（1)：110-113.

张义盼，崔远来，史伟达.2009. 农业灌溉节水潜力及回归水利用研究进展. 节水灌溉，(5)：50-54.

郑丹，李卫红，陈亚鹏，等.2005. 干旱区地下水与天然植被关系研究综述. 资源科学，27（4)：160-167.

朱启荣.2007. 中国工业用水效率与节水潜力实证研究. 工业技术经济，(9)：48-51.